新世紀科技叢書

輸送現象與單元操作(三)

革新二版

——質量輸送與操作

葉和明 著

三民書局

國家圖書館出版品預行編目資料

輸送現象與單元操作(三):質量輸送與操作 / 葉和
明著.－－革新二版三刷.－－臺北市: 三民,
2016
面；　公分.－－(新世紀科技叢書)

ISBN 978-957-14-4238-9　(平裝)

1.化學工程 2.單元操作

460.21　　　　　　　　　　　　　　　94001570

© 　輸送現象與單元操作(三)
　　　　　　——質量輸送與操作

著 作 人	葉和明
發 行 人	劉振強
著作財產權人	三民書局股份有限公司
發 行 所	三民書局股份有限公司
	地址　臺北市復興北路386號
	電話　(02)25006600
	郵撥帳號　0009998-5
門 市 部	(復北店) 臺北市復興北路386號
	(重南店) 臺北市重慶南路一段61號
出版日期	初版一刷　1997年1月
	革新二版一刷　2006年7月
	革新二版三刷　2016年10月
編　　號	S 444270

行政院新聞局登記證局版臺業字第○二○○號

有著作權‧不准侵害

ISBN　978-957-14-4238-9　　(平裝)

http://www.sanmin.com.tw　三民網路書店

自　序

　　化學工廠中之操作技術，可分類成物理處理與化學處理兩種。早期的化工廠中，物理處理係由機械工程師所負起；至於化學處理，當然是化學師的職責。後來因發現機械工程師與化學師間很難達到合作無間，於是遂有化學工程師之應運而生，而一位受過良好訓練之化學工程師，必須兼備物理、化學及機械方面之豐富學識，如此才能肩負化工廠中裝備之設計、組立及操作。

　　化學工廠中之各種物理處理，總稱為「單元操作」，其基本原理為「輸送現象」，包括動量、熱及質量等三種輸送。化學工業之種類雖然繁多，但每一化學工業中之物理處理，係屬「單元操作」這一學門中幾項操作的組合。因此吾人只要熟習《輸送現象與單元操作》一書，就能負起任一化學工業中之物理處理。

　　本書共分三冊，除分別討論動量輸送、熱輸送及質量輸送暨其單元操作外，尚包括粉粒體操作。為使三冊分配平均，因此將粉粒體操作與熱輸送操作，合併於第二冊。本書可供大學與技術學院化學工程相關科系教學之用。

　　撰寫本書時，筆者預設讀者已熟習普通物理及化學，而且已修讀過工程數學及化工計算等課程。本書內容力求淺易、簡要；筆者才疏學淺，謬誤之處必所難免，尚祈各方先進不吝指教，俾再版時得以更正，不勝感激。

輸送現象與單元操作

總目次

輸送現象與單元操作㈢
——質量輸送與操作

目　次

自　序

23 質量輸送總論

　　化學工程師之任務，乃肩負化工廠之設計及操作，使化學反應之發生，反應物之調配，以及生成物之分離等諸工作能得心應手。吾人已於第一及第二冊中討論流體力學、熱輸送及其應用；流體力學及熱輸送乃一般工程師所共同遭遇之問題，而**質量輸送 (mass transfer)** 及其應用，則為化工廠中所須解決之最主要問題，亦為化學工程師所應具有之專長。質量輸送問題遠比流體力學或熱輸送者繁雜，蓋因討論質量輸送問題時，不但同時牽涉流體力學及熱輸送問題，所處理之物料為二成分或多成分之非均勻混合物，而且可能還伴有化學反應發生。

　　正如同熱輸送因溫度差而引起一樣，質量輸送問題之發生，主要乃因濃度差而引起，即混合物中某成分，由濃度較高處，移動至濃度較低處。例如室內置一盛有清水之試管，若空氣中之水蒸氣未達飽和，則試管中之水汽化而擴散至空氣中。此乃質量輸送之一實例，而水蒸氣確係由濃度較高處（試管中之水面上），移動至濃度較低處（試管口）。

　　解質量輸送問題時有兩個途徑可循：一為應用**平衡級** (equilibrium stage) 之觀念，另一為應用**擴散程序** (diffusional process) 之觀念；至於採取何法，端視使用之裝置而定，惟所依據之基本定理，不外乎質量結算、擴散定律、段級接觸及相之平衡。

　　化學工廠中所遭遇之**質量輸送操作** (mass-transfer operation) 甚多，本書因限於篇幅，僅討論較重要者，計有：**蒸餾** (distillation)、**萃取** (extraction)、**氣體之吸收** (gas absorption)、**結晶** (crystallization)、**乾燥** (drying)、**吸附** (absorption)、**濕度調理** (humidification and dehumidification) 及**薄膜分離** (membrane separation) 等。因這些單元操作乃質量輸送之應用，故未討論此類操作之前，擬先就質量輸送之基本觀念，作最簡單之介紹；計有：**擴散質量輸送** (diffusional mass transfer)、**對流質量輸送** (convective mass transfer) 等。

23-1　物理平衡

　　在質量輸送操作中，存在數種重要之物理平衡，而所有情況下，均涉及兩相或兩相以上之問題。物理平衡之分類，乃依據**相律** (phase rule)

$$F = C - P + 2$$

其中　　F = 自由度之數目

　　　　C = 成分之數目

　　　　P = 相之數目

今舉蒸餾與氣體之吸收為例，說明質量輸送操作中之物理平衡。

　　蒸餾之平衡，乃係氣相與液相間之物理平衡；若考慮二成分之蒸餾，則 $C = 2, P = 2$，故 $F = 2$，即有兩個自由度。因為此時共有四個參數，即壓力、溫度及氣相與液相中成分 A 之濃度，故若溫度與壓力既定 ($F = 2$)，則在物理平衡下，氣相與液相中之濃度亦定矣！

氣體吸收之平衡，乃屬氣相與液相間之物理平衡。若考慮有三成分傳送於兩相之間，則 $C = 3, P = 2$，故 $F = 3$，即自由度有 3。因為此時共有四個參數，即溫度、壓力，以及氣相與液相中溶質之濃度，故若溫度、壓力及氣相中之濃度既定 ($F = 3$)，則在物理平衡下，液相中溶質之濃度亦定矣！

23-2 質量輸送之段級接觸

一些質量輸送操作裝置，係由數個**段級** (stage) 之組合所構成，而待處理之物料股流係依序通過每一段級，另一操作股流則以逆流方式通過此種組合，於是此兩股流在各段級中彼此接觸、混合，然後分離。例如：板式蒸餾塔、段級萃取器及板式氣體吸收塔等。為使質量輸送之現象發生，進入各段級之各股流間，必須互不平衡；而與平衡條件之偏離度愈大，則質量輸送操作之效果愈大；換言之，與平衡條件之偏離度，乃質量輸送之推動力。

一般而言，離開組合裝置之兩股流亦未達平衡，但比進入之兩股流較為接近平衡。為簡化段級之設計，計算時離開各段級之兩股流通常先假定在平衡狀態，因此各段級依定義先被視為理想段級，而實際應用時，再以經驗所知之校正因數（段級效率），決定實際所需之段級數。

23-3 濃　度

多成分系統中某成分之濃度，可用多種方法表示。本書將介紹四種較常用之表示方法，即質量密度 ρ_i，莫耳密度 C_i，質量分率 ω_i 及莫耳分率 x_i。其定義分別為

$\rho_i = 每單位體積混合物中所含 i 成分之質量$

$$C_i = 每單位體積混合物中所含 i 成分之莫耳數$$

$$\omega_i = \frac{i\ 成分之質量密度}{混合物之質量密度} = \frac{\rho_i}{\rho}$$

$$x_i = \frac{i\ 成分之莫耳密度}{混合物之莫耳密度} = \frac{C_i}{C}$$

須注意者，$\rho = \sum_i \rho_i$, $C = \sum_i C_i$, $\sum_i \omega_i = 1$ 及 $\sum_i x_i = 1$。若以 M_i 表 i 成分之分子量，M 表混合物之平均分子量，則

$$\sum_i x_i M_i = M = \frac{\rho}{C}$$

倘混合物為二成分者，則

$$\begin{cases} \rho = \rho_A + \rho_B \\ \rho_A = C_A M_A, \\ \omega_A = \dfrac{\rho_A}{\rho} \end{cases} \begin{cases} C = C_A + C_B \\ C_A = \dfrac{\rho_A}{M_A} \\ x_A = \dfrac{C_A}{C} \end{cases}$$

$$x_A = \frac{\dfrac{\omega_A}{M_A}}{\dfrac{\omega_A}{M_A} + \dfrac{\omega_B}{M_B}}, \quad \omega_A = \frac{x_A M_A}{x_A M_A + x_B M_B}$$

$$dx_A = \frac{d\omega_A}{M_A M_B \left(\dfrac{\omega_A}{M_A} + \dfrac{\omega_B}{M_B} \right)^2}, \quad d\omega_A = \frac{M_A M_B dx_A}{(x_A M_A + x_B M_B)^2}$$

當處理之混合物為氣體時，以分壓代替濃度，較為方便。倘理想氣體方程式可適用，則

$$C_i = \frac{n_i}{V} = \frac{P_i}{RT}$$

式中 n_i 表 i 成分之莫耳數，V 表混合氣體之體積，P_i 表混合物中 i 成分之分壓，T 表絕對溫度，R 則為氣體常數。

通常以 x_i 表液體或固體混合物中 i 成分之莫耳分率，至於氣體混合物中 i 成分之莫耳分率，則另以 y_i 表之。故理想氣體混合物中 i 成分之莫耳分率為

$$y_i = \frac{C_i}{C} = \frac{\dfrac{P_i}{RT}}{\dfrac{P}{RT}} = \frac{P_i}{P}$$

式中 P 為混合氣體之總壓，而上式乃 Dalton 定律之數學表示式。

23-4　速　度

混合物中各成分粒子之速度皆異，故混合物之速度須以平均值表示之。令 u_i 表 i 成分對固定坐標軸之相對速度向量，則 n 成分混合物之**局部質量平均速度** (local mass average velocity) 向量 v，可定義如下：

$$v = \frac{\sum\limits_{i=1}^{n} \rho_i u_i}{\sum\limits_{i=1}^{n} \rho_i}$$

此速度可用皮托管測得，相當於第一冊動量輸送中純流體之局部速度。同理，局部莫耳平均速度 (local molar average velocity) 向量，可定如下：

$$v^* = \frac{\sum\limits_{i=1}^{n} C_i u_i}{\sum\limits_{i=1}^{n} C_i}$$

　　質量輸送問題中吾人所感興趣者，乃某成分粒子對這些平均速度之相對速度（亦即**擴散速度**，diffusion velocity），而非對固定坐標之相對速度（即絕對速度）。因平均速度有兩種不同之定義，故擴散速度亦有下面兩種定義：

$$v_i = u_i - v$$

$$v_i^* = u_i - v^*$$

例 23-1

今有一二成分混合物，已知 $v^* = 12k$，$v_A^* = 3k$，$x_A = \dfrac{1}{6}$，$M_A = 5M_B$，k 為 z 坐標上之單位向量 (unit vector)。試計算 u_A，u_B，v_B^*，v，v_A 及 v_B。

(解)

$$u_A = v^* + v_A^* = 12k + 3k = 15k$$

$$\therefore \quad v^* = 12k = x_A u_A + x_B u_B = \left(\frac{1}{6}\right)(15k) + \left(\frac{5}{6}\right)(u_B)$$

$$\therefore \quad u_B = 11.4k$$

$$v_B^* = u_B - v^* = 11.4k - 12k = -0.6k$$

$$\omega_A = \frac{x_A M_A}{x_A M_A + x_B M_B} = \frac{\left(\dfrac{1}{6}\right)(5M_B)}{\left(\dfrac{1}{6}\right)(5M_B) + \left(\dfrac{5}{6}\right)(M_B)} = \frac{1}{2}$$

$$\therefore \quad \omega_B = \frac{1}{2}$$

$$v = \omega_A u_A + \omega_B u_B = \left(\frac{1}{2}\right)(15k) + \left(\frac{1}{2}\right)(11.4k) = 13.2k$$

$$v_A = u_A - v = 15k - 13.2k = 1.8k$$

$$v_B = u_B - v = 11.4k - 13.2k = -1.8k$$

23-5 通 量

吾人已於前兩節分別討論濃度及速度，此處將藉之以定義通量。質量輸送中所謂通量，乃指單位時間內通過單位面積之質量或莫耳數，即

通量 ＝ 濃度 × 速度

因濃度有質量與莫耳之分，速度有絕對速度與相對速度之別，故通量有下面六種不同之定義：

$$n_A = \rho_A u_A, \qquad j_A = \rho_A v_A, \qquad i_A = \rho_A v_A^*$$

$$N_A = C_A u_A, \qquad J_A = C_A v_A, \qquad I_A = C_A v_A^*$$

23-6 質量之輸送方式

最常見之質量輸送方式，計有下列幾種：

方 式	起 因
普通擴散 (ordinary diffusion)	濃度差
熱擴散 (thermal diffusion)	溫度差
壓力擴散 (pressure diffusion)	壓力差
強制擴散 (forced diffusion)	外力差
自由對流質量輸送 (free-convection mass transfer)	自由對流
強制對流質量輸送 (forced-convection mass transfer)	強制對流

綜合上面可知，質量輸送可歸納成擴散輸送及對流輸送兩大類。

23-7　Fick 第一擴散定律

　　擴散輸送乃宇宙間到處經常發生之自然現象。例如置一小塊高錳酸鉀結晶於一盛清水之燒杯中，則高錳酸鉀徐徐溶於水，而結晶體之四周形成一深紫色之高錳酸鉀溶液。時間稍久，則紫色區逐漸擴大，且距結晶物愈近處，紫色愈深；愈遠處，紫色愈淡。此乃擴散輸送現象之一實例。吾人由此實例可知，物質乃由濃度較高處（距結晶體近處之深紫色溶液），擴散至濃度較低處（距結晶體遠處之淡紫色溶液）。因為此種質量輸送方式，純係分子之自由擴散所引起，與對流或**主體流動** (bulk flow) 無關，故又稱為**分子擴散** (molecular diffusion)。Fick 氏曾提出質量通量及莫耳通量之擴散實驗式。倘混合物為二成分，則

$$I_A = C_A(u_A - v^*) = -CD_{AB}\nabla x_A \tag{23-1}$$

$$j_A = \rho_A(u_A - v) = -\rho D_{AB}\nabla\omega_A \tag{23-2}$$

稱為 Fick 第一擴散定律；式中 D_{AB} 乃比例常數，稱為**擴散係數** (diffusivity)。設物質係沿正坐標方向傳送，因物質係由濃度較高處，擴散至濃度較低處，則其濃度梯度 $\nabla\omega_A$ 或 ∇x_A 恆為負；然為能獲得正值之通量，吾人慣於上面兩式之等號右邊加一負號。∇ 乃**向量運算子** (vector operator)，其在直角坐標上之定義為

$$\nabla = i\frac{\partial}{\partial x} + j\frac{\partial}{\partial y} + k\frac{\partial}{\partial z}$$

式中 i 及 j 分別為 x 及 y 軸上的單位向量。

　　由式 (23-1) 及通量之定義知

$$N_A = Cu_A = -CD_{AB}\nabla x_A + C_A v^*$$

因

$$v^* = x_A \boldsymbol{u}_A + x_B \boldsymbol{u}_B$$

故

$$
\begin{aligned}
N_A &= -CD_{AB}\nabla x_A + C_A(x_A\boldsymbol{u}_A + x_B\boldsymbol{u}_B) \\
&= -CD_{AB}\nabla x_A + x_A(C_A\boldsymbol{u}_A + C_B\boldsymbol{u}_B) \\
&= -CD_{AB}\nabla x_A + x_A(\boldsymbol{N}_A + \boldsymbol{N}_B)
\end{aligned}
\tag{23-3}
$$

同理，由式 (23-2) 可得

$$\boldsymbol{n}_A = -\rho D_{AB}\nabla \omega_A + \omega_A(\boldsymbol{n}_A + \boldsymbol{n}_B) \tag{23-4}$$

式 (23-3) 及 (23-4) 乃 Fick 第一擴散定律之另兩種表示法。此兩式中之 $CD_{AB}\nabla x_A$ 及 $\rho D_{AB}\nabla \omega_A$，分別表因擴散速度而引起之通量；$x_A(\boldsymbol{N}_A + \boldsymbol{N}_B)$ 及 $\omega_A(\boldsymbol{n}_A + \boldsymbol{n}_B)$ 則分別表因整體流動而引起之莫耳通量及質量通量；故式 (23-3) 及 (23-4) 之右邊，分別表成分 A 對固定坐標之通量。由 $\boldsymbol{N}_A = C_A\boldsymbol{u}_A$ 及 $\boldsymbol{n}_A = \rho_A\boldsymbol{u}_A$ 之定義，吾人知 Fick 第一擴散定律甚為合理。

雖然式 (23-1) 至 (23-4) 均可適用於分子擴散問題，然因定義之不同，而各有其特殊之用途。若須藉動量結算方程式解問題時，吾人慣用質量通量 $\boldsymbol{n}_A$ 及 $\boldsymbol{j}_A$。若伴有化學反應時，因反應物及生成物之計算，以採用莫耳數為單位較方便，此時宜用 $\boldsymbol{I}_A$ 及 $\boldsymbol{N}_A$。因 $\boldsymbol{n}_A$ 及 $\boldsymbol{N}_A$ 均表對固定坐標之相對通量，故常用以計算程序裝置中之工程操作問題。至於 $\boldsymbol{I}_A$ 及 $\boldsymbol{j}_A$，則適用於測定質量輸送問題中之擴散係數。

23-8 擴散係數

擴散係數乃 Fick 第一擴散定律數學式中之比例常數，其因次為

$$[D_{AB}] = \left[\frac{-j_A}{\rho\nabla\omega_A}\right] = \left[\frac{\dfrac{M}{L^2\theta}}{\left(\dfrac{M}{L^3}\right)\left(\dfrac{1}{L}\right)}\right] = \left[\frac{L^2}{\theta}\right]$$

英制單位常用 (呎)^2/ 小時，公制單位慣用 (公尺)^2/ 小時，或 (厘米)^2/ 秒。

擴散係數之值因所討論之系統的不同而異，例如水蒸氣在空氣中之擴散係數，當然與二氧化碳在空氣中者不同。又在同一系統下，擴散係數乃溫度、壓力及濃度之函數。低密度氣體之擴散係數與濃度無關，然隨溫度之升高而增加，卻隨壓力之增大而減小。液體及固體之擴散係數則與濃度有極密切之關係，其值亦隨溫度之提高而增加。一般而言，液體之擴散係數比氣體者小，液體之擴散係數介於 0.5 至 4×10^{-5} (厘米)^2/ 秒之間，氣體則介於 0.05 至 2 (厘米)^2/ 秒之間，故氣體之擴散速率遠比液體大。表 23-1, 23-2 及 23-5 分別列舉一些氣體、液體及固體系統之擴散係數實驗值，至於其理論值之推算方法，將分別於下面介紹。

1.氣體擴散係數

1958 年 Slattery 及 Bird 兩氏根據氣體動力學理論，導出一估計低壓兩成分氣體之擴散係數方程式：

$$\frac{PD_{AB}}{(P_{CA}P_{CB})^{\frac{1}{3}}(T_{CA}T_{CB})^{\frac{5}{12}}\left(\dfrac{1}{M_A}+\dfrac{1}{M_B}\right)^{\frac{1}{2}}} = a\left(\frac{T}{\sqrt{T_{CA}T_{CB}}}\right)^b \tag{23-5}$$

式中 D_{AB} 之單位為 (厘米)^2/ 秒，壓力之單位為大氣壓，溫度之單位為 K。若此二成分皆為非極性氣體，則

$$a = 2.745 \times 10^{-4}$$
$$b = 1.823$$

若二成分中，一為 H_2O，另一為非極性氣體，則

$$a = 3.640 \times 10^{-4}$$
$$b = 2.334$$

Hirschfelder, Bird 及 Spotz 三氏導出一更準確性之方程式

$$D_{AB} = \frac{0.001858T^{\frac{3}{2}}\left(\frac{1}{M_A} + \frac{1}{M_B}\right)^{\frac{1}{2}}}{P\sigma_{AB}^2\Omega_{AB}} \tag{23-6}$$

上式之推導，乃假設氣體為非極性之理想氣體。式中 D_{AB} 之單位為 (厘米)^2/ 秒，T 之單位為 K，P 之單位為大氣壓，σ_{AB} 稱為**碰撞直徑** (collision diameter)，或稱 Lennard-Jones **參數**，其單位為 Å (長度單位，等於 1 公尺之百億分之一)。Ω_{AB} 乃無因次群 $\frac{kT}{\epsilon_{AB}}$ 之函數，k 為 Boltzmann **常數**，等於 1.38×10^{-16} 爾格 / K，ϵ_{AB} 乃分子間之能量，亦稱 Lennard-Jones **參數**，其單位為爾格。一些純氣體之 σ 及 $\frac{\epsilon}{k}$ 之值，見附錄 K；Ω_{AB} 之值，見附錄 L。

二成分氣體之 σ_{AB} 與 ϵ_{AB} 值，可依下面二式計算

$$\sigma_{AB} = \frac{\sigma_A + \sigma_B}{2}$$
$$\epsilon_{AB} = \sqrt{\epsilon_A \epsilon_B}$$

氣體擴散係數隨溫度及壓力之變化情形，可由式 (23-6) 簡化而得

$$\frac{D_{AB,2}}{D_{AB,1}} = \left(\frac{P_1}{P_2}\right)\left(\frac{T_2}{T_1}\right)^{\frac{3}{2}}\frac{\Omega_{AB,T_1}}{\Omega_{AB,T_2}} \tag{23-7}$$

表 23–1 列舉一些二成分氣體在不同溫度下之 D_{AB} 值，故吾人可應用此表及式 (23–7)，估計各種溫度下之 D_{AB} 值。

例 23-2

試估計在 293.2 K 及 2 大氣壓下，氬－氧混合氣體之 D_{AB} 值。

《解》 由附錄 K 可查出氣體之分子量及臨界點性質如下：

氣　體	分子量	T_C (K)	P_C （大氣壓）
A （氬）	39.94	151.2	48.0
B （氧）	32.00	154.4	49.7

故

$$(P_{CA}P_{CB})^{\frac{1}{3}} = (48.0 \times 49.7)^{\frac{1}{3}} = 13.36$$

$$(T_{CA}T_{CB})^{\frac{5}{12}} = (151.2 \times 154.4)^{\frac{5}{12}} = 66.08$$

$$\left(\frac{1}{M_A} + \frac{1}{M_B}\right)^{\frac{1}{2}} = \left(\frac{1}{39.94} + \frac{1}{32.00}\right)^{\frac{1}{2}} = 0.2372$$

$$a\left(\frac{T}{\sqrt{T_{CA}T_{CB}}}\right)^b = 2.745 \times 10^{-4}\left(\frac{293.2}{\sqrt{151.2 \times 154.4}}\right)^{1.823} = 9.01 \times 10^{-4}$$

將上列諸量代入式 (23–5)，得

$$(2)(D_{AB}) = (9.01 \times 10^{-4})(13.36)(66.08)(0.2372)$$

故

$$D_{AB} = 0.0943 \; （厘米）^2 / 秒$$

由表 23–1 知，在 1 大氣壓及 293.2 K 下，實驗測得 $D_{AB} = 0.2$（厘米）$^2/$ 秒，故 2 大氣壓及 293.2 K 下之實驗值可應用式 (23–7) 計算

$$D_{AB,2} = D_{AB,1} \left(\frac{P_1}{P_2} \right) = 0.2 \left(\frac{1}{2} \right) = 0.1 \; （厘米）^2 / 秒$$

例 23–3

試計算 20°C 及 2 大氣壓下，二氧化碳在空氣中之擴散係數，並與實驗結果比較。

(解) 自附錄 K 可查出二氧化碳及空氣之 σ 與 $\dfrac{\epsilon}{k}$ 值如下：

氣　體	σ (Å)	$\dfrac{\epsilon}{k}$ (K)	分子量
二氧化碳 (A)	3.996	190	44
空　氣 (B)	3.617	97	29.0

則

$$\sigma_{AB} = \frac{\sigma_A + \sigma_B}{2} = \frac{3.996 + 3.617}{2} = 3.806 \; Å$$

$$\frac{\epsilon_{AB}}{k} = \sqrt{\left(\frac{\epsilon_A}{k} \right) \left(\frac{\epsilon_B}{k} \right)} = \sqrt{(190)(97)} = 135$$

$$T_2 = 20 + 273 = 293 \; K$$

$$P_2 = 2 \; 大氣壓$$

$$\frac{kT_2}{\epsilon_{AB}} = \frac{293}{135} = 2.18$$

故

$$\Omega_{AB,T_2} = 1.044 \text{（附錄 L）}$$

將上面諸量代入式 (23–6)

$$D_{AB,2} = \frac{(0.001858)(293)^{\frac{3}{2}}\left(\frac{1}{44} + \frac{1}{29}\right)^{\frac{1}{2}}}{(2)(3.806)^2(1.044)} = 0.0735 \text{（厘米）}^2/\text{秒}$$

由表 23–1 知，$T_1 = 273$ K 及 $P_1 = 1$ 大氣壓下，二氧化碳在空氣中之 $D_{AB,1}$ 值為 0.136 （厘米）$^2/$ 秒。因

$$\frac{kT_1}{\epsilon_{AB}} = \frac{273}{135} = 2.02$$

故

$$\Omega_{AB,T_1} = 1.071 \text{（附錄 L）}$$

代入式 (23–7)，得 $T_2 = 293$ K 及 $P_2 = 2$ 大氣壓下之 D_{AB} 值為

$$D_{AB,2} = D_{AB,1}\left(\frac{P_1}{P_2}\right)\left(\frac{T_2}{T_1}\right)^{\frac{3}{2}}\left(\frac{\Omega_{AB,T_1}}{\Omega_{AB,T_2}}\right)$$

$$= 0.136\left(\frac{1}{2}\right)\left(\frac{293}{273}\right)^{\frac{3}{2}}\left(\frac{1.071}{1.044}\right) = 0.076 \text{（厘米）}^2/\text{秒}$$

故由式 (23–6) 計算所得之 D_{AB} 值 (0.0735)，與實驗所測得者 (0.076)，甚為接近。

表 23-1　二成分氣體之擴散係數

系	T (K)	$D_{AB}P^*$	系	T (K)	$D_{AB}P$
空氣——			氮	298	0.158
氨	273	0.198	氧化亞氮	298	0.117
苯胺	298	0.0726	丙烷	298	0.0863
苯	298	0.0962	水蒸氣	298	0.164
溴	293	0.091	一氧化碳——		
二氧化碳	273	0.136	乙炔	273	0.151
二硫化碳	273	0.0883	氫	273	0.651
氯	273	0.124	氮	288	0.192
聯苯	491	0.160	氧	273	0.185
乙酸乙酯	273	0.0709	氦——		
乙醇	298	0.132	氫	273	0.641
碘	298	0.0834	苯	293	0.384
甲醇	298	0.162	乙醇	298	0.494
水銀（蒸汽）	614	0.473	氫	293	1.64
萘	298	0.0611	氖	293	1.23
硝基苯	298	0.0868	水蒸氣	298	0.908
正辛烷	298	0.0602	氫——		
氧	273	0.175	氨	293	0.849
乙酸丙酯	315	0.092	氬	293	0.770
二氧化硫	273	0.122	苯	273	0.317
甲苯	298	0.0844	乙烷	273	0.439
水蒸氣	298	0.260	甲烷	273	0.625
氨——			氧	273	0.697
乙炔	293	0.177	水蒸氣	293	0.850
氬——			氮——		
氖	293	0.329	氨	293	0.241
氧	293	0.20	乙炔	298	0.163
二氧化碳——			氫	288	0.743
苯	318	0.0715	碘	273	0.070
二硫化碳	318	0.0715	氧	273	0.181
乙酸乙酯	319	0.0666	氧——		
乙醇	273	0.0541	氨	293	0.253
氫	273	0.550	苯	296	0.094
甲烷	273	0.153	乙炔	293	0.182
甲醇	298.6	0.105			

* $D_{AB}P$ 之單位為（厘米）^{2}（大氣壓力）/（秒）

2. 液體擴散係數

表 23-2 列舉一些液體之擴散係數。

表 23-2   液體之擴散係數

溶質 A	溶劑 B	溫度 °C	溶質濃度 克莫耳 / 升	擴散度 $\left[\dfrac{(厘米)^2}{秒}\right] \times 10^5$
氯	水	16	0.12	1.26
氯化氫	水	0	9	2.7
			2	1.8
		10	9	3.3
			2.5	2.5
		16	0.5	2.44
氨	水	5	3.5	1.24
		15	1.0	1.77
二氧化碳	水	10	0	1.46
		20	0	1.77
氯化鈉	水	18	0.05	1.26
			0.2	1.21
			1.0	1.24
			3.0	1.36
			5.4	1.54
甲醇	水	15	0	1.28
醋酸	水	12.5	1.0	0.82
			0.01	0.91
		18	1.0	0.96
乙醇	水	10	3.75	0.50
			0.05	0.83
		16	2.0	0.90
正丁醇	水	15	0	0.77
二氧化碳	乙醇	17	0	3.2
三氯甲烷	乙醇	20	2.0	1.25

含非電解溶質稀薄溶液中之擴散係數，可用下式表示

$$\frac{D_{AB}\mu}{kT} = f(\tilde{V})$$

式中函數 $f(\tilde{V})$ 與擴散溶質之莫耳體積有關。Wilke 與 Chang 二氏根據實驗數據，將上式寫成

$$\frac{D_{AB}\mu}{T} = \frac{7.4 \times 10^{-8}(\Phi_B M_B)^{\frac{1}{2}}}{\tilde{V}_b^{0.6}} \tag{23-8}$$

式中 D_{AB} 表溶質 A 在液體溶劑中之擴散係數，其單位為 (厘米)^2/ 秒；μ 表溶液之黏度，其單位為厘泊；T 為絕對溫度，其單位為 K；M_B 為溶劑之分子量；$\tilde{V}_b$ 為沸點下之莫耳體積，其單位為 (厘米)^3/ 克莫耳；Φ_B 乃一參數，其值因溶劑之不同而異。一些常用溶劑之 Φ_B 值見表 23–3，沸點下溶質之莫耳體積見表 23–4。

表 23-3　常用溶劑之 Φ_B 值

溶　劑	Φ_B
水	2.6
甲醇	1.9
乙醇	1.5
苯，乙醚	1.0

例 23-4

試計算 10°C 下乙醇在稀薄水溶液 (0.05 克莫耳 / 升) 中之擴散係數。乙醇之莫耳體積可由 Schroeder 氏之原子體積法 (atomic-volume method) 估計而得，其值為 59.2 (厘米)^2/ 克莫耳。

表 23-4　沸點下之莫耳體積

成　分	分子體積（厘米）^{3}/克分子
H$_2$	14.3
O$_2$	25.6
N$_2$	31.2
空氣	29.9
CO	30.7
CO$_2$	34
COS	51.5
SO$_2$	44.8
NO	23.6
N$_2$O	36.4
NH$_3$	25.8
H$_2$O	18.9
H$_2$S	32.9
Br$_2$	53.2
Cl$_2$	48.4
I$_2$	71.5

(解) 10°C 時，每升含有 0.05 克莫耳乙醇之水溶液的黏度為 1.45 厘泊；$T = 283$ K, $M_B = 18$，由表 23-3 查出溶劑為水時之 Φ_B 值為 2.6。將這些值代入式 (23-8)，得

$$D_{C_2H_5OH-H_2O} = \left[\frac{7.4 \times 10^{-8}(2.6 \times 18)^{\frac{1}{2}}}{(59.2)^{0.6}} \right]\left(\frac{283}{1.45} \right)$$

$$= 8.5 \times 10^{-6} \text{（厘米）}^2/\text{秒}$$

由表 23-2 查得 $D_{C_2H_5OH-H_2O} = 8.3 \times 10^{-6}$（厘米）^{2}/秒，故式 (23-8) 之準確性極高。

3.固體之擴散係數

固體之擴散可分為兩類:一為氣體或液體在多孔固體中之擴散,另一為因原子運動而引起固體成分間之相互擴散。前者常出現於催化反應中,為化學工程師所感興趣者;後者因牽涉固體中之原子擴散,故為冶金師所探討之對象。表23-5列舉一些固體擴散係數之實驗數據。

表 23-5　固體之擴散係數

系　統	溫度 (°C)	擴散係數,$[(厘米)^2/秒]$
He 在 SiO_2 中	20	$2.4\sim5.5\times10^{-10}$
He 在玻璃 (耐高溫) 中	20	4.5×10^{-11}
	500	2×10^{-8}
H_2 在 SiO_2 中	500	$0.6\sim2.1\times10^{-8}$
H_2 在 Ni 中	85	1.16×10^{-8}
	165	10.5×10^{-8}
Bi 在 Pb 中	20	1.1×10^{-16}
Hg 在 Pb 中	20	2.5×10^{-15}
Sb 在 Ag 中	20	3.5×10^{-15}
Al 在 Cu 中	20	1.3×10^{-30}
Cd 在 Cu 中	20	2.7×10^{-15}

23-9　對流質量輸送

正如同擴散現象可類比熱傳導一樣,對流質量輸送亦與對流熱輸送類似。雖然所討論之對象不同,然其數學式及處理方法則頗多相似之點。對流質量輸送亦因流體流動之起因不同,可分為強制對流質量輸送及自由對流質量輸送兩種;強制對流乃因流體受泵或其他外力之作用,而發生流動所引起,自由對流則因流體之密度不同，而發生流動所引起。

對流質量輸送方程式，可仿效對流熱輸送之 Newton 冷卻方程式，寫成下式

$$N_{A_z} = k_c \Delta C_A \qquad\qquad (23\text{--}9)$$

式中 N_{A_z} 表成分 A 在 z 方向之莫耳通量，其單位為 (千克莫耳)/(小時)(公尺)^2，ΔC_A 表成分 A 之濃度差，其單位為 (千克莫耳)/(公尺)^3；k_c 乃對流質量傳送係數，其單位為 (公尺)/小時。k_c 與對流熱傳係數 h 相當，乃系統之幾何形狀、流體之性質、流動之方式及濃度差等之函數。

一般而言，對流質量輸送無單獨存在之可能，其必伴有擴散現象，此與對流熱輸送亦必伴有熱傳導乙事又可類比。對流質量輸送及其傳送係數之計算，將於第 25 章中詳細討論。

23-10　連續方程式

本節中吾人將應用質量不滅定律，導出混合物中各成分之連續方程式。今考慮某二成分之混合流體，流經一固定於空間之體積元 $\Delta x \Delta y \Delta z$，且該混合流體於此體積元中起均勻化學反應，見圖 23-1。倘於此體積元中作成分 A 之物料結算，則

$$\left\{ \begin{array}{l} 淨輸入系內 \\ 之質量流率 \end{array} \right\} + \left\{ \begin{array}{l} 因化學反應在系 \\ 內之質量生成率 \end{array} \right\} = \left\{ \begin{array}{l} 系內之質 \\ 量累積率 \end{array} \right\} \qquad (23\text{--}10)$$

今將式 (23-10) 中諸量逐項求出於後：

成分 A 淨輸入系內之質量流率，可將流經體積元六個表面上之質量輸送率相加而得。其 x, y 及 z 方向之質量淨輸入率分別為

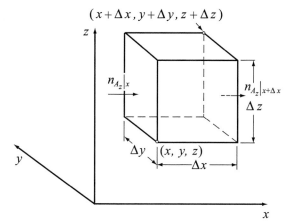

$$圖\ 23\text{-}1\quad 混合流體流經一固定於空間之體積元$$

x 方向: $\left. n_{A_x} \Delta y \Delta z \right|_x - \left. n_{A_x} \Delta y \Delta z \right|_{x+\Delta x}$

y 方向: $\left. n_{A_y} \Delta x \Delta z \right|_y - \left. n_{A_y} \Delta x \Delta z \right|_{y+\Delta y}$

z 方向: $\left. n_{A_z} \Delta x \Delta y \right|_z - \left. n_{A_z} \Delta x \Delta y \right|_{z+\Delta z}$

式中 n_{A_x}, n_{A_y} 及 n_{A_z} 分別表成分 A 在 x, y 及 z 方向之質量通量。倘以 r_A 表成分 A 在單位體積內之化學反應生成率，則成分 A 在體積元內之質量生成率為

$$r_A \Delta x \Delta y \Delta z$$

成分 A 在體積元內之質量累積率為

$$\frac{\partial \rho_A}{\partial t} \Delta x \Delta y \Delta z$$

將上面諸量代入式 (23–10)，得

$$n_{A_x}\Delta y\Delta z\Big|_x - n_{A_x}\Delta y\Delta z\Big|_{x+\Delta x} + n_{A_y}\Delta x\Delta z\Big|_y - n_{A_y}\Delta x\Delta z\Big|_{y+\Delta y} + n_{A_z}\Delta x\Delta y\Big|_z$$

$$-n_{A_z}\Delta x\Delta y\Big|_{z+\Delta z} + r_A\Delta x\Delta y\Delta z$$

$$= \frac{\partial\rho_A}{\partial t}\Delta x\Delta y\Delta z \tag{23-11}$$

以體積元之體積 $\Delta x\Delta y\Delta z$ 除上式諸項，整理後得

$$\frac{n_{A_x}\Big|_{x+\Delta x} - n_{A_x}\Big|_x}{\Delta x} + \frac{n_{A_y}\Big|_{y+\Delta y} - n_{A_y}\Big|_y}{\Delta y} + \frac{n_{A_z}\Big|_{z+\Delta z} - n_{A_z}\Big|_z}{\Delta z} + \frac{\partial\rho_A}{\partial t} - r_A = 0 \tag{23-12}$$

當 $\Delta x, \Delta y$ 及 Δz 皆趨近於零，則由偏微分第一導數之定義，式 (23–12) 遂變為

$$\frac{\partial n_{A_x}}{\partial x} + \frac{\partial n_{A_y}}{\partial y} + \frac{\partial n_{A_z}}{\partial z} + \frac{\partial\rho_A}{\partial t} - r_A = 0 \tag{23-13}$$

上式乃成分 A 之連續方程式。倘以向量符號表示，則上式可改寫為

$$\nabla\cdot\boldsymbol{n}_A + \frac{\partial\rho_A}{\partial t} - r_A = 0 \tag{23-14}$$

式中 $\boldsymbol{n}_A = n_{A_x}\boldsymbol{i} + n_{A_y}\boldsymbol{j} + n_{A_z}\boldsymbol{k}$。同理可證，成分 B 之連續方程式為

$$\nabla\cdot\boldsymbol{n}_B + \frac{\partial\rho_B}{\partial t} - r_B = 0 \tag{23-15}$$

倘將式 (23–14) 及 (23–15) 相加，則

$$\nabla\cdot(\boldsymbol{n}_A + \boldsymbol{n}_B) + \frac{\partial(\rho_A + \rho_B)}{\partial t} - (r_A + r_B) = 0$$

因

$$\boldsymbol{n}_A + \boldsymbol{n}_B = \rho_A\boldsymbol{u}_A + \rho_B\boldsymbol{u}_B = \rho\boldsymbol{v}$$

$$\rho_A + \rho_B = \rho$$

$$r_A = -r_B$$

故

$$\nabla \cdot \rho v + \frac{\partial \rho}{\partial t} = 0 \qquad (23\text{--}16)$$

上式即為混合流體之連續方程式。若應用第 3 章中**真時間導數** (substantial time derivative) 之定義

$$\frac{D\rho}{Dt} \equiv \frac{\partial \rho}{\partial t} + v_x \frac{\partial \rho}{\partial x} + v_y \frac{\partial \rho}{\partial y} + v_z \frac{\partial \rho}{\partial z} \qquad (3\text{--}3)$$

則式 (23–16) 可重寫為

$$\frac{D\rho}{Dt} + \rho(\nabla \cdot v) = 0 \qquad (23\text{--}17)$$

若考慮之流體為不可壓縮者，則上式變為

$$\nabla \cdot v = 0 \qquad (23\text{--}18)$$

式 (23–17) 與 (23–18) 即分別為第 3 章之式 (3–16) 與 (3–17)。

倘分別以 M_A 及 M_B 除式 (23–14) 及 (23–15) 諸項，則可得成分 A 及 B 以莫耳單位表示之連續方程式：

$$\frac{\partial C_A}{\partial t} + \nabla \cdot N_A = R_A \qquad (23\text{--}19)$$

$$\frac{\partial C_B}{\partial t} + \nabla \cdot N_B = R_B \qquad (23\text{--}20)$$

合併上面二式，得

$$\nabla \cdot (N_A + N_B) + \frac{\partial (C_A + C_B)}{\partial t} - (R_A + R_B) = 0 \qquad (23\text{--}21)$$

因

$$N_A + N_B = C_A \boldsymbol{u}_A + C_B \boldsymbol{u}_B = C\boldsymbol{v}^*$$

$$C_A + C_B = C$$

式 (23–21) 變為

$$\nabla \cdot C\boldsymbol{v}^* + \frac{\partial C}{\partial t} - (R_A + R_B) = 0 \qquad (23\text{--}22)$$

須注意者，一般而言，$R_A + R_B \neq 0$。若化學反應係遵循下式

$$A \Longleftrightarrow B$$

則 $R_A = -R_B$，式 (23–22) 可簡化為

$$\nabla \cdot C\boldsymbol{v}^* + \frac{\partial C}{\partial t} = 0 \qquad (23\text{--}23)$$

若考慮之流體其莫耳密度不變，則由式 (23–22)

$$\nabla \cdot \boldsymbol{v}^* = \frac{1}{C}(R_A + R_B) \qquad (23\text{--}24)$$

由式 (23–14)、(23–15)、(23–19) 及 (23–20) 無法直接獲得濃度分布，惟若引入 Fick 第一擴散定律，則此四式分別變為

$$\frac{\partial \rho_A}{\partial t} + (\nabla \cdot \rho_A \boldsymbol{v}) = (\nabla \cdot \rho D_{AB} \nabla \omega_A) + r_A \qquad (23\text{--}25)$$

$$\frac{\partial \rho_B}{\partial t} + (\nabla \cdot \rho_B \boldsymbol{v}) = (\nabla \cdot \rho D_{AB} \nabla \omega_B) + r_B \qquad (23\text{--}26)$$

$$\frac{\partial C_A}{\partial t} + (\nabla \cdot C_A \boldsymbol{v}^*) = (\nabla \cdot CD_{AB}\nabla x_A) + R_A \qquad (23\text{–}27)$$

$$\frac{\partial C_B}{\partial t} + (\nabla \cdot C_B \boldsymbol{v}^*) = (\nabla \cdot CD_{AB}\nabla x_B) + R_B \qquad (23\text{–}28)$$

須注意者，上面諸式中所指之擴散，僅考慮**普通擴散** (ordinary diffusion)，亦即因濃度差而引起之擴散。若同時有熱擴散、壓力擴散，或強制擴散存在，則此四式須加以修改。本書因限於篇幅，所討論之擴散問題，僅限於因濃度差所引起之普通擴散。

　　式 (23–25) 至 (23–28) 乃一般質量輸送方程式，一般而言，其解不易獲得。今介紹幾種特殊情況：

1. ρ 及 D_{AB} 為定值

　　此時 $\nabla \cdot \boldsymbol{v} = 0$，式 (23–25) 及 (23–26) 變為

$$\frac{D\rho_A}{Dt} = D_{AB}\nabla^2\rho_A + r_A \qquad (23\text{–}29)$$

$$\frac{D\rho_B}{Dt} = D_{AB}\nabla^2\rho_B + r_B \qquad (23\text{–}30)$$

倘分別以 M_A 及 M_B 除上面二式，得

$$\frac{DC_A}{Dt} = D_{AB}\nabla^2C_A + R_A \qquad (23\text{–}31)$$

$$\frac{DC_B}{Dt} = D_{AB}\nabla^2C_B + R_B \qquad (23\text{–}32)$$

上面諸式中運算子 $\dfrac{D}{Dt}$ 與 ∇^2 之定義，因坐標系之不同而異：

①若採直角坐標，則

$$\frac{D}{Dt} \equiv \frac{\partial}{\partial t} + u_x\frac{\partial}{\partial x} + u_y\frac{\partial}{\partial y} + u_z\frac{\partial}{\partial z} \tag{23-33}$$

$$\nabla^2 \equiv \frac{\partial^2}{\partial x^2} + \frac{\partial^2}{\partial y^2} + \frac{\partial^2}{\partial z^2} \tag{23-34}$$

②若採圓柱體坐標，則

$$\frac{D}{Dt} \equiv \frac{\partial}{\partial t} + u_r\frac{\partial}{\partial r} + \frac{u_\theta}{r}\frac{\partial}{\partial \theta} + u_z\frac{\partial}{\partial z} \tag{23-35}$$

$$\nabla^2 \equiv \frac{1}{r}\frac{\partial}{\partial r}\left(r\frac{\partial}{\partial r}\right) + \frac{1}{r^2}\frac{\partial^2}{\partial \theta^2} + \frac{\partial^2}{\partial z^2} \tag{23-36}$$

③若採球體坐標，則

$$\frac{D}{Dt} \equiv \frac{\partial}{\partial t} + u_r\frac{\partial}{\partial r} + \frac{u_\theta}{r}\frac{\partial}{\partial \theta} + \frac{u_\phi}{r\sin\theta}\frac{\partial}{\partial \phi} \tag{23-37}$$

$$\nabla^2 \equiv \frac{1}{r^2}\frac{\partial}{\partial r}\left(r^2\frac{\partial}{\partial r}\right) + \frac{1}{r^2\sin\theta}\frac{\partial}{\partial \theta}\left(\sin\theta\frac{\partial}{\partial \theta}\right) + \frac{1}{r^2\sin^2\theta}\frac{\partial^2}{\partial \phi^2} \tag{23-38}$$

式 (23-29) 至 (23-32) 適用於定壓下之稀薄液體溶液。

2. C 及 D_{AB} 為定值

如式 (23-24) 所示，因此時 $\nabla \cdot v^* = \left(\frac{1}{C}\right)(R_A + R_B)$，故式 (23-27) 及 (23-28) 變為

$$\frac{\partial C_A}{\partial t} + (v^* \cdot \nabla C_A) = D_{AB}\nabla^2 C_A + (x_B R_A - x_A R_B) \tag{23-39}$$

$$\frac{\partial C_B}{\partial t} + (v^* \cdot \nabla C_B) = D_{AB}\nabla^2 C_B + (x_A R_B - x_B R_A) \tag{23-40}$$

式 (23–39) 及 (23–40) 適用於恆溫下之低密度氣體。

3. ρ, C 及 D_{AB} 為定值，且無整體速度及無化學反應

若無化學反應，則 r_A, r_B, R_A 及 R_B 均為零；若無整體速度，則 $v = v^* = 0$；故由式 (23–29) 及 (23–30)；或式 (23–31) 及 (23–32)，或式 (23–39) 及 (23–40)，均可證明下面二式成立：

$$\frac{\partial C_A}{\partial t} = D_{AB}\nabla^2 C_A \tag{23–41}$$

$$\frac{\partial C_B}{\partial t} = D_{AB}\nabla^2 C_B \tag{23–42}$$

上面二式稱為 Fick 第二擴散定律，適用於固體及靜止液體 ($v = 0$) 中之擴散；亦可適用於氣體之**等莫耳逆向擴散** (equimolar counter diffusion, $v^* = 0$)。

倘擴散現象係在**穩態** (steady state) 下進行，則式 (23–41) 及 (23–42) 可簡化為

$$\nabla^2 C_A = 0 \tag{23–43}$$

$$\nabla^2 C_B = 0 \tag{23–44}$$

式 (23–43) 及 (23–44) 稱為 Laplace 方程式。

23–11　渦流擴散

處理渦狀流動（或稱擾狀流動）問題時，須將瞬時量分成時間平均量及波動量兩部分，詳見 3–19 至 3–26。今考慮一無化學反應之渦流擴散問題，則式 (23–31) 可展開寫成直角坐標系方程式為

$$\frac{\partial C_A}{\partial t} + u_x\frac{\partial C_A}{\partial x} + u_y\frac{\partial C_A}{\partial y} + u_z\frac{\partial C_A}{\partial z} = D_{AB}\left(\frac{\partial^2 C_A}{\partial x^2} + \frac{\partial^2 C_A}{\partial y^2} + \frac{\partial^2 C_A}{\partial z^2}\right) \qquad (23\text{--}45)$$

若考慮不可壓縮流體時，則

$$\frac{\partial u_x}{\partial x} + \frac{\partial u_y}{\partial y} + \frac{\partial u_z}{\partial z} = 0 \qquad (23\text{--}46)$$

式 (23–46) 乘以 C_A 後與式 (23–45) 相加，整理後得

$$\frac{\partial C_A}{\partial t} = -\left(\frac{\partial}{\partial x}u_x C_A + \frac{\partial}{\partial y}u_y C_A + \frac{\partial}{\partial z}u_z C_A\right) + D_{AB}\left(\frac{\partial^2 C_A}{\partial x^2} + \frac{\partial^2 C_A}{\partial y^2} + \frac{\partial^2 C_A}{\partial z^2}\right) \quad (23\text{--}47)$$

在渦流擴散中，C_A、v_x、v_y 與 v_z 均表瞬時量。今令

$$C_A = \overline{C}_A + C'_A \qquad (23\text{--}48)$$

$$\left\{\begin{array}{l} u_x = \overline{u}_x + u'_x \qquad\qquad\qquad (23\text{--}49) \\[4pt] u_y = \overline{u}_y + u'_y \qquad\qquad\qquad (23\text{--}50) \\[4pt] u_z = \overline{u}_z + u'_z \qquad\qquad\qquad (23\text{--}51) \end{array}\right.$$

式中 $\overline{C}_A$ 與 $\overline{u}_i$ 表時間平均濃度與速度，C'_A 與 u'_i 則表波動濃度與速度。即

$$\overline{C}_A = \frac{1}{t_0}\int_t^{t+t_0} C_A dt \qquad (23\text{--}52)$$

$$\overline{u}_i = \frac{1}{t_0}\int_t^{t+t_0} u_i dt \qquad (23\text{--}53)$$

其中 t_0 表一極短時間之波動週期。須注意者

$$\overline{C}'_A = \frac{1}{t_0}\int_t^{t+t_0} C'_A dt = 0 \qquad (23\text{--}54)$$

$$\overline{u_i'} = \frac{1}{t_0}\int_t^{t+t_0} u_i' dt = 0 \qquad (23\text{--}55)$$

將式 (23–48) 至 (23–51) 代入式 (23–47)，然後對 t 自 t 至 $t+t_0$ 積分，並應用式 (23–52) 至 (23–55)，整理後得

$$\frac{\partial \overline{C}_A}{\partial t} = -\left(\frac{\partial}{\partial x}\overline{u}_x\overline{C}_A + \frac{\partial}{\partial y}\overline{u}_y\overline{C}_A + \frac{\partial}{\partial z}\overline{u}_z\overline{C}_A\right)$$
$$-\left(\frac{\partial}{\partial x}\overline{u_x'C_A'} + \frac{\partial}{\partial y}\overline{u_y'C_A'} + \frac{\partial}{\partial z}\overline{u_z'C_A'}\right)$$
$$+D_{AB}\left(\frac{\partial^2 \overline{C}_A}{\partial x^2} + \frac{\partial^2 \overline{C}_A}{\partial y^2} + \frac{\partial^2 \overline{C}_A}{\partial z^2}\right) \qquad (23\text{--}56)$$

又仿照上面之計算，由式 (23–46) 可得

$$\frac{\partial \overline{u}_x}{\partial x} + \frac{\partial \overline{u}_y}{\partial y} + \frac{\partial \overline{u}_z}{\partial z} = 0 \qquad (23\text{--}57)$$

將式 (23–57) 代入式 (23–56)，並應用下面真時間導數之定義：

$$\frac{D}{Dt} \equiv \frac{\partial}{\partial t} + \overline{u}_x\frac{\partial}{\partial x} + \overline{u}_y\frac{\partial}{\partial y} + \overline{u}_z\frac{\partial}{\partial z} \qquad (23\text{--}58)$$

最後得

$$\frac{D\overline{C}_A}{Dt} = -\left[\frac{\partial}{\partial x}\left(-D_{AB}\frac{\partial \overline{C}_A}{\partial x}\right) + \frac{\partial}{\partial y}\left(-D_{AB}\frac{\partial \overline{C}_A}{\partial y}\right) + \frac{\partial}{\partial z}\left(-D_{AB}\frac{\partial \overline{C}_A}{\partial z}\right)\right]$$
$$-\left(\frac{\partial}{\partial x}\overline{u_x'C_A'} + \frac{\partial}{\partial y}\overline{u_y'C_A'} + \frac{\partial}{\partial z}\overline{u_z'C_A'}\right) \qquad (23\text{--}59)$$

若混合流體之莫耳密度 C 與普通擴散係數 D_{AB} 均為定值，則應用式 (23–1) 之定義，上式可寫為

$$\frac{D\overline{C}_A}{Dt} = -(\nabla \cdot \overline{\boldsymbol{I}}_A^{(\ell)}) - \left(\frac{\partial}{\partial x}\overline{u_x'C_A'} + \frac{\partial}{\partial y}\overline{u_y'C_A'} + \frac{\partial}{\partial z}\overline{u_z'C_A'} \right) \tag{23-60}$$

式中層狀擴散通量向量之定義為

$$\overline{\boldsymbol{I}}_A^{(\ell)} = -D_{AB}\nabla\overline{C}_A \tag{23-61}$$

式 (23-60) 中含 $\overline{u_i'C_A'}$ 之項代表渦流擴散通量 (turbulent diffusion flux)，可用 $\overline{I}_{A_i}^{(t)}$ 表示，即

$$\begin{aligned}\overline{\boldsymbol{I}}_A^{(t)} &= \overline{I}_{A_x}^{(t)}\boldsymbol{i} + \overline{I}_{A_y}^{(t)}\boldsymbol{j} + \overline{I}_{A_z}^{(t)}\boldsymbol{k} \\ &= \overline{u_x'C_A'}\boldsymbol{i} + \overline{u_y'C_A'}\boldsymbol{j} + \overline{u_z'C_A'}\boldsymbol{k} \end{aligned} \tag{23-62}$$

故式 (23-60) 更可寫為

$$\frac{D\overline{C}_A}{Dt} = -(\nabla \cdot \overline{\boldsymbol{I}}_A^{(\ell)}) - (\nabla \cdot \overline{\boldsymbol{I}}_A^{(t)}) \tag{23-63}$$

上式右邊第一項乃表層狀擴散，第二項則表波動所引起之渦流擴散。渦流擴散通量亦可類比式 (23-1) 之層狀擴散通量的定義而寫為

$$\overline{I}_{A_x}^{(t)} = -D_{AB}^{(t)}\frac{\partial\overline{C}_A}{\partial x} \tag{23-64}$$

$$\overline{I}_{A_y}^{(t)} = -D_{AB}^{(t)}\frac{\partial\overline{C}_A}{\partial y} \tag{23-65}$$

$$\overline{I}_{A_z}^{(t)} = -D_{AB}^{(t)}\frac{\partial\overline{C}_A}{\partial z} \tag{23-66}$$

即

$$\overline{\boldsymbol{I}}_A^{(t)} = -D_{AB}^{(t)}\nabla\overline{C}_A \tag{23-67}$$

式中 $D_{AB}^{(t)}$ 稱為**渦流擴散係數** (eddy diffusivity)，其值由實驗決定。

23-12 邊界條件

當吾人積分連續方程式以求解一質量輸送問題時，須藉邊界條件以定出積分常數。質量輸送問題中之邊界條件與熱輸送問題中者頗多相似之處，今列舉較常用之邊界條件於後：

1. 表面濃度為定值

此時之邊界條件為 $C_A = C_{A_0}$，或 $x_A = x_{A_0}$，或 $\omega_A = \omega_{A_0}$，端視採用之單位為莫耳濃度，或莫耳分率，或質量分率而定。當考慮之系統為氣體時，邊界上之濃度可用分壓表示，即 $P_A = P_{A_0}$；亦可用莫耳分率表示，即 $y_A = y_{A_0}$。倘考慮自理想液溶液擴散至氣相時，液面上之邊界條件可遵循 Raoult 定律寫為 $P_{A_0} = x_A P_A$，其中 P_A 表純成分 A 在該溫度下之蒸氣壓。

2. 表面上之通量為定值

此時之邊界條件為 $N_A = N_{A_0}$。若有對流發生，則

$$N_{A_0} = k_c(C_{A_0} - C_{A_\infty})$$

式中 C_{A_0} 表與表面緊鄰處之流體濃度，C_{A_∞} 則表流體主流之濃度。

3.邊界上之化學反應速率一定

　　若僅在邊界上有化學反應發生，則此化學反應稱為**非均勻化學反應** (heterogeneous chemical reaction)，此與在系統內發生之**均勻化學反應** (homogeneous chemical reaction) 不同。均勻化學反應已包含於連續方程式中，非均勻化學反應則僅能列為邊界條件。若成分 A 在邊界上循**一級** (first order) 化學反應而消失，則此時之邊界條件可寫為 $N_{A_0} = k_1 C_A$，其中 k_1 乃一級反應之速率常數。

　　有些質量輸送問題中，同時伴有動量及能量之輸送，故解問題時，須聯用動量方程式、能量方程式及連續方程式。動量方程式及能量方程式之解法已於第一及第二冊中討論過，連續方程式之應用及解法，將於本冊中介紹。

 符號說明

符　號	定　義
C	混合物之莫耳密度，千克莫耳 $/$ (公尺)^3
C_i	i 成分之莫耳密度，千克莫耳 $/$ (公尺)^3
C_{i_0}, C_{i_∞}	i 成分在邊界上及主流中之莫耳密度，千克莫耳 $/$ (公尺)^3
D_{AB}	二成分系之擴散係數，(公尺)$^2/$ 小時
I_i	i 成分之莫耳擴散通量向量，等於 $C_i v_i^*$，千克莫耳 $/$ (小時)(公尺)^2
i, j, k	x, y, z 方向之單位向量
i_i	i 成分之質量擴散通量向量，等於 $\rho_i v_i^*$，千克 $/$ (小時)(公尺)^2
J_i	i 成分之莫耳擴散通量向量，等於 $C_i v_i$，千克莫耳 $/$ (小時)(公尺)^2
j_i	i 成分之質量擴散通量向量，等於 $\rho_i v_i$，千克 $/$ (小時)(公尺)^2
k	Boltzman 常數，等於 1.38×10^{-16} 爾格 $/$ K

k_1	一級化學反應之速率常數，公尺／小時
k_c	對流質量傳送係數，公尺／小時
L	長度因次，公尺
M	混合物之平均分子量
$\boldsymbol{M}$	質量因次，千克
M_i	i 成分之分子量
N_i	i 成分之莫耳通量向量，等於 $C_i\boldsymbol{u}_i$，千克莫耳／（小時）（公尺）^{2}
N_{i_z}	i 成分在 z 方向之莫耳通量，千克莫耳／（小時）（公尺）^{2}
$\boldsymbol{n}_i$	i 成分之質量通量，等於 $\rho_i\boldsymbol{u}_i$，千克／（小時）（公尺）^{2}
P	混合流體之總壓，大氣壓
P_{ci}	純 i 成分之臨界壓，大氣壓
P_i	i 成分氣體之分壓，大氣壓
R	氣體常數，0.0826（公尺）（大氣壓力）／（千克莫耳）(K)
R_i	單位體積 i 成分因化學反應之莫耳生成率，千克莫耳／（小時）（公尺）^{3}
r, θ, z	圓柱體坐標，公尺，弧度，公尺
r, θ, ϕ	球體坐標，公尺，弧度，弧度
r_i	單位體積 i 成分因化學反應之質量生成率，千克／（小時）（公尺）^{3}
T	溫度，°C 或 K
T_{ci}	純 i 成分之臨界溫度，°C 或 K
t	時間，小時
$\boldsymbol{u}_i$	i 成分之速度向量，公尺／秒
$\tilde{V}$	分子體積，（公尺）^{3}／千克莫耳
$\tilde{V}_b$	沸點下溶質之分子體積，（公尺）^{3}／千克莫耳
V	混合氣體之體積，立方公尺
$\boldsymbol{v}$	質量平均速度向量，等於 $\sum_i \omega_i \boldsymbol{u}_i$，公尺／秒
$\boldsymbol{v}_i$	i 成分之擴散速度向量，等於 $\boldsymbol{u}_i - \boldsymbol{v}$，公尺／秒
$\boldsymbol{v}^*$	莫耳平均速度向量，等於 $\sum_i x_i \boldsymbol{u}_i$，公尺／秒
$\boldsymbol{v}_i^*$	i 成分之擴散速度向量，等於 $\boldsymbol{u}_i - \boldsymbol{v}^*$，公尺／秒

x, y, z	直角坐標,公尺
x_i	混合液體中 i 成分之莫耳分率
y_i	混合氣體中 i 成分之莫耳分率
ϵ_{AB}	二分子間之最大吸引能量,(千克)(公尺)^2/(小時)^2
θ	時間因次,小時
μ	混合流體之黏度,千克/(公尺)(小時)
ρ	混合流體之質量密度,千克/(公尺)^3
ρ_i	i 成分之質量密度,千克/(公尺)^3
σ, σ_{AB}	碰撞參數,公尺
Φ_B	參數,其值因溶劑之種類而異
Ω_{AB}	無因次量,乃 $\dfrac{kT}{\epsilon_{AB}}$ 之函數
ω_i	i 成分之質量分率
∇	向量運算子,在直角坐標上等於 $i\left(\dfrac{\partial}{\partial x}\right) + j\left(\dfrac{\partial}{\partial y}\right) + k\left(\dfrac{\partial}{\partial z}\right)$
∇^2	Laplace 運算子,在直角坐標上等於 $\left(\dfrac{\partial^2}{\partial x^2}\right) + \left(\dfrac{\partial^2}{\partial y^2}\right) + \left(\dfrac{\partial^2}{\partial z^2}\right)$

習 題

23–1 一導管中流動之某混合氣體,其莫耳組成及速度如下表所示。已知氣體之溫度為 25°C,壓力為 1 大氣壓,今若以一皮托管與一裝水之液柱壓力計相連,試問液柱壓力計之讀數為幾公尺?

成　分	組成(%)	速度(公尺/分鐘)
CO	5	324
CO_2	7	180
O_2	8	300
N_2	80	360

23-2　容積為 30 立方公尺之容器中，有 120°C 及 1 大氣壓之空氣，試決定下面
　　　諸氣體性質：
　　　(1) N_2 之莫耳分率；
　　　(2) N_2 之體積分率；
　　　(3) 空氣之重量；
　　　(4) N_2 之質量密度；
　　　(5) O_2 之質量密度；
　　　(6) 空氣之質量密度；
　　　(7) 空氣之莫耳密度；
　　　(8) 空氣之平均分子量；
　　　(9) N_2 之分壓力。

23-3　Larson 氏由實驗測得 25°C 及 1 大氣壓下，氯仿在空氣中之擴散係數為
　　　0.095 (厘米)^2/秒。試分別應用式 (23-5) 及 (23-6)，計算其擴散係數，
　　　並與實驗數據比較。

23-4　應用 Wilke-Chang 之實驗式，估計下列溶質在稀薄溶液中之擴散係數：
　　　(1) 20°C 下二氧化碳在乙醇中；
　　　(2) 20°C 下二氧化碳在水中；
　　　(3) 25°C 下氨在水中；
　　　(4) 25°C 下氯在水中。

23-5　15°C 下甲醇在稀薄溶液中之 D_{AB} 值為 1.28×10^{-5} (厘米)^2/秒。試估計該
　　　溶液在 100°C 下之 D_{AB} 值。

23-6　試採用莫耳單位，在圖 23-1 之體積元中作成分 A 之物料結算，以導出式
　　　(23-19)。

23-7　試證式 (23-36) 成立。

23-8　試證式 (23-38) 成立。

23-9 試證下列各式：

(1) $j_A + j_B = 0$

(2) $i_A + i_B = \rho(v - v^*)$

(3) $J_A = \left(\dfrac{M_B}{M}\right)I_A$

(4) $d\omega_A = \dfrac{M_A M_B dx_A}{(x_A M_A + x_B M_B)^2}$

23-10 (1)試自 $I_A = -CD_{AB}\nabla x_A$ 證明 $j_A = -\rho D_{AB}\nabla \omega_A$ 成立。

(2)試證 $D_{AB} = D_{BA}$。

24 擴散質量輸送

於 1815 年 Parrot 氏發現：二成分或多成分氣體混合物中，若成分之濃度不均勻，則必有一使濃度均勻之自然現象發生，即分子由濃度較高處，轉移至濃度較低處，而產生擴散質量輸送。吾人已於前章述及：因**推動力** (driving force) 之不同，擴散可分為普通擴散、壓力擴散、強制擴散及熱擴散，其中以因濃度差而引起之普通擴散為最常見。本書因限於篇幅，所討論之擴散問題均屬此類。普通擴散乃因濃度之不均勻，而引起分子間之相對運動，其發生與對流之存在與否無關，故又稱為**分子擴散** (molecular diffusion)。

本章先於 24–1, 24–2 及 24–3 中介紹三個通過停滯氣體膜之二成分單向度分子擴散問題。此三個問題分別牽涉到直角坐標、圓柱體坐標及球體坐標之應用。化工程序中常出現伴有化學反應之擴散問題，此類問題將於 24–4 及 24–5 中介紹，惟 24–4 中所討論者乃屬均勻化學反應；24–5 中者則屬非均勻化學反應，且亦討論等莫耳逆向擴散問題。擴散問題中常因**介質** (medium) 邊界之不規則，或邊界上濃度之不均勻，而產生非單向擴散；此類問題將於 24–6 中討論。24–1 至 24–6 中所討論者均屬**穩態擴散** (steady-state diffusion) 問題，惟近年來因**啟動** (start up) 及**控制** (control) 問題之引人注目，不穩態擴散 (unsteadystate diffusion) 現象亦為學者爭相研究之對象，此類問題將於 24–7 及 24–8 中介紹。

24–1 Arnold 擴散裝置

蒸汽之擴散係數可藉 Arnold 氏之實驗裝置測得。圖 24–1 示一在恆溫恆壓中裝有純液體 A 之狹長管。含有成分 A 與 B 之混合氣體吹過管口 $(z = z_2)$，成分 A 在該處之莫耳分率濃度為 y_{A_2}。成分 B 不溶於液體 A 中，且不與成分 A 起化學反應。成分 A 自液面 $z = z_1$ 蒸發並擴散入氣相中。穩態下成分 A 之蒸發速率可由實驗測得，所得數據與本節中推演所得之理論結果相比較，即可定出成分 A 在成分 B 中之普通擴散係數。

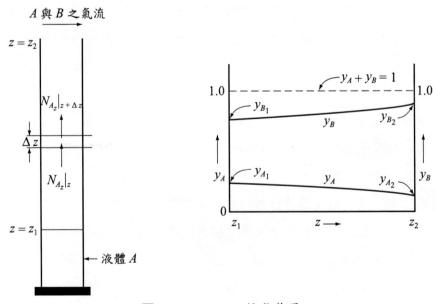

圖 24–1　Arnold 擴散裝置

如圖 24-1 所示，在穩態時

$$SN_{A_z}\Big|_z - SN_{A_z}\Big|_{z+\Delta z} = 0$$

或

$$\frac{N_{A_z}\Big|_{z+\Delta z} - N_{A_z}\Big|_z}{\Delta z} = 0$$

當 $\Delta z \to 0$，上式可寫成

$$\frac{d}{dz}N_{A_z} = 0, \quad 即\ N_{A_z} = 定值 \tag{24-1}$$

同理可得

$$\frac{d}{dz}N_{B_z} = 0, \quad 即\ N_{B_z} = 定值 \tag{24-2}$$

式 (24-1) 及 (24-2) 亦可分別由式 (23-19) 及 (23-20) 簡化而得：因無化學反應，$R_A = 0, R_B = 0$；因係穩態擴散，$\frac{\partial C_A}{\partial t} = 0, \frac{\partial C_B}{\partial t} = 0$；又因擴散僅在 z 方向發生，$N_A = N_{A_z}k, N_B = N_{B_z}k$，故由式 (23-19) 得式 (24-1)，由式 (23-20) 得式 (24-2)。

式 (23-3) 乃一向量方程式，因擴散僅在 z 方向發生，故由其 z 方向之分向量方程式，得

$$N_{A_z} = -CD_{AB}\frac{dy_A}{dz} + y_A(N_{A_z} + N_{B_z}) \tag{24-3}$$

式中以 y_A 代式 (23-3) 中之 x_A，蓋此處吾人所討論者，乃氣相中之擴散問題。

液面 ($z = z_1$) 處成分 B 不溶於液體 A，亦無成分 B 自液面蒸發，故該處 $N_{B_z} = 0$。然由式 (24-2) 知，N_{B_z} 為定值，故成分 B 在**氣膜** (gas film) 中任何處之通量為零，即 $N_{B_z} = 0$。故成分 B 在氣膜中呈**停滯** (stagnant) 狀態，而由式 (24-3)

可求得成分 A 在 z 方向之莫耳通量如下:

$$N_{A_z} = -\frac{CD_{AB}}{(1-y_A)}\frac{dy_A}{dz}$$

(24-4)

將上式代入式 (24-1),即得描述此擴散系統之濃度分布微分方程式:

$$\frac{d}{dz}\left[-\frac{CD_{AB}}{(1-y_A)}\frac{dy_A}{dz}\right] = 0$$

(24-5)

因恆溫恆壓下 C 及 D_{AB} 為定值,故式 (24-5) 簡化為

$$\frac{d}{dz}\left[\frac{1}{(1-y_A)}\frac{dy_A}{dz}\right] = 0$$

(24-6)

連續積分此二階常微分方程式兩次,得

$$-\ln(1-y_A) = C_1 z + C_2$$

(24-7)

式中 C_1 及 C_2 乃積分常數,可藉下面二邊界條件定出:

在 $z = z_1$ 處, $y_A = y_{A_1}$

(24-8)

在 $z = z_2$ 處, $y_A = y_{A_2}$

(24-9)

此處吾人曾假設液面之高度不變。將求出之常數值代入式 (24-7),最後得成分 A 在停滯氣體膜中之濃度分布如下:

$$\frac{1-y_A}{1-y_{A_1}} = \left(\frac{1-y_{A_2}}{1-y_{A_1}}\right)^{\frac{z-z_1}{z_2-z_1}}$$

(24-10)

因 $1 - y_A = y_B$, 故

$$\frac{y_B}{y_{B_1}} = \left(\frac{y_{B_2}}{y_{B_1}}\right)^{\frac{z-z_1}{z_2-z_1}} \tag{24-11}$$

雖然濃度輪廓有助於瞭解一擴散程序，然無法直接藉之與實驗數據定出擴散係數，而工程師所感興趣者乃其蒸發速率。因成分 A 在氣體膜中之莫耳通量為定值，故蒸發速率可應用式 (24-8) 及 (24-9) 之邊界條件積分式 (24-4) 而得

$$N_{A_z}\int_{z_1}^{z_2}dz = CD_{AB}\int_{y_{A_1}}^{y_{A_2}} -\frac{dy_A}{1-y_A} \tag{24-12}$$

解 N_{A_z}，得

$$N_{A_z} = \frac{CD_{AB}}{(z_2-z_1)}\ln\frac{(1-y_{A_2})}{(1-y_{A_1})} \tag{24-13}$$

成分 B 之對數平均濃度可定義為

$$y_{B,\ell m} = \frac{y_{B_2}-y_{B_1}}{\ln\left(\dfrac{y_{B_2}}{y_{B_1}}\right)} \tag{24-14}$$

考慮二成分系統時，上式亦可用成分 A 之濃度表示如下：

$$y_{B,\ell m} = \frac{(1-y_{A_2})-(1-y_{A_1})}{\ln\left(\dfrac{1-y_{A_2}}{1-y_{A_1}}\right)} = \frac{y_{A_1}-y_{A_2}}{\ln\left(\dfrac{1-y_{A_2}}{1-y_{A_1}}\right)} \tag{24-15}$$

將上式代入式 (24-13)，得

$$N_{A_z} = \frac{CD_{AB}}{(z_2-z_1)}\frac{(y_{A_1}-y_{A_2})}{y_{B,\ell m}} \tag{24-16}$$

若氣相為理想氣體，則式 (24-16) 亦可改用壓力表示。因

$$C = \frac{n}{V} = \frac{P}{RT} \text{ 及 } y_A = \frac{P_A}{P}$$

故式 (24–16) 可改寫為

$$N_{A_z} = \frac{D_{AB}P}{RT(z_2 - z_1)} \frac{(P_{A_1} - P_{A_2})}{P_{B,\ell m}} \tag{24-17}$$

式 (24–16) 及 (24–17) 均適用於計算某氣體在穩態下，於一停滯氣體中擴散之莫耳通量。氣體之吸收及濕度調理等單元操作，均屬此類問題。

例 24–1

一地板積水 0.03 厘米厚，水之溫度恆為 24°C。空氣之溫度亦為 24°C，壓力為 1 大氣壓，絕對濕度為每千克乾燥空氣含 0.002 千克之水蒸氣。水蒸發然後擴散通過 0.5 厘米厚之氣膜。24°C 時，飽和濕度為每千克乾燥空氣含 0.0189 千克之水蒸氣，問須耗時多久，地板上之水始能蒸乾？

(解) 基準：1 平方公尺表面積

$$\text{蒸發水之體積} = (1 \text{ 公尺})^2 (0.03 \times 10^{-2} \text{ 公尺})$$
$$= 3 \times 10^{-4} \text{ (公尺)}^3$$

$$\text{蒸發水之質量} = \left[3 \times 10^{-4} \text{ (公尺)}^3 \right] \left[1\,000 \text{ 千克 /(公尺)}^3 \right]$$
$$= 0.3 \text{ 千克}$$

$$\text{蒸發水之千克莫耳數} = \frac{0.3 \text{ 千克}}{18 \text{ 千克 / 千克莫耳}} = 0.0167 \text{ 千克莫耳}$$

每單位時間每平方公尺蒸發之水量，可依式 (24–16) 計算

$$N_{A_z} = \frac{CD_{AB}}{(z_2 - z_1)} \frac{(y_{A_1} - y_{A_2})}{y_{B,\ell m}} \tag{24-16}$$

假設氣相為理想氣體，則

$$C = \frac{n}{V} = \frac{P}{RT}$$

$$= \frac{1 \text{ 大氣壓}}{\left[0.08206 \text{（大氣壓）（公尺）}^3/\text{（千克莫耳）(K)}\right](297 \text{ K})}$$

$$= 0.041 \text{ 千克莫耳}/\text{（公尺）}^3$$

自表 23–1 可查出 298 K 及 1 大氣壓下，水蒸氣在空氣中之擴散係數為 0.260（厘米）^{2}/ 秒。故 24°C (297 K) 時之擴散係數，可用式 (23–7) 計算而得

$$D_{AB} = 0.260 \left(\frac{297}{298}\right)^{\frac{3}{2}} = 0.259 \text{（厘米）}^2/\text{ 秒} = 0.093 \text{（公尺）}^2/\text{ 小時}$$

因溫度差極小，故計算 D_{AB} 值時不考慮 Ω_{AB} 隨溫度之變化。水面上之濕度為

$$\left(0.0189 \frac{\text{千克水}}{\text{千克乾燥空氣}}\right)\left(\frac{\text{千克莫耳水}}{18 \text{ 千克水}}\right)\left(\frac{29 \text{ 千克空氣}}{\text{千克莫耳空氣}}\right)$$

$$= 0.0304 \frac{\text{千克莫耳水}}{\text{千克莫耳空氣}}$$

$$y_{A_1} = \frac{0.0304}{1.0304} = 0.0295$$

空氣中之濕度為

$$\left(0.002 \frac{\text{千克水}}{\text{千克乾燥空氣}}\right)\left(\frac{\text{千克莫耳水}}{18 \text{ 千克水}}\right)\left(\frac{29 \text{ 千克空氣}}{\text{千克莫耳空氣}}\right)$$

$$= 0.00322 \frac{\text{千克莫耳水}}{\text{千克莫耳空氣}}$$

故

$$y_{A_2} = \frac{0.00322}{1.00322} = 0.0032$$

由式 (24-15)

$$y_{B,\ell m} = \frac{(1 - 0.0032) - (1 - 0.0295)}{\ln\left[\dfrac{(1 - 0.0032)}{(1 - 0.0295)}\right]} = 0.983$$

$$z_2 - z_1 = 0.5 \text{ 厘米} = 0.005 \text{ 公尺}$$

將上面諸數值代入式 (24-16)

$$N_{A_z} = \frac{\left[0.041 \text{ 千克莫耳} /(公尺)^3\right]\left[0.093\, (公尺)^2 / 小時\right](0.0295 - 0.0032)}{(0.005 \text{ 公尺})(0.983)}$$

$$= 0.0206 \text{ 千克莫耳} /(公尺)^2 (小時)$$

因每平方公尺地板上需蒸發 0.0167 千克莫耳之水，故所需之時間為

$$t = \frac{0.0167 \text{ 千克莫耳} /(公尺)^2}{0.0206 \text{ 千克莫耳} /(公尺)^2 (小時)} = 0.811 \text{ 小時}$$

24-2 冷凝管中之擴散

　　通過停滯氣體膜之擴散理論，已於上節介紹過，本節乃上節之延伸。此處雖亦討論通過停滯氣膜之擴散問題，惟與前者有兩點相異之處。24-1 中所討論者，乃因液體之蒸發始發生擴散現象，本節中所將討論者，係因蒸汽之擴散而發生蒸汽之冷凝現象。另一相異之處為：前節介紹直角坐標之用法，本節將介紹圓柱體坐標之用法。

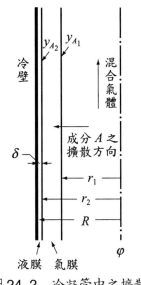

圖 24-2　冷凝管中之擴散

今考慮一金屬冷壁塔（除濕塔），用以冷凝二成分混合氣相中之成分 A。該塔（管）係垂直置放，混合氣體 A–B 緩慢送入塔中，如圖 24-2 所示。設金屬管壁之溫度低於成分 A 之露點，故成分 A 在冷壁上冷凝而形成一成分 A 之液膜，其厚度為 δ。由圖知 $\delta = R - r_2$，R 表管之半徑，r_2 表管軸距液膜之距離。於是成分 A 自混合氣體之主流，擴散至液面而形成一氣膜，其厚度為 $r_2 - r_1$，r_1 表管軸至氣膜之距離。設氣體 B 在此系統之溫度下不冷凝，故由前節之理論推知，氣體 B 在氣膜中保持停滯狀態，而本系統亦屬通過停滯氣膜之擴散問題，惟其擴散方向恰與前節相反。設 $r = r_1$ 處，成分 A 之莫耳分率濃度為 y_{A_1}；$r = r_2$ 處為 y_{A_2}。本系統之擴散理論可仿效前節推展而得，惟以改用圓柱體坐標為宜，今演導如下：

設無化學反應，$R_A = 0$；因係穩態擴散，$\dfrac{\partial C_A}{\partial t} = 0$；故由式 (23–19) 得

$$\nabla \cdot \boldsymbol{N}_A = 0 \tag{24–18}$$

因在圓柱體坐標中

$$\nabla \cdot \boldsymbol{N}_A = \frac{1}{r}\frac{\partial}{\partial r}(rN_{A_r}) + \frac{1}{r}\frac{\partial N_{A_\theta}}{\partial \theta} + \frac{\partial N_{A_z}}{\partial z} \tag{24-19}$$

而擴散僅在 r 方向發生，即 $N_{A_\theta} = N_{A_z} = 0$，故

$$\frac{d}{dr}(rN_{A_r}) = 0, \quad 即 \ rN_{A_r} = 定值 \tag{24-20}$$

同理，由式 (23–20) 可得

$$\frac{d}{dr}(rN_{B_r}) = 0, \quad 即 \ rN_{B_r} = 定值 \tag{24-21}$$

　　式 (24–20) 與 (24–21) 之求得，亦可仿照上節中之方法，於圖 24–2 之氣膜中，取一微小圓柱體殼為控制體積，並分別對成分 A 與 B 作質量結算而得，讀者試自證之。

　　由式 (23–3) 得 r 方向之分向量方程式為

$$N_{A_r} = -CD_{AB}\frac{dy_A}{dr} + y_A(N_{A_r} + N_{B_r}) \tag{24-22}$$

因液面 $(r = r_2)$ 處成分 B 不溶（或冷凝）於液體 A，亦無成分 B 自液面蒸發，故該處 $N_{B_r} = 0$。又由式 (24–21) 知 rN_{B_r} 為定值，故成分 B 在氣膜中任何處之莫耳通量為零，即 $N_{B_r} = 0$，亦即成分 B 在氣膜中呈停滯狀態。由式 (24–22)

$$N_{A_r} = -\frac{CD_{AB}}{(1 - y_A)}\frac{dy_A}{dr} \tag{24-23}$$

因 $1 - y_A = y_B$，$-dy_A = dy_B$，上式變為

$$N_{A_r} = \frac{CD_{AB}}{y_B}\frac{dy_B}{dr} \tag{24-24}$$

合併式 (24–20) 及 (24–24) 得

$$rN_{A_r} = r_1 N_{A_r}\Big|_{r_1} = r\frac{CD_{AB}}{y_B}\frac{dy_B}{dr} \tag{24-25}$$

此微分方程式可應用下面二邊界條件積分之：

$$\text{在 } r = r_1 \text{ 處，} y_A = y_{A_1}, y_B = y_{B_1} \tag{24-26}$$

$$\text{在 } r = r_2 \text{ 處，} y_A = y_{A_2}, y_B = y_{B_2} \tag{24-27}$$

積分式 (24–25) 時，須將 $r_1 N_{A_r}\Big|_{r_1}$ 視為定值。又因恆溫恆壓下，C 及 D_{AB} 為定值，故

$$r_1 N_{A_r}\Big|_{r_1}\int_{r_1}^{r_2}\frac{dr}{r} = CD_{AB}\int_{y_{B_2}}^{y_{B_1}}\frac{dy_B}{y_B} \tag{24-28}$$

解 $N_{A_r}\Big|_{r_1}$，得

$$N_{A_r}\Big|_{r_1} = \frac{CD_{AB}}{r_1}\frac{\ln\left(\dfrac{y_{B_2}}{y_{B_1}}\right)}{\ln\left(\dfrac{r_2}{r_1}\right)} \tag{24-29}$$

若氣相為理想氣體，則式 (24–29) 亦可用壓力表示，即

$$N_{A_r}\Big|_{r_1} = \frac{D_{AB}P}{r_1 RT}\frac{\ln\left(\dfrac{P_{B_2}}{P_{B_1}}\right)}{\ln\left(\dfrac{r_2}{r_1}\right)} \tag{24-30}$$

須注意者，此擴散系統之 rN_{A_r} 為定值，但 N_{A_r} 非為定值；蓋因直角坐標系統中之擴散面積不變，以致在總擴散速率不變下，單位面積之質量輸送率亦不變，如前節中之結果；惟圓柱體坐標系統之擴散面積隨 r 方向而變，此時雖總擴散速率

亦不變，然單位面積之質量輸送率顯然隨 r 方向之增加而減少，如本節中之結果。

於前節中曾舉一液體之蒸發問題為例，說明通過停滯氣膜之擴散現象；此處吾人將舉一蒸汽之冷凝實例，說明通過停滯氣膜之擴散問題，俾供讀者比較。

例 24-2

今有一 6 厘米內徑之金屬冷凝管，用以冷凝空氣中之水蒸氣。設金屬管冷凝壁之溫度為 35°C，空氣之溫度為 100°C，壓力為 1 大氣壓，水蒸氣在空氣中之莫耳分率為 0.8，試問每公尺金屬管壁上每小時冷凝水幾千克？

假設：

(1)金屬管 1 公尺內之情況變化極微；

(2)水之熱傳導度為 0.36 千卡 /（小時）（公尺）^{2}（K），

　　水膜之熱傳送係數為 10 000 千卡 /（小時）（公尺）^{2}（K）；

(3)氣膜中無對流質量輸送；

(4)水之擴散途徑為管半徑之百分之二十五；

(5)平均溫度下水在空氣中之擴散係數為 0.108（公尺）^{2}/（小時）；

(6)水膜表面上氣相與液相成平衡；

(7) 35°C 下水之蒸氣壓為 0.055 大氣壓。

(解) 因水膜之厚度極小，故水膜中之熱輸送可視為純由熱傳導所引起。由題意知，水膜之厚度相當於 10 000 千卡 /（小時）（公尺）^{2}（K）之熱傳送係數，故

$$q = \frac{\Delta T}{\left(\dfrac{1}{hA}\right)} = \frac{\Delta T}{\left(\dfrac{\delta}{kA}\right)}$$

式中 ΔT 表水膜間之溫度差，q 表傳熱速率，A 表傳熱面積，δ 表水膜厚

度，h 表熱輸送係數，k 表熱傳導係數。故水膜之厚度可求出如下：

$$\delta = \frac{k}{h} = \frac{0.36}{10\,000} = 3.6 \times 10^{-5} \text{ 公尺}$$

因此

$$r_2 = \left(\frac{0.06}{2}\right) - 3.6 \times 10^{-5} = 0.02996 \text{ 公尺}$$

$$r_1 = \left(\frac{0.06}{2}\right)(1 - 0.25) = 0.0225 \text{ 公尺}$$

因水膜之厚度極小，故水膜間之溫度差可略而不計，而氣膜之平均溫度為

$$T_{av} = \frac{35 + 100}{2} + 273 = 340.5 \text{ K}$$

又因 $P_{A_2} = 0.055$ 大氣壓，故 $P_{B_2} = 0.945$ 大氣壓。假設氣相為理想氣體，因 $y_{A_1} = 0.8$，$y_{B_1} = 1 - 0.8 = 0.2$，而氣相之壓力為 1 大氣壓，故 $P_{B_1} = 0.2$ 大氣壓。由式 (24–30)

$$N_{A_r}\Big|_{r_1} = \frac{(0.108)(1)}{(0.0225)(0.08206)(340.5)} \frac{\ln\left(\dfrac{0.9455}{0.2}\right)}{\ln\left(\dfrac{0.02996}{0.0225}\right)}$$

$$= 0.932 \text{ 千克莫耳 /（小時）（公尺）}^2$$

故每公尺金屬壁上每小時冷凝之水量為

$$W_A = 2\pi r_1 N_{A_r}\Big|_{r_1} \times 18 = (2)(3.1416)(0.0225)(0.932)(18)$$

$$= 2.372 \text{ 千克 /（小時）（公尺管長）}$$

解此問題時，吾人曾假設水膜間之溫度差極小，今驗算如下：因水之冷凝

熱為每千克 577 千卡，故水膜間之溫度差為

$$\Delta T = \frac{q}{hA} = \frac{(2.372)(577)}{(10\,000)(2\pi)\left(\dfrac{0.06}{2}\right)} = 0.7^\circ C$$

由此可證，吾人所作之假設甚為合理。

24-3　球狀氣膜中之擴散

吾人已於前兩節中，分別介紹應用直角坐標及圓柱體坐標，來解通過停滯氣體膜之擴散問題。本節將繼續討論此類問題，惟所使用之坐標系乃球體者。

今考慮一液滴，懸浮於靜止不動之氣體中。液滴之成分為 A，氣相為成分 A 與 B 之混合氣體。若成分 B 不溶於液體 A 中，而成分 A 可自液滴表面蒸發，然後擴散至氣相，如圖 24–3 所示。因液滴極小，故可視為球體。設液體之蒸發速率緩慢，故液滴之半徑 r_1 可視為不變，而氣相中成分 A 在液滴表面緊鄰處之莫耳分率為 y_{A_1}。成分 A 在氣相中擴散而形成一氣體膜，在氣體膜內，成分 A 之濃度沿球體半徑方向而變，惟氣膜外成分 A 之濃度則為均勻分布。令 r_2 表氣膜之外徑，該處成分 A 之莫耳分率為 y_{A_2}。

式 (24–18) 亦適用於此現象，但因在球體坐標中

$$\nabla \cdot N_A = \frac{1}{r^2}\frac{\partial}{\partial r}(r^2 N_{A_r}) + \frac{1}{r\sin\theta}\frac{\partial}{\partial \theta}(N_{A_\theta}\sin\theta) + \frac{1}{r\sin\theta}\frac{\partial N_{A_\phi}}{\partial \phi} \tag{24–31}$$

而擴散現象僅發生於 r 方向，即 $N_{A_\theta} = N_{A_\phi} = 0$，故由式 (24–18) 及 (24–31)，得

$$\frac{d}{dr}(r^2 N_{A_r}) = 0, \quad \text{即 } r^2 N_{A_r} = \text{定值} \tag{24–32}$$

仿照前兩節之推論，讀者不難證明：氣膜中成分 B 乃呈停滯現象，即 $N_{B_r} = 0$。

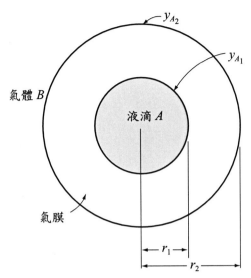

圖 24-3　球狀氣膜中之擴散

故成分 A 之莫耳通量亦可用式 (24–23) 表示

$$N_{A_r} = -\frac{CD_{AB}}{(1 - y_A)} \frac{dy_A}{dr} \tag{24–23}$$

將上式代入式 (24–32)，得

$$\frac{d}{dr}\left[-r^2 \frac{CD_{AB}}{(1 - y_A)} \frac{dy_A}{dr} \right] = 0 \tag{24–33}$$

因在恆溫恆壓下 C 及 D_{AB} 不變，故上式可重寫為

$$\frac{d}{dr}\left[\frac{r^2}{(1 - y_A)} \frac{dy_A}{dr} \right] = 0 \tag{24–34}$$

上式可應用下面二邊界條件積分，而得濃度分布：

$$\text{在 } r = r_1 \text{ 處，} y_A = y_{A_1} \tag{24–35}$$

$$\text{在 } r = r_2 \text{ 處，} y_A = y_{A_2} \tag{24–36}$$

其結果為

$$\frac{1 - y_A}{1 - y_{A_1}} = \left(\frac{1 - y_{A_2}}{1 - y_{A_1}}\right)^{\frac{\frac{1}{r_1} - \frac{1}{r}}{\frac{1}{r_1} - \frac{1}{r_2}}}$$

或

$$\frac{y_B}{y_{B_1}} = \left(\frac{y_{B_2}}{y_{B_1}}\right)^{\frac{\frac{1}{r_1} - \frac{1}{r}}{\frac{1}{r_1} - \frac{1}{r_2}}} \tag{24-37}$$

濃度分布既得，可將之代入下式，以計算液滴表面上單位時間之蒸發量：

$$W_A = 4\pi r_1^2 N_{A_r}\bigg|_{r_1} = 4\pi r^2 N_{A_r}$$

$$= -\frac{4\pi C D_{AB} r^2}{(1 - y_A)} \frac{dy_A}{dr} \tag{24-38}$$

惟此法之計算繁雜，今改用他法求出。合併式 (24–23) 及 (24–32) 可得

$$r^2 N_{A_r} = r_1^2 N_{A_r}\bigg|_{r_1} = -r^2 \frac{C D_{AB}}{(1 - y_A)} \frac{dy_A}{dr} = 定值$$

整理上式並應用式 (24–35) 及 (24–36)，得

$$r_1^2 N_{A_r}\bigg|_{r_1} \int_{r_1}^{r_2} \frac{dr}{r^2} = C D_{AB} \int_{y_{A_1}}^{y_{A_2}} -\frac{dy_A}{1 - y_A}$$

積分解得

$$r_1^2 N_{A_r}\bigg|_{r_1} = \frac{C D_{AB}}{\left(\frac{1}{r_1} - \frac{1}{r_2}\right)} \ln\frac{(1 - y_{A_2})}{(1 - y_{A_1})} \tag{24-39}$$

將式 (24–39) 代入式 (24–38)，最後得單位時間內液滴表面之蒸發量為

$$W_A = \frac{4\pi C D_{AB}}{\left(\frac{1}{r_1} - \frac{1}{r_2}\right)} \ln\frac{(1 - y_{A_2})}{(1 - y_{A_1})} \tag{24–40}$$

因 $1 - y_A = y_B$，應用式 (24–14) 之定義，上式可改寫為

$$W_A = \frac{4\pi C D_{AB}}{\left(\frac{1}{r_1} - \frac{1}{r_2}\right)} \frac{(y_{A_1} - y_{A_2})}{y_{B,\ell m}} \tag{24–41}$$

倘氣相可視為理想氣體，則

$$W_A = \frac{\left(\frac{4\pi P}{RT}\right) D_{AB}}{\left(\frac{1}{r_1} - \frac{1}{r_2}\right)} \frac{(P_{A_1} - P_{A_2})}{P_{B,\ell m}} \tag{24–42}$$

式中 $P_{B,\ell m}$ 表 P_{B_1} 及 P_{B_2} 之對數平均。若氣膜之厚度甚大，或液滴之半徑甚小，則 $\left(\frac{1}{r_1} - \frac{1}{r_2}\right) \to \frac{1}{r_1}$；又若成分 A 在氣相中甚為稀薄，則 $y_{B,\ell m} \to 1$, $P_{B,\ell m} \to P$，此時式 (24–42) 變為

$$W_A = \frac{4\pi}{RT}(D_{AB} r_1)(P_{A_1} - P_{A_2}) \tag{24–43}$$

例 24-3

今有一 0.2 厘米直徑之水滴，懸浮於靜止不動之空氣中。設空氣之壓力為 1 大氣壓，溫度為 27°C (80°F)，濕度為飽和濕度之百分之七十。問需耗時多久，此水滴始消失？

(解) 因空氣中之水蒸氣非常稀薄，水滴又小，且 1 大氣壓下之空氣可視為理

想氣體，故式 (24–43) 可適用於本例題之計算。由式 (24–43)

$$N_{A_r} = \frac{W_A}{4\pi r^2} = \frac{D_{AB}(P_{A_1} - P_{A_2})}{RTr} \tag{24–44}$$

式中以 r 代 r_1，蓋因水滴之半徑隨時間而變，故為一變數。因在穩態下

$$水之蒸發量 = 同時間內水滴損失之質量$$

若考慮瞬時 dt 內，而將上式寫成數學式，則

$$N_{A_r}M_A(4\pi r^2)dt = -\rho_A(4\pi r^2)dr \tag{24–45}$$

式中 M_A 表成分 A 之分子量，ρ_A 表成分 A 之質量密度。令水滴初期之半徑為 r_0，則將式 (24–44) 代入式 (24–45)，整理後積分得

$$\int_0^{t_f} dt = -\frac{RT\rho_A}{D_{AB}(P_{A_1} - P_{A_2})M_A}\int_{r_0}^0 rdr$$

計算後得

$$t_f = \frac{RT\rho_A r_0^2}{2D_{AB}(P_{A_1} - P_{A_2})M_A} \tag{24–46}$$

由圖 27–2 **濕度表 (humidity chart)** 中，查得此時之濕球溫度為 22.5°C (72.5°F)；又由 Perry 氏所著「化工手冊」中水蒸氣表查得 72.5 及 80°F 下，水之蒸氣壓分別為 0.3965 及 0.5069 磅力／(吋)^2。故

$$P_{A_1} = \frac{0.3965}{14.7} = 0.027 \text{ 大氣壓}$$

$$P_{A_2} = \frac{0.5069}{14.7} \times 0.7 = 0.0241 \text{ 大氣壓}$$

氣膜之平均溫度為

$$T_{av} = 273 + \frac{(27 + 22.5)}{2} = 297.75 \text{ K}$$

由表 23-1 查出 298 K (536°R) 及 1 大氣壓下，水蒸氣在空氣中之擴散係數為 0.26（厘米）^{2}/ 秒，即

$$D_{AB} = 0.26 \text{（厘米）}^2/\text{秒} \times \frac{3\,600 \text{ 秒}}{1 \text{ 小時}} \times \frac{\text{（公尺）}^2}{(100 \text{ 厘米})^2}$$

$$= 0.0936 \text{（公尺）}^2/\text{小時}$$

又

$$r_0 = 0.1 \text{ 厘米} = 1 \times 10^{-3} \text{ 公尺}$$

水在 1 大氣壓 298 K 下之質量密度為 999 千克 /（公尺）^{3}，水之千克分子量為 18 千克 / 千克莫耳。將上面諸量代入式 (24-46)，得

$$t_f = \frac{(0.08026)(298)(999)(1 \times 10^{-3})^2}{(2)(0.0936)(0.027 - 0.0241)(18)} = 2.5 \text{ 小時}$$

24-4 伴有均勻化學反應之擴散

當一混合氣體與另一液體接觸，而混合氣體中僅某成分能溶於此液體時，吾人可使此成分與混合氣體中其他成分分離，此乃單元操作中之氣體吸收原理。倘溶於液體中之氣體成分，同時又與該液體中之任一成分起化學反應時，則一般而言，可促使吸收率加速。

如圖 24-4 所示，今考慮一液體吸收介質，混合氣體中之成分 A 能溶於其中，液面上成分 A 之濃度為 C_{A_0}。倘液相中因成分 A 之擴散而引起之液體流動可略而不計，且液膜中成分 A 之濃度極小，則成分 A 之莫耳通量可自式 (24-3)

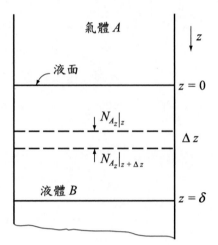

圖 24-4 伴有均勻化學反應之擴散

簡化為

$$N_{A_z} = -D_{AB}\frac{dC_A}{dz} \tag{24-47}$$

因係單向穩態質量輸送，故由式 (23-19)

$$\frac{d}{dz}N_{A_z} = R_A \tag{24-48}$$

倘成分 A 在液相中起一階之不可逆化學反應：$A + B \longrightarrow AB$，則

$$-R_A = k_1 C_A \tag{24-49}$$

式中 k_1 表化學反應之速率常數。將式 (24-47) 及 (24-49) 代入式 (24-48)，得描述此系統之二階常微分方程式如下：

$$-\frac{d}{dz}\left(D_{AB}\frac{dC_A}{dz}\right) + k_1 C_A = 0$$

若擴散係數可視為常數，且化學反應之生成物 AB，其濃度甚小，以致其存在不影響 A 在 B 中之擴散，則上式變為

$$\frac{d^2C_A}{dz^2} - \frac{k_1}{D_{AB}}C_A = 0 \tag{24-50}$$

積分之，得

$$C_A = C_1\cosh\sqrt{\frac{k_1}{D_{AB}}}z + C_2\sinh\sqrt{\frac{k_1}{D_{AB}}}z \tag{24-51}$$

溶質 A 在液體中不但擴散，而且與 B 起化學反應而消失。若在穩態下溶質之擴散因而不超過 $z = \delta$ 之線，則 $z \geq \delta$ 區域無溶質 A 之滲入，因此上式之積分常數 C_1 及 C_2 可用下面二邊界條件定出：

在 $z = 0$ 處，$C_A = C_{A_0}$（A 在 B 中之溶解度） $\tag{24-52}$

在 $z = \delta$ 處，$C_A = 0$ $\tag{24-53}$

故

$$C_1 = C_{A_0},\, C_2 = -\frac{C_{A_0}}{\tanh\sqrt{\frac{k_1}{D_{AB}}}\delta}$$

將 C_1 及 C_2 值代入式 (24–51)，得液膜中成分 A 之濃度分布為

$$\frac{C_A}{C_{A_0}} = \cosh\sqrt{\frac{k_1}{D_{AB}}}z - \frac{\sinh\sqrt{\frac{k_1}{D_{AB}}}z}{\tanh\sqrt{\frac{k_1}{D_{AB}}}\delta} \tag{24-54}$$

液面上成分 A 之莫耳通量可應用式 (24–47) 計算

$$N_{A_z}\Big|_{z=0} = -D_{AB}\frac{dC_A}{dz}\Big|_{z=0} \tag{24-55}$$

上式中之 $\left.\dfrac{dC_A}{dz}\right|_{z=0}$ 值，可藉式 (24–54) 求出如下：

$$\frac{dC_A}{dz} = C_{A_0}\sqrt{\frac{k_1}{D_{AB}}}\sinh\sqrt{\frac{k_1}{D_{AB}}}z - \frac{C_{A_0}\sqrt{\dfrac{k_1}{D_{AB}}}\cosh\sqrt{\dfrac{k_1}{D_{AB}}}z}{\tanh\sqrt{\dfrac{k_1}{D_{AB}}}\delta}$$

$$\left.\frac{dC_A}{dz}\right|_{z=0} = 0 - \frac{C_{A_0}\sqrt{\dfrac{k_1}{D_{AB}}}}{\tanh\sqrt{\dfrac{k_1}{D_{AB}}}\delta} = -\frac{C_{A_0}\sqrt{\dfrac{k_1}{D_{AB}}}}{\tanh\sqrt{\dfrac{k_1}{D_{AB}}}\delta} \tag{24–56}$$

將式 (24–56) 代入式 (24–55)，得

$$\left.N_{A_z}\right|_{z=0} = \frac{D_{AB}C_{A_0}}{\delta}\left[\frac{\sqrt{\dfrac{k_1}{D_{AB}}}\delta}{\tanh\sqrt{\dfrac{k_1}{D_{AB}}}\delta}\right] \tag{24–57}$$

倘成分 A 於液相中不起化學反應，則 $k_1 = 0$，由式 (24–48) 與 (24–49) 知，N_{A_z} 為定值，故應用式 (24–52) 及 (24–53) 之二邊界條件，直接積分式 (24–47)，得

$$N_{A_z} = \frac{D_{AB}C_{A_0}}{\delta} \tag{24–58}$$

令式 (24–57) 中之 k_1 等於零，亦可獲得式 (24–58) 之結果。

若化學反應迅速，則 k_1 值甚大，而 $\tanh\sqrt{\dfrac{k_1}{D_{AB}}}\delta$ 趨近於 1，式 (24–57) 變為

$$\left.N_{A_z}\right|_{z=0} = \sqrt{D_{AB}k_1}\,C_{A_0} \tag{24–59}$$

處理此問題時，吾人曾假設化學反應之生成物 AB，不干擾 A 在 B 中之擴散現象。

例 24–4

設有一成分 B 之液滴，其半徑為 r_0，懸浮於氣體 A 中，如圖 24–5 所示。氣體 A 微溶於液體 B 中，並起下面之一階不可逆化學反應

$$A + B \longrightarrow AB$$

設液體 B 不蒸發，或蒸發甚慢，故液滴之大小可視為不變。若氣體 A 在液體 B 中之溶解度不大，試求成分 A 在成分 B 中之溶解速率。

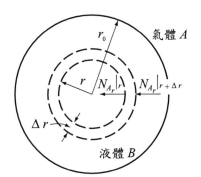

圖 24–5　懸浮於氣體 A 中之液滴 B

(解) 因液滴甚小，可視為球體。今於液滴中取一厚度為 Δr 之球體殼而作成分 A 之質量結算。在穩定狀態下

$$\begin{Bmatrix} 輸入系內之 \\ 莫耳流率 \end{Bmatrix} - \begin{Bmatrix} 輸出系外之 \\ 莫耳流率 \end{Bmatrix} + \begin{Bmatrix} 系內化學反應 \\ 之莫耳生成率 \end{Bmatrix} = 0 \quad (24\text{–}60)$$

寫成數學式，則

$$\left. (4\pi r^2 N_{A_r}) \right|_{r+\Delta r} - \left. (4\pi r^2 N_{A_r}) \right|_r + 4\pi r^2 \Delta r R_A = 0 \quad (24\text{–}61)$$

以 $4\pi\Delta r$ 除上式，並令 $\Delta r \to 0$，整理後得

$$\frac{1}{r^2}\frac{d}{dr}(r^2 N_{A_r}) + R_A = 0 \tag{24-62}$$

吾人慣取通量為正值，而此時成分 A 係自球體外向球中心擴散。又因成分 A 在液體 B 中之溶解度不大，以致擴散所引起之液體流動可略而不計，故 Fick 第一擴散定律應寫為

$$N_{A_r} = +D_{AB}\frac{dC_A}{dr} \tag{24-63}$$

設 D_{AB} 為定值，且 C_A 甚小，以致 C_B 幾乎不變，故此化學反應可視為擬一階反應，即 $R_A = -k_1 C_A$。式 (24-62) 變為

$$\frac{1}{r^2}\frac{d}{dr}\left(r^2\frac{dC_A}{dr}\right) - \frac{k_1}{D_{AB}}C_A = 0 \tag{24-64}$$

此結果亦可聯合式 (23-19) 及 (24-31)，並令 $\dfrac{\partial C_A}{\partial t} = 0$, $N_{A_r} = -D_{AB}\left(\dfrac{\partial C_A}{\partial r}\right)$ 及 $R_A = -k_1 C_A$ 獲得。

　　式 (24-64) 乃一變係數之第二階常微分方程式，進行解此類球體坐標問題之前，若先引入一新因變數，可使方程式由變係數變為常係數。即令

$$u = C_A r \tag{24-65}$$

代入式 (24-64)，整理後得

$$\frac{d^2 u}{dr^2} - \frac{k_1}{D_{AB}}u = 0 \tag{24-66}$$

上式與式 (24-50) 具相同之數學意義，其解可仿照式 (24-51) 寫出如下：

$$u = C_1 \cosh\sqrt{\frac{k_1}{D_{AB}}}\, r + C_2 \sinh\sqrt{\frac{k_1}{D_{AB}}}\, r \qquad (24\text{–}67)$$

積分常數 C_1 與 C_2，可藉下面二邊界條件定出：

在 $r = r_0$ 處，$C_A = C_{A_0}$，$u = C_{A_0} r_0$ \qquad (24–68)

在 $r = 0$ 處，C_A 為有限值，$u = 0$ \qquad (24–69)

式中 C_{A_0} 表 A 在 B 中之溶解度。將定出之常數代入式 (24–67)，得

$$u = \frac{C_{A_0} r_0 \sinh\sqrt{\dfrac{k_1}{D_{AB}}}\, r}{\sinh\sqrt{\dfrac{k_1}{D_{AB}}}\, r_0}$$

由式 (24–65) 之定義，最後得液滴中成分 A 之濃度分布為

$$C_A = \frac{C_{A_0} r_0 \sinh\sqrt{\dfrac{k_1}{D_{AB}}}\, r}{r\sinh\sqrt{\dfrac{k_1}{D_{AB}}}\, r_0} \qquad (24\text{–}70)$$

成分 A 在液面上之溶解速率，即等於該處之通量乘以表面積

$$W_A = 4\pi r_0^2 N_{A_r}\Big|_{r_0} = (4\pi r_0^2)\left(D_{AB}\frac{dC_A}{dr}\Big|_{r_0}\right) \qquad (24\text{–}71)$$

因

$$\left.\frac{dC_A}{dr}\right|_{r_0} = \frac{C_{A_0}r_0\left(r_0\sqrt{\dfrac{k_1}{D_{AB}}}\cosh\sqrt{\dfrac{k_1}{D_{AB}}}r_0 - \sinh\sqrt{\dfrac{k_1}{D_{AB}}}r_0\right)}{r_0^2\sinh\left(\sqrt{\dfrac{k_1}{D_{AB}}}r_0\right)}$$

$$= \frac{C_{A_0}\left[\sqrt{\dfrac{k_1}{D_{AB}}}\cosh\sqrt{\dfrac{k_1}{D_{AB}}}r_0 - \dfrac{1}{r_0}\sinh\sqrt{\dfrac{k_1}{D_{AB}}}r_0\right]}{\sinh\sqrt{\dfrac{k_1}{D_{AB}}}r_0}$$

$$= C_{A_0}\left[\sqrt{\dfrac{k_1}{D_{AB}}}\coth\sqrt{\dfrac{k_1}{D_{AB}}}r_0 - \dfrac{1}{r_0}\right]$$

故

$$W_A = 4\pi r_0^2 D_{AB}C_{A_0}\left[\sqrt{\dfrac{k_1}{D_{AB}}}\coth\sqrt{\dfrac{k_1}{D_{AB}}}r_0 - \dfrac{1}{r_0}\right] \tag{24-72}$$

吾人可應用成分 A 之濃度分布，求液滴中因化學反應而引起成分 A 之消失率如下：

$$\int_0^{r_0} -R_A(4\pi r^2)dr$$

$$= \int_0^{r_0} +4\pi k_1 r^2 C_A dr = \frac{4\pi C_{A_0}D_{AB}r_0}{\sinh\sqrt{\dfrac{k_1}{D_{AB}}}r_0}\int_0^{\sqrt{\frac{k_1}{D_{AB}}}r_0} x\sinh x\, dx$$

$$= \frac{4\pi C_{A_0}D_{AB}r_0\left[\sqrt{\dfrac{k_1}{D_{AB}}}r_0\cosh\sqrt{\dfrac{k_1}{D_{AB}}}r_0 - \sinh\sqrt{\dfrac{k_1}{D_{AB}}}r_0\right]}{\sinh\sqrt{\dfrac{k_1}{D_{AB}}}r_0}$$

$$= 4\pi r_0^2 D_{AB}C_{A_0}\left(\sqrt{\dfrac{k_1}{D_{AB}}}\coth\sqrt{\dfrac{k_1}{D_{AB}}}r_0 - \dfrac{1}{r_0}\right) \tag{24-73}$$

故由式 (24–72) 及 (24–73) 知，在穩態下，成分 A 在液體表面之溶解速率，等於液滴中成分 A 因化學反應之消失率。即

$$W_A = \int_0^{r_0} -R_A(4\pi r^2)dr \qquad (24\text{–}74)$$

此結果顯然遵循質量不滅定律，故本例題之推論甚為合理。

24–5　伴有非均勻化學反應之擴散

　　很多化工程序中之化學反應，係賴反應物擴散至催化劑或固體反應物表面而發生，此時程序中包括擴散質量輸送及化學反應兩步驟。正如同一接力隊之二員一樣，擴散速率及化學反應速率均大大影響整個程序之進行。倘反應速率大於擴散速率，則此程序之進行乃受擴散所控制；若擴散速率大於反應速率，則此程序之進行即受化學反應所控制。

　　工業程序中同時伴有非均勻化學反應及擴散質量輸送之實例甚多。例如動力場中常藉空氣，將粉碎後之煤粒送入熱燃燒室中，如此則空氣中之氧與煤起燃燒反應，而產生一氧化碳或二氧化碳。因該化學反應為放熱反應，遂於燃燒室中產生大量之熱能，然後再藉轉換裝置，將熱能變為動能。

　　因煤粒極小，故可視為球體；設空氣中之氧擴散至煤粒表面而產生下面之反應

$$2C + O_2 \longrightarrow 2CO \qquad (24\text{–}75)$$

今考慮穩態下 1 莫耳之氧自空氣中擴散至煤粒表面，在某溫度下遂起化學反應產生 2 莫耳之一氧化碳，然後擴散回空氣中，於是煤粒周圍形成一球狀氣膜，如圖 24–6 所示。

　　假設一氧化碳與氧在氣膜中不起化學反應，且擴散僅在 r 方向發生。若對厚度為 Δr 之球體作氧之質量結算，然後令 $\Delta r \to 0$，則得

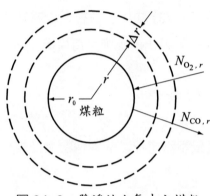

圖 24-6　懸浮於空氣中之煤粒

$$\frac{d}{dr}(r^2 N_{O_2,r}) = 0 \tag{24-76}$$

此式亦可聯合式 (23–19) 及 (24–31)，並令 $\dfrac{\partial C_{O_2}}{\partial t} = 0, R_{O_2} = 0$ 而得。由式 (24–76)

$$r^2 N_{O_2,r}\bigg|_R = r^2 N_{O_2,r} = 定值 \tag{24-77}$$

同理可得一氧化碳之微分方程式

$$\frac{d}{dr}(r^2 N_{CO,r}) = 0 \tag{24-78}$$

由式 (24–75) 知，1 莫耳氧生成 2 莫耳一氧化碳，且其在氣膜中之擴散方向相反，故

$$-N_{CO,r} = 2N_{O_2,r} \tag{24-79}$$

倘應用 Fick 第一擴散定律於此問題，則

$$N_{O_2,r} = +CD_{O_2\text{-air}}\frac{dy_{O_2}}{dr} + y_{O_2}(N_{O_2,r} + N_{CO,r} + N_{N_2,r}) \tag{24-80}$$

因 y_{O_2} 沿 r 方向增大，即 $\dfrac{dy_{O_2}}{dr}$ 為正，為得正值之 $N_{O_2,r}$，故上式等號右邊第一項取正號。又因氮氣無擴散現象，故 $N_{N_2,r} = 0$，合併式 (24–79) 及 (24–80)，得

$$N_{O_2,r} = +CD_{O_2\text{-air}} \frac{dy_{O_2}}{dr} - y_{O_2} N_{O_2,r} \qquad\qquad (24\text{–}81)$$

解 $N_{O_2,r}$，得

$$N_{O_2,r} = \frac{CD_{O_2\text{-air}}}{(1 + y_{O_2})} \frac{dy_{O_2}}{dr} \qquad\qquad (24\text{–}82)$$

將式 (24–82) 代入式 (24–77)，並應用下面二邊界條件積分：

在 $r = r_0$ 處，$y_{O_2} = y_{O_2}\big|_{r_0}$

在 $r \to \infty$，$y_{O_2} = 0.21$

其計算如下：

$$r^2 N_{O_2,r}\Big|_{r_0} = r^2 \frac{CD_{O_2\text{-air}}}{(1 + y_{O_2})} \frac{dy_{O_2}}{dr}$$

$$r^2 N_{O_2,r}\Big|_{r_0} \int_{\infty}^{r_0} \frac{dr}{r^2} = CD_{O_2\text{-air}} \int_{0.21}^{y_{O_2}\big|_{r_0}} \frac{dy_{O_2}}{1 + y_{O_2}}$$

$$r^2 N_{O_2,r}\Big|_{r_0} = -CD_{O_2\text{-air}}\, r_0 \ln\!\left(\frac{1 + y_{O_2}\big|_{r_0}}{1 + 0.21} \right)$$

或

$$N_{O_2,r} = -\frac{CD_{O_2-air}(r_0)}{r^2} \ln\left(\frac{1 + y_{O_2}\big|_{r_0}}{1.21}\right) \tag{24-83}$$

故單位時間內氧氣在煤粒表面上之消失量為

$$W_{O_2} = 4\pi r^2 N_{O_2,r}\Big|_{r_0} = 4\pi CD_{O_2-air}\, r_0 \ln\left(\frac{1.21}{1 + y_{O_2}\big|_{r_0}}\right) \tag{24-84}$$

在穩態下，W_{O_2} 之值不變。氧氣在煤粒表面上之消失率既知，吾人可藉之計算煤之燃燒速率及熱量之生成率。

例 24-5

直徑為 0.6 厘米之煤粒，在 1 大氣壓及 1370°C 之空氣中燃燒。若氧在煤粒表面之氧化反應迅速，則燃燒程序乃受氧在氣膜中之擴散速率所控制。試計算煤粒單位表面積上，碳之燃燒速率。

(1)碳燃燒成一氧化碳時

(2)碳完全燃燒成二氧化碳時

〔解〕 (1)碳燃燒成一氧化碳時係單向度分子擴散，式 (24-83) 可應用以計算此時氧在煤粒單位表面積上之瞬時消失速率，即

$$N_{O_2,r}\Big|_{r_0} = -\frac{CD_{O_2-air}}{r_0} \ln\left(\frac{1 + y_{O_2}\big|_{r_0}}{1.21}\right)$$

因氧在煤粒表面之化學反應迅速，故氧在該處之濃度為零，即 $y_{O_2}\big|_{r_0} = 0$，

上式變為

$$N_{O_2,r}\Big|_{r_0} = \frac{CD_{O_2-air}}{r_0} \ln\left(\frac{1.21}{1}\right) = 0.1906 \frac{CD_{O_2-air}}{r_0} \qquad (24\text{--}85)$$

1 大氣壓下氣膜中之氣相可視為理想氣體，故

$$C = \frac{P}{RT} = \frac{1}{(0.08206)(1\,370 + 273)}$$

$$= 74.2 \times 10^{-4} \text{ 千克莫耳} /(公尺)^3$$

由表 23–1 查得 1 大氣壓及 273 K 下，氧在空氣中之擴散係數為 0.175 (厘米)^2/ 秒，故溫度為 1 370°C 時

$$D_{O_2-air} = 0.175 \frac{(厘米)^2}{秒} \times \frac{3\,600\ 秒}{1\ 小時} \times \frac{1\ (公尺)^2}{(100\ 厘米)^2} \times \left(\frac{1\,370 + 273}{273}\right)^{\frac{3}{2}}$$

$$= 0.93\ (公尺)^2/ 小時$$

將 C, D_{O_2-air} 及 r_0 值代入式 (24–85)，得

$$N_{O_2,r}\Big|_{r_0} = \frac{(0.1906)(74.2 \times 10^{-4})(0.93)}{\left(\dfrac{0.006}{2}\right)}$$

$$= 0.438\ 千克莫耳 /(公尺)^2\ (小時)$$

由式 (24–75) 知，此時 1 莫耳氧與 2 莫耳碳起燃燒反應，故碳之瞬時燃燒速率為

$$0.438 \frac{千克莫耳氧}{(公尺)^2 (小時)} \times \frac{2\ 千克莫耳碳}{1\ 千克莫耳氧} \times \frac{12\ 千克碳}{1\ 千克莫耳碳}$$

$$= 10.5\ 千克碳 /(公尺)^2\ (小時)$$

⑵碳完全燃燒成二氧化碳時係單向等莫耳逆向擴散，其化學反應式為

$$C + O_2 \longrightarrow CO_2 \qquad\qquad (24\text{--}86)$$

倘應用 Fick 第一擴散定律於此問題，則

$$N_{O_2,r} = +CD_{O_2\text{-air}}\frac{dy_{O_2}}{dr} + y_{O_2}(N_{O_2,r} + N_{CO_2,r} + N_{N_2,r})$$

因 $-N_{O_2,r} = N_{CO_2,r}$ （等莫耳逆向擴散），$N_{N_2,r} = 0$，上式變為

$$N_{O_2,r} = CD_{O_2\text{-air}}\frac{dy_{O_2}}{dr}$$

應用邊界條件：$r = r_0, y_{O_2} = 0$ 及 $r \to \infty, y_{O_2} = 0.21$，積分上式，並令

$$N_{O_2,r}r^2 = N_{O_2,r}r_0^2 = 常數$$

得

$$N_{O_2,r}\Big|_{r_0} = \frac{W_{O_2}}{4\pi r_0^2} = 0.21\left(\frac{CD_{O_2\text{-air}}}{r_0}\right)$$

故氧輸送至單位面積的碳面上的速率為

$$N_{O_2,r}\Big|_{r_0} = \frac{(0.21)(74.2 \times 10^{-4})(0.93)}{\dfrac{0.006}{2}}$$

$$= 0.483 \text{ 千克莫耳} /(公尺)^2 (小時)$$

故碳之瞬時燃燒速率為

$$0.483 \frac{\text{千克莫耳氧}}{(公尺)^2 (小時)} \times \frac{1 \text{ 千克莫耳碳}}{1 \text{ 千克莫耳氧}} \times \frac{12 \text{ 千克碳}}{1 \text{ 千克莫耳碳}}$$

$$= 5.79 \text{ 千克} /(公尺)^2 (小時)$$

24-6　平面擴散

　　本章到目前為止所討論者，均屬單向度之分子擴散問題；然實際工業程序中，亦有平面擴散（雙向分子擴散）及立體擴散（三向分子擴散）現象出現。本書僅於本節中介紹一平面擴散之實例，至於立體擴散問題，讀者可仿照雙向擴散理論，加以推演。

　　如圖 24–7 所示，今有一狹通道，成分 A 自頂面 ($y = L$) 擴散而入。設當成分 A 接觸到 $x = 0$、$x = b$ 及 $y = 0$ 三個平面，成分 A 立即起化學反應而變成 B，故此三平面上成分 A 之濃度為零。

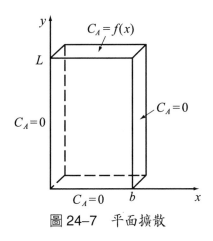

圖 24–7　平面擴散

　　令通道中成分 A 之濃度分布可自式 (23–43) 寫成下面偏微分方程式：

$$\frac{\partial^2 C_A}{\partial x^2} + \frac{\partial^2 C_A}{\partial y^2} = 0 \tag{24–87}$$

上式乃二因次之 Laplace 方程式。若以變數分離法解上面方程式，則其解應假設為

$$C_A(x, y) = X(x)Y(y) \tag{24-88}$$

式中 $X(x)$ 與 $Y(y)$ 分別僅為 x 與 y 之函數。將式 (24-88) 代入式 (24-87)，得一兩自變數分離之表示式

$$-\frac{1}{X}\frac{d^2X}{dx^2} = \frac{1}{Y}\frac{d^2Y}{dy^2} \tag{24-89}$$

上式左邊僅為 x 之函數，右邊則僅為 y 之函數。因隨 x 與 y 之任何改變，上式之左邊恆等於右邊，故等號兩邊必皆為一常數。令此常數為 λ^2，則吾人得二常微分方程式

$$\frac{d^2X}{dx^2} + \lambda^2 X = 0 \tag{24-90}$$

$$\frac{d^2Y}{dy^2} - \lambda^2 Y = 0 \tag{24-91}$$

其通解分別為

$$X = B\cos\lambda x + C\sin\lambda x \tag{24-92}$$

$$Y = De^{-\lambda y} + Ee^{\lambda y} \tag{24-93}$$

根據式 (24-88) 之假設，成分 A 之濃度分布為

$$C_A = (B\cos\lambda x + C\sin\lambda x)(De^{-\lambda y} + Ee^{\lambda y}) \tag{24-94}$$

上式中之積分常數及 λ，可由下列四邊界條件定出：

B.C.1：在 $x = 0$ 處，$C_A = 0$

B.C.2：在 $x = b$ 處，$C_A = 0$

B.C.3：在 $y = 0$ 處，$C_A = 0$

B.C.4: 在 $y = L$ 處，$C_A = f(x)$

將 B.C.1 代入式 (24–94)，得

$$B(De^{-\lambda y} + Ee^{\lambda y}) = 0, \quad 故 \ B = 0$$

將 B.C.3 代入式 (24–94)，得

$$C(\sin\lambda x)(D + E) = 0, \quad 因 \ C \neq 0, \quad 故 \ D = -E$$

故式 (24–94) 變為

$$C_A = CE(\sin\lambda x)(e^{\lambda y} - e^{-\lambda y}) = A\sin\lambda x\sinh\lambda y \tag{24–95}$$

式中曾以另一常數 A 替代 $2CE$。將 B.C.2 代入上式，得

$$A\sin\lambda b\sinh\lambda y = 0$$

因在任何 y 值之下上式應成立，故 $\sin\lambda b = 0$，或 $\lambda b = n\pi$，即 $\lambda = \dfrac{n\pi}{b}$，其中 $n = 1$, 2, 3, …。因不同之 n 值，式 (24–95) 即有不同之解，且這些解均能滿足 Laplace 方程式（線性方程式）及其邊界條件 ($C_A = 0$)，故其完整解為這些解之線性結合，即

$$C_A = \sum_{n=1}^{\infty} A_n\sin\frac{n\pi x}{b}\sinh\frac{n\pi y}{b} \tag{24–96}$$

將最後一邊界條件代入上式，得

$$f(x) = \sum_{n=1}^{\infty} A_n\sin\frac{n\pi x}{b}\sinh\frac{n\pi L}{b} \tag{24–97}$$

倘式 (24–97) 之左右兩邊同乘以 $\sin\dfrac{m\pi x}{b}dx$（m 乃 $n = 1$, 2, 3, … 中之任一正整數），然後自 $x = 0$ 積分至 $x = b$，則

$$\int_0^b f(x) \sin\frac{m\pi x}{b} \, dx = \int_0^b \sum_{n=1}^{\infty} \left(A_n \sinh\frac{n\pi L}{b} \right) \sin\frac{m\pi x}{b} \sin\frac{n\pi x}{b} \, dx$$

$$= \begin{cases} 0, \, m \neq n \\ \left(A_m \sinh\frac{m\pi L}{b} \right)\left(\frac{b}{2} \right), \, m = n \end{cases}$$

故無窮級數解之係數可由下式求出：

$$A_n = \frac{2}{b\sinh\dfrac{n\pi L}{b}} \int_0^b f(x') \sin\frac{n\pi x'}{b} \, dx' \tag{24-98}$$

最後得成分 A 在通道中之濃度分布為

$$C_A = \frac{2}{b} \sum_{n=1}^{\infty} \frac{\sin\dfrac{n\pi x}{b} \sinh\dfrac{n\pi y}{b}}{\sinh\dfrac{n\pi L}{b}} \int_0^b f(x') \sin\frac{n\pi x'}{b} \, dx' \tag{24-99}$$

若通道頂面成分 A 之濃度分布均勻，即 $f(x) = C_0$，上式變為

$$C_A = \frac{4C_0}{\pi} \sum_{n=1}^{\infty} \frac{\sin\dfrac{(2n-1)\pi x}{b} \sinh\dfrac{(2n-1)\pi y}{b}}{(2n-1) \sinh\dfrac{(2n-1)\pi L}{b}} \tag{24-100}$$

變數分離法 (separation of variables method) 可推廣應用於立體分子擴散問題，即假設 $C_A = X(x)Y(y)Z(z)$，然後將之代入三因次之 Laplace 方程式。倘此時自變數可分離，吾人即可獲得三個常微分方程式，然後再應用適當之邊界條件，積分此三個方程式，而得最後解。

24-7 平板中之非穩態擴散

當某固定點之濃度隨時間而變時，稱此狀態為非穩態。本章到此為止所討論者，皆屬穩態下之擴散質量輸送問題；然任一自然現象之發生，在尚未達到穩態之前，必有一過渡時期，即非穩態時期。近年來因啟動及控制問題之引人注目，**此瞬時現象 (transient phenomena)** 之問題，亦為學者爭相研究之對象。

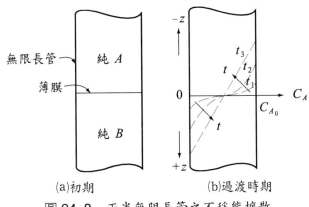

圖 24-8　兩半無限長管之不穩態擴散

圖 24-8 所示，乃一半無限長介質中之非穩態擴散，圖中有一薄膜將兩半無限長管分開。起初上管中置較輕之液體 A，下管中則置較重之液體 B，然後迅速將此薄膜移開，成分 A 與 B 即開始藉擴散互相混合。因為此系統乃等莫耳逆向擴散問題，即 $N_{A_z} = -N_{B_z}$，故無整體速度；因無化學反應，故 $R_A = 0$；又因擴散僅在 z 方向發生，故由式 (23-41)，得描述此擴散現象中成分 A 之濃度分布偏微分方程式如下：

$$\frac{\partial C_A}{\partial t} = D_{AB} \frac{\partial^2 C_A}{\partial z^2} \tag{24-101}$$

上式乃單向度之 Fick **第二擴散定律**，其解不外乎有兩種型態：一為三角函數之無窮級數，適用於時間較長時；另一為**誤差函數** (error function) 之無窮級數，適用於短時間者。此兩種型態之解一般可用四種方法解出：即變數結合法、變數分離法、Laplace 轉換法及反射與重疊法。

今擬以變數結合法解此問題，其初期條件及邊界條件為

當 $t = 0$ 時，$x_A = 0$，在 $z > 0$

$$x_A = 1,\ \text{在}\ z < 0$$

在 $z \to \infty$，$x_A = 0$，當 $t > 0$

在 $z \to -\infty$，$x_A = 1$，當 $t > 0$

仿照 3–17 節的變數結合法，令

$$\frac{C_A}{C} = x_A = \phi(\eta) \tag{24–102}$$

得

$$\eta = \frac{z}{\sqrt{4D_{AB}t}} \tag{24–103}$$

將式 (24–102) 及 (24–103) 代入式 (24–101)，整理後得

$$\phi'' + 2\eta\phi' = 0 \tag{24–104}$$

式中 ϕ' 與 ϕ'' 分別表 ϕ 對 η 之第一與第二導數。此時可由初期及邊界條件，合併寫成下面二式：

$$\text{當}\ \eta \to +\infty,\ \phi = 0 \tag{24–105}$$

$$\text{當}\ \eta \to -\infty,\ \phi = 1 \tag{24–106}$$

令

$$X = \phi' \tag{24-107}$$

則式 (24–104) 可改寫為

$$\frac{dX}{d\eta} + 2\eta X = 0 \tag{24-108}$$

解 X，得

$$X = \phi' = C_1 e^{-\eta^2} \tag{24-109}$$

再積分式 (24–109)，並應用式 (24–105)，得

$$\phi = C_1 \int_{\infty}^{\eta} e^{-\eta^2} d\eta \tag{24-110}$$

再應用式 (24–106) 之關係於上式，得

$$C_1 = \frac{1}{\int_{\infty}^{-\infty} e^{-\eta^2} d\eta} = \frac{-1}{2 \int_{0}^{\infty} e^{-\eta^2} d\eta}$$

將上式代入式 (24–110)，得

$$
\begin{aligned}
x_A &= -\frac{1}{2} \frac{\displaystyle\int_{\infty}^{\eta} e^{-\eta^2} d\eta}{\displaystyle\int_{0}^{\infty} e^{-\eta^2} d\eta} = \frac{1}{2} \frac{\dfrac{2}{\sqrt{\pi}} \displaystyle\int_{\eta}^{\infty} e^{-\eta^2} d\eta}{\dfrac{2}{\sqrt{\pi}} \displaystyle\int_{0}^{\infty} e^{-\eta^2} d\eta} \\[2em]
&= \frac{1}{2} \frac{\dfrac{2}{\sqrt{\pi}} \left[\displaystyle\int_{0}^{\infty} e^{-\eta^2} d\eta - \displaystyle\int_{0}^{\eta} e^{-\eta^2} d\eta \right]}{\dfrac{2}{\sqrt{\pi}} \displaystyle\int_{0}^{\infty} e^{-\eta^2} d\eta}
\end{aligned}
\tag{24-111}
$$

由誤差函數之定義

$$\text{erf } \eta = \frac{2}{\sqrt{\pi}} \int_0^\eta e^{-\eta^2} d\eta \tag{24--112}$$

$$\text{erfc } \eta = \frac{2}{\sqrt{\pi}} \int_\eta^\infty e^{-\eta^2} d\eta = 1 - \text{erf } \eta \tag{24--113}$$

$$\text{erf }(0) = 0; \lim_{x \to \infty} \text{erf }(x) = 1 \tag{24--114}$$

式 (24–111) 可寫為

$$x_A = \frac{1}{2} \text{ erfc } \eta = \frac{1}{2} \text{ erfc}\left(\frac{z}{2\sqrt{D_{AB}t}}\right) \tag{24--115}$$

式 (24–115) 代表成分 A 在兩半無限長管中之濃度分布。

　　本節中數式之演導，與 3–17 節中者頗多相似之處，讀者若能兩面對照，則必能收到事半功倍之效。關於誤差函數值之查閱，見第一冊第 162 頁，表 3–3，或一般工程數學書籍。

24–8　球體中之非穩態擴散

　　如圖 24–9 所示，今考慮一飄浮於氣體 A 中之液滴 B。設液體 B 不蒸發，故液滴之大小不變；氣體 A 能溶於液體 B 中，並向液滴中心擴散；成分 A 與 B 不起化學反應，氣體 A 在液滴中擴散時所引起之流體流動極小，故可略而不計。若壓力與溫度保持不變，則此擴散問題可用 Fick 第二擴散定律描述

$$\frac{\partial C_A}{\partial t} = D_{AB} \nabla^2 C_A \tag{23--41}$$

在球體坐標上

$$\nabla^2 = \frac{1}{r^2} \frac{\partial}{\partial r}\left(r^2 \frac{\partial}{\partial r}\right) + \frac{1}{r^2 \sin\theta} \frac{\partial}{\partial \theta}\left(\sin\theta \frac{\partial}{\partial \theta}\right) + \frac{1}{r^2 \sin^2\theta} \frac{\partial^2}{\partial \phi^2} \tag{23--38}$$

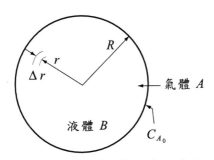

圖 24-9 飄浮於氣體中之液滴

倘擴散僅在 r 方向發生，即 $C_A = C_A(r, t)$，則合併式 (23–38) 與 (23–41)，得

$$\frac{\partial C_A}{\partial t} = \frac{D_{AB}}{r^2} \frac{\partial}{\partial r}\left(r^2 \frac{\partial C_A}{\partial r}\right) \tag{24–116}$$

上式乃變係數微分方程式，其解不易直接獲得。吾人解此類球體坐標方程式時，通常如〔例 24–4〕中之處理，先引入一新因變數 u，令

$$u = C_A r \tag{24–117}$$

則式 (24–116) 變成下面常係數方程式：

$$\frac{\partial u}{\partial t} = D_{AB} \frac{\partial^2 u}{\partial r^2} \tag{24–118}$$

式 (24–118) 之解有兩種型式，其解法有四，已於 24–7 節中述及。因應用變數分離法及變數結合法解偏微分方程式之步驟，已分別於 24–6 節及 24–7 節中介紹過，故此處擬用 Laplace 變換法解此問題。

Laplace 變換之定義為

$$\bar{u}(r, s) = \int_0^\infty e^{-st} u(r, t) dt \tag{24–119}$$

今以 $e^{-st}dt$ 乘式 (24–118) 之左右兩邊，然後自 $t = 0$ 積分至 $t \to \infty$，則

$$\int_0^\infty \frac{\partial u}{\partial t} e^{-st} dt = D_{AB} \int_0^\infty \frac{\partial^2 u}{\partial r^2} e^{-st} dt \tag{24-120}$$

倘微分及積分之次序可以顛倒，則

$$\int_0^\infty \frac{\partial^2 u}{\partial r^2} e^{-st} dt = \frac{\partial^2}{\partial r^2} \int_0^\infty u e^{-st} dt = \frac{d^2 \bar{u}}{dr^2} \tag{24-121}$$

又因

$$\int_0^\infty \frac{\partial u}{\partial t} e^{-st} dt = u e^{-st} \Big|_0^\infty + s \int_0^\infty u e^{-st} dt = -u(r, 0) + s\bar{u} \tag{24-122}$$

將式 (24–121) 及 (24–122) 代入式 (24–120)，得

$$s\bar{u} - u(r, 0) = D_{AB} \frac{d^2 \bar{u}}{dr^2} \tag{24-123}$$

因擴散初期，液滴中無成分 A，故 $C_A(r, 0) = 0$。由式 (24–117)，知 $u(r, 0) = 0$，故上式變為

$$\frac{d^2 \bar{u}}{dr^2} - \frac{s}{D_{AB}} \bar{u} = 0 \tag{24-124}$$

上式乃 $\bar{u}$ 之二階常微分方程式，其通解為

$$\bar{u} = C_1 e^{-\sqrt{\frac{s}{D_{AB}}} r} + C_2 e^{\sqrt{\frac{s}{D_{AB}}} r} \tag{24-125}$$

上式中之積分常數 C_1 及 C_2，可用下面二邊界條件定出：

在 $r = R$ 處，$C_A = C_{A_0}, u = C_{A_0} R$

在 $r = 0$ 處，C_A 為有限值，$u = 0$

其 Laplace 轉換為

$$在 \ r = R, \ \bar{u} = \int_0^\infty u e^{-st} dt = \int_0^\infty C_{A_0} R e^{-st} dt = C_{A_0} \frac{R}{s} \tag{24-126}$$

$$在 \ r = 0, \ \bar{u} = 0 \tag{24-127}$$

將式 (24-126) 代入式 (24-125)，得

$$\frac{C_{A_0} R}{s} = C_1 e^{-\sqrt{\frac{s}{D_{AB}}}R} + C_2 e^{\sqrt{\frac{s}{D_{AB}}}R} \tag{24-128}$$

將式 (24-127) 代入式 (24-125)，得

$$0 = C_1 + C_2 \tag{24-129}$$

解式 (24-128) 及 (24-129)，得

$$C_1 = -C_2 = -\frac{C_{A_0} R}{s} \frac{1}{\left(e^{\sqrt{\frac{s}{D_{AB}}}R} - e^{-\sqrt{\frac{s}{D_{AB}}}R} \right)} \tag{24-130}$$

將此結果代入式 (24-125)，得

$$\bar{u} = \frac{C_{A_0} R}{s} \frac{\left(e^{\sqrt{\frac{s}{D_{AB}}}r} - e^{-\sqrt{\frac{s}{D_{AB}}}r} \right)}{\left(e^{\sqrt{\frac{s}{D_{AB}}}R} - e^{-\sqrt{\frac{s}{D_{AB}}}R} \right)} = \frac{C_{A_0} R}{s e^{\sqrt{\frac{s}{D_{AB}}}R}} \frac{\left(e^{\sqrt{\frac{s}{D_{AB}}}r} - e^{-\sqrt{\frac{s}{D_{AB}}}r} \right)}{\left(1 - e^{-2\sqrt{\frac{s}{D_{AB}}}R} \right)} \tag{24-131}$$

因

$$\left(1 - e^{-2\sqrt{\frac{s}{D_{AB}}}R} \right)^{-1} = 1 + e^{-2\sqrt{\frac{s}{D_{AB}}}R} + e^{-4\sqrt{\frac{s}{D_{AB}}}R} + \cdots = \sum_{n=0}^{\infty} e^{-2n\sqrt{\frac{s}{D_{AB}}}R} \tag{24-132}$$

將上式代入式 (24-131)，得

$$\bar{u} = \frac{C_{A_0}R}{s}e^{-\sqrt{\frac{s}{D_{AB}}}R}\left(e^{\sqrt{\frac{s}{D_{AB}}}r} - e^{-\sqrt{\frac{s}{D_{AB}}}r}\right)\sum_{n=0}^{\infty}e^{-2n\sqrt{\frac{s}{D_{AB}}}R}$$

$$= \frac{C_{A_0}R}{s}\left\{\sum_{n=0}^{\infty}e^{-\sqrt{\frac{s}{D_{AB}}}[(2n+1)R-r]} - \sum_{n=0}^{\infty}e^{-\sqrt{\frac{s}{D_{AB}}}[(2n+1)R+r]}\right\} \qquad (24\text{–}133)$$

因 $\dfrac{e^{-\sqrt{\frac{s}{D_{AB}}}x}}{s}$ 乃 $\mathrm{erfc}\dfrac{x}{2\sqrt{D_{AB}t}}$ 之 Laplace 轉換值，故上式變為

$$u = C_{A_0}R\left[\sum_{n=0}^{\infty}\mathrm{erfc}\frac{(2n+1)R-r}{2\sqrt{D_{AB}t}} - \sum_{n=0}^{\infty}\mathrm{erfc}\frac{(2n+1)R+r}{2\sqrt{D_{AB}t}}\right] \qquad (24\text{–}134)$$

故成分 A 在液滴 B 中之瞬時濃度分布為

$$\frac{C_A}{C_{A_0}} = \frac{R}{r}\left[\sum_{n=0}^{\infty}\mathrm{erfc}\frac{(2n+1)R-r}{2\sqrt{D_{AB}t}} - \sum_{n=0}^{\infty}\mathrm{erfc}\frac{(2n+1)R+r}{2\sqrt{D_{AB}t}}\right] \qquad (24\text{–}135)$$

例 24–6

一半徑為 0.1 厘米之水滴，懸浮於 20°C 及 1 大氣壓下之二氧化碳氣體中。設水滴之蒸發緩慢而不考慮其半徑之變化；且未發生擴散時，水滴中無二氧化碳。試計算暴露於 CO_2 氣體 100 秒時，水滴中心二氧化碳之濃度。亨利常數為 1.42×10^3 大氣壓，$D_{CO_2\text{-}H_2O} = 1.77\times10^{-5}$ (厘米)^2/秒，水之密度為 $1\,002$ 千克/(公尺)^3。

(解) 設 CO_2 在水中成稀薄溶液，則 Henry 定律可適用於求表面濃度。因

$$P_{CO_2} = Hx_{CO_2}\Big|_R$$

$$x_{CO_2}\Big|_R = \frac{P_{CO_2}}{H} = \frac{1\ \text{大氣壓}}{1.42\times10^3\ \text{大氣壓}} = 7.04\times10^{-4}$$

故

$$C_{CO_2}\Big|_R = \frac{x_{CO_2}\Big|_R}{\dfrac{\left(1 - x_{CO_2}\Big|_R\right)M_{H_2O}}{\rho_{H_2O}} + \dfrac{x_{CO_2}\Big|_R M_{CO_2}}{\rho_{CO_2}}} \approx \frac{x_{CO_2}\Big|_R}{\dfrac{M_{H_2O}}{\rho_{H_2O}}}$$

$$= \frac{7.04 \times 10^{-4}}{\dfrac{18}{1\,002}} = 3.92 \times 10^{-2} \text{ 千克莫耳} / (公尺)^3$$

倘直接以 $r = 0$ 代入式 (24–135)，吾人必得一不定值，即

$$\frac{C_{CO_2}\Big|_{r=0}}{C_{CO_2}\Big|_R} = \frac{0}{0} = 不定$$

故本題之計算需應用 L'Hôpital 氏規則，即先分別將式 (24–135) 之分子及分母就 r 微分，然後令 $r = 0$。因

$$\frac{d}{dr}\,\text{erfc}\,\xi = -\frac{2}{\sqrt{\pi}}\,e^{-\xi^2}\,\frac{d\xi}{dr} \tag{24–136}$$

故應用 L'Hôpital 氏規則於式 (24–135)，得

$$\frac{C_{CO_2}\Big|_{r=0}}{C_{CO_2}\Big|_R}$$

$$= -\frac{2R}{\sqrt{\pi}}\sum_{n=0}^{\infty}\left\{e^{-\left[\frac{(2n+1)R-r}{2\sqrt{D_{CO_2-H_2O}t}}\right]^2}\left(-\frac{1}{2\sqrt{D_{CO_2-H_2O}t}}\right) - e^{-\left[\frac{(2n+1)R+r}{2\sqrt{D_{CO_2-H_2O}t}}\right]^2}\left(-\frac{1}{2\sqrt{D_{CO_2-H_2O}t}}\right)\right\}_{r=0}$$

$$= \frac{2R}{\sqrt{\pi D_{CO_2-H_2O}t}}\sum_{n=0}^{\infty}e^{\frac{-\left[(2n+1)^2R^2\right]}{(4D_{CO_2-H_2O}t)}} \tag{24–137}$$

將 $C_{CO_2}\big|_R$, $D_{CO_2-H_2O}$, R 及 t 值代入上式, 得

$$C_{CO_2}\big|_{r=0}$$

$$= 3.92 \times 10^{-2} \left(\frac{2 \times 0.1}{\sqrt{\pi \times 1.77 \times 10^{-5} \times 100}} \right) \times \left(e^{-\frac{(0.1)^2}{4 \times 1.77 \times 10^{-3} \times 100}} + e^{-\frac{3^2(0.1)^2}{4 \times 1.77 \times 10^{-3}}} + \cdots \right)$$

$$= 10.5 \times 10^{-2} (0.244 + 0.0000307 + \cdots)$$

$$= 2.57 \times 10^{-2} \text{ 千克莫耳} / (公尺)^3$$

符號說明

符 號	定 義
C	混合物之莫耳濃度, 千克莫耳 $/(公尺)^3$
C_A, C_B	成分 A、B 之 C 值, 千克莫耳 $/(公尺)^3$
D_{AB}	成分 A 在成分 B 中之擴散係數, $(公尺)^2/小時$
H	Henry 常數, 大氣壓
h	對流熱傳係數, 千卡 $/(小時)(公尺)^2 (K)$
k	熱傳導係數, 千卡 $/(小時)(公尺)(K)$
k_1	一階化學反應之速率常數, $1/小時$
$\boldsymbol{k}$	z 方向之單位向量
M_A	成分 A 之分子量
N_{A_z}, N_{B_z}	成分 A 與 B 在 z 方向之莫耳通量, 千克莫耳 $/(小時)(公尺)^2$
N_A	成分 A 之莫耳通量向量, 千克莫耳 $/(小時)(公尺)^2$
n	混體氣體之莫耳數, 千克莫耳
P	總壓, 大氣壓
P_A, P_B	成分 A 與 B 之分壓, 大氣壓

$P_{B,\ell m}$	成分 B 之分壓對數平均
R	球之半徑，公尺；或氣體常數，0.8206（大氣壓）$(公尺)^3/$（千克莫耳）(K)
R_A	化學反應中成分 A 之生成率，千克莫耳 $/$（小時）$(公尺)^3$
r, θ, z	圓柱體坐標
r, θ, ϕ	球體坐標
T	絕對溫度，K
T_{av}	T 之算術平均值，K
t	時間，小時
t_f	蒸發水滴所需之時間，小時
u	$C_A r$，千克莫耳 $/$（公尺）^{3}
$\bar{u}$	u 之 Laplace 轉換
V	氣體之體積，立方公尺
x, y, z	直角坐標，公尺
x_A, x_B	成分 A 與 B 在液相中之莫耳分率
y_A, y_B	成分 A 與 B 在氣相中之莫耳分率
$y_{B,\ell m}$	y_B 之對數平均值
W_A	質量通率或莫耳通率，千克 $/$ 小時或千克莫耳 $/$ 小時
δ	液膜之厚度，公尺
η	無因次變數，等於 $\dfrac{z}{2\sqrt{D_{AB}t}}$
ρ_A, ρ_B	成分 A 與 B 之質量密度，千克 $/$（公尺）^{3}
∇	向量運算子，$1/$公尺
∇^2	Laplace 運算子，$1/$（公尺）^{2}

習 題

24–1 1 大氣壓及 20℃ 下，二氧化碳——空氣系之擴散係數為 0.151（厘米）^{2}/ 秒。試分別以下列方法估計 1 500 K 下之擴散係數：

(1) Slattery 式；

(2) Chapman-Enskog 式。

24–2 試估計 12.5℃ 醋酸在稀薄水溶液中之擴散係數。醋酸在沸點下之密度為 0.937 克 /（厘米）^{3}。

24–3 15℃ 下乙醇在稀薄水溶液中之擴散係數為 1.28×10^{-5}（厘米）^{2}/ 秒，試估計 100℃ 下之擴散係數。

24–4 在 25℃ 下置 CCl_3NO_2 於 Arnold 擴散裝置中，試求其在空氣中之蒸發速率。已知條件為

總壓，P	700 毫米汞柱
擴散係數，D_{AB}	0.088 厘米 / 秒
蒸氣壓，p_{A_1}	23.81 毫米汞柱
液面至管口之距離	11.14 厘米
CCl_3NO_2 之密度，ρ_A	1.65 克 /（厘米）^{3}
蒸發面積，S	2.29 平方厘米
分子量，M_A	164.5

24–5 成分 A 在一薄膜中之起始濃度為 C_0，薄膜之厚度為 ℓ。突然間在薄膜之一面上 $(x=0)$，予以 C_1 之濃度，在另一面上 $(x=\ell)$，予以 C_2 之濃度。設成分 A 之濃度甚小，故 Fick 第二定律可適用，試求：

(1) 成分 A 之濃度分布；

(2) 時間 t 內單位長度之輸入（或輸出）總量。

24-6　一耐熱玻璃管 (pyrex tube) 之內外徑為 R_1 與 R_2，長度為 L。今置天然氣於其中，若僅天然氣中之氦能通過此玻璃管，擴散係數為 $D_{A,pyr}$，內外壁處之濃度分別為 C_{A_1} 與 C_{A_2}，試求氦之散失率。

24-7　成分 A 在液體 B 中擴散，並進行下面不可逆化學反應

$$A + B \longrightarrow C$$

若成分 A 之濃度甚為稀薄，且成分 A 之消失量亦少，則此可視為伴有擬似一階不可逆化學反應之擴散問題，故其物料結算式可由式 (23–31) 簡化為

$$\frac{\partial C_A}{\partial t} = D_{AB}\nabla^2 C_A - k_1''' C_A \text{……………………①}$$

式中 k_1''' 乃反應常數。若起始條件及邊界條件分別為

I.C.：$t = 0,\ C_A = 0$

B.C.：界面上，$C_A = C_{A_S}$

其中 C_{A_S} 可隨位置而變，但與時間無關。

(1)試證

$$C_A = k_1''' \int_0^t f e^{-k_1''' t'} dt' + f e^{-k_1''' t} \text{…………………②}$$

式中 f 乃無化學反應 ($k_1''' = 0$) 時之解。

(2)若為單向擴散，試應用 Laplace 轉換法，自 C_A 與 f 之微分方程式，聯用起始及邊界條件，證明式(2)成立。

(3)重作(1)，但邊界條件改為

B.C.：界面上，$\dfrac{\partial C_A}{\partial N} = h(C_0 - C_{A_S})$

式中 N 表垂直面向外之方向，h 表常數，C_0 表平衡濃度。

24-8 25℃ 及 1 大氣壓下，置氯仿於 Arnold 擴散裝置中，而得下面結果：

液態氯仿之密度，C_{AL} 0.01242 克莫耳/(厘米)^3

氯仿之蒸氣壓，p_{A_1} 200 毫米汞柱

管口處氯仿之蒸氣壓，p_{A_2} 0

初期時液面至管口之距離 7.4 厘米

10 小時後液面至管口之距離 7.84 厘米

試決定氯仿在空氣中之擴散係數：

(1)不計液面至管口距離之變化；

(2)考慮液面至管口距離之變化。

24-9 成分 A 在一半徑為 a 之無限長圓柱中之起始濃度為 C_0。若圓柱體表面上，突然予以 C_1 之濃度，試求：

(1)成分 A 在圓柱體內之濃度分布，及

(2)在 t 時間內成分 A 之單位長度輸入（或輸出）總量。

假設成分 A 之濃度甚小，故 Fick 第二定律可適用。

24-10 成分 A 在一內徑為 a 及外徑為 b 之無限長中空圓柱體中之起始濃度為 C_0。若突然間在圓柱體外壁上 $(r=a)$，予以 C_1 之濃度，外壁上 $(r=b)$ 予以 C_2 之濃度，試求成分 A 在此中空圓柱體內之濃度分布。假設成分 A 之濃度稀薄，故 Fick 第二定律可適用。

24-11 今有一飄浮於靜止氣體 A 之液滴 B，起始時無氣體 A 溶於其中。設液體 B 不蒸發，故液滴之大小不變；氣體 A 微溶於液體 B 中，並向液滴中心擴散；成分 A 與 B 不起化學反應，氣體 A 在液滴中擴散時所引起之流動極小，故可略而不計。若壓力與溫度保持不變，試採變數分離法，求較長時間後：

(1)成分 A 在液滴內之濃度分布；

(2)液滴中心處之濃度；

(3)t 時間內氣體 A 之吸收量。

25

對流質量輸送

　　邊界表面與流動流體間，或互不混合之流動流體間之物料傳遞，稱為對流質量輸送。對流質量輸送速率計算式，已見於第 23 章，即

$$N_{A_c} = k_c \Delta C_A \tag{25-1}$$

上式即為對流質量輸送係數 k_c 之定義，與下面對流熱輸送係數 h 之定義相當

$$q = h\Delta T$$

　　質量及能量輸送速率雖可分別由上式計算而得，然式中二輸送係數之決定不易。一般而言，k_c 及 h 乃流體之性質、流體之流動情形及邊界表面（或導管）之幾何形狀等之函數。熱輸送與質量輸送頗多相似之處，而 h 之決定方法已於第二冊中詳加討論過，故吾人可將對流熱輸送係數之決定方法，應用於對流質量輸送。

25-1 質量輸送係數及其計算

正如速度邊界層及溫度邊界層主宰對流熱輸送一樣，速度邊界層及濃度邊界層在對流質量輸送中扮演主要角色。速度及溫度之邊界層已分別於第一與第二冊中討論過，濃度邊界層將於本章中討論。

當考慮穩態下溶質由固體表面溶解，並擴散於流動流體之質量輸送問題時，對流質量輸送係數之定義為

$$N_A = k_c(C_{A_0} - C_A) \tag{25-2}$$

式中 N_A 表單位時間內離開單位界面面積之溶質莫耳數；C_{A_0} 表該溫度及壓力下流體於固體表面處之平衡溶質濃度，C_A 則表流體中某一點之溶質濃度。倘以 C_{A_∞} 表濃度邊界層外之溶質濃度，則對流質量輸送係數亦可定義如下：

$$N_A = k_c(C_{A_0} - C_{A_\infty}) \tag{25-3}$$

若流體係在導管中流動，則 k_c 宜作下面之定義：

$$N_A = k_c(C_{A_0} - C_{A_b}) \tag{25-4}$$

式中 C_{A_b} 表流體中成分 A 之**整體濃度** (bulk concentration)，或稱杯中混合濃度 (mixing-cup concentration)，其定義為

$$C_{A_b} = \frac{1}{v_b A} \int\int vC_A dA \tag{25-5}$$

式中 v_b 表流體之**整體速度** (bulk velocity)，其定義已見於第一冊；A 表管之截面積。故對流質量輸送係數之值，因定義之不同而有所差異，而其定義係因系統之不同而有所分別。

本書中將介紹四種計算質量輸送係數之方法，即

(1)正確邊界層分析

(2)近似邊界層分析

(3)動量、能量及質量輸送之類比

(4)因次分析與實驗數據之配合

以下為這些方法之範例。

25-2 流動液膜中氣體之吸收 ——正確邊界層分析

　　許多質量輸送操作問題中牽涉兩相間之質量交換。例如於氣體之吸收中，混合氣體中之某成分在氣膜中擴散至兩相之交界面，然後溶於液面並擴散於液相中。吾人於本節中僅考慮此問題之後半部，即氣體於沿垂直壁往下流動液膜中之擴散問題。

　　如圖 25–1 所示，液體 B 沿垂直壁往下成層狀流動，氣體 A 因與液體接觸且能溶於液面，於是擴散於液膜中。因氣體擴散於流動中之液膜，故討論此系統時除應考慮因擴散而引起之質量輸送外，亦應考慮動量輸送，此乃異於前章中所討論者，而此類質量輸送，稱為對流質量輸送。

　　設物料 A 僅微溶於液體中，故液體之性質變化極微，且 x 方向之擴散效應不影響液體在 z 方向之速度分布。因 A 與 B 不起化學反應，故在穩態下成分 A 濃度分布偏微分方程式，可由式 (23–31) 簡化為

$$v_x \frac{\partial C_A}{\partial x} + v_z \frac{\partial C_A}{\partial z} = D_{AB} \left(\frac{\partial^2 C_A}{\partial x^2} + \frac{\partial^2 C_A}{\partial z^2} \right) \tag{25–6}$$

因氣體 A 之溶解度甚小，以致 x 方向之擴散速率不大，故因擴散輸送所引起液體在 x 方向之流動可忽略，即 $v_x = 0$；又因 z 方向之質量輸送，主要係因流體之

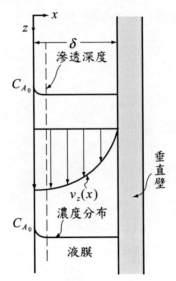

圖 25-1　流動液膜中氣體之吸收

流動所引起，故此方向之普通擴散效應可忽略，即 $D_{AB}\left(\dfrac{\partial^2 C_A}{\partial z^2}\right)=0$。式 (25-6)

變為

$$v_z\frac{\partial C_A}{\partial z}=D_{AB}\frac{\partial^2 C_A}{\partial x^2} \tag{25-7}$$

液體沿垂直壁之層狀流動問題，已於第一冊 2-10 節中討論過，此時液體之速度分布為

$$v_z=v_{\max}\left[1-\left(\frac{x}{\delta}\right)^2\right] \tag{25-8}$$

式中 $v_{\max}$ 表最大速度，即液膜最外層處之速度，其值為

$$v_{\max}=\frac{\rho g\delta^2}{2\mu} \tag{25-9}$$

式中 ρ 表液體之質量密度，g 表重力加速度，δ 表液膜厚度，μ 表液體之黏度。

將式 (25-8) 代入式 (25-7)，得

$$v_{\max}\left[1 - \left(\frac{x}{\delta}\right)^2\right]\frac{\partial C_A}{\partial z} = D_{AB}\frac{\partial^2 C_A}{\partial x^2} \tag{25-10}$$

為使問題能較一般化，設液體中原含有微量之成分 A，即

B.C.1: 在 $z = 0$ 處，$C_A = C_{A_\infty}$ (25-11)

若液面上成分 A 之濃度為定值，則

B.C.2: 在 $x = 0$ 處，$C_A = C_{A_0}$ (25-12)

因成分 A 不能通過固體面，故該處之擴散速率為零，即

B.C.3: 在 $x = \delta$ 處，$\frac{\partial C_A}{\partial x} = 0$ (25-13)

1941 年 Pigford 氏曾經應用此三邊界條件解式 (25-10)，所得之結果為

$$\frac{\tilde{C}_A - C_{A_\infty}}{C_{A_0} - C_{A_\infty}} = 1 - \sum_{n=0}^{\infty} a_n e^{\frac{-bnD_{AB}z}{v_{\max}\delta^2}} \tag{25-14}$$

式中

$$\tilde{C}_A = \frac{1}{\delta}\int_0^\delta C_A dx \tag{25-15}$$

至於 a_n 及 b_n 值可由下表查出：

n	a_n	b_n
1	0.7857	5.121
2	0.1001	39.31
3	0.0360	105.6
4	0.0181	204.7

　　然因實際之氣體吸收問題中，氣相與液相之接觸時間極短，且溶質之擴散速率緩慢，故溶質在液膜中之滲透不深，如圖 25–1 中之虛線所示。即接觸時間內，溶解之溶質達不到壁面，此問題與成分 A 在半無限厚之液膜中擴散之情形無異。此時 B.C.3 應改為

$$\text{B.C.4：在 } x \to \infty, \quad C_A = C_{A\infty} \tag{25-15}$$

又因滲透深度內之流體速度幾乎定值，即 $v_z \approx v_{max}$，故式 (25–10) 可簡化為

$$v_{max}\frac{\partial C_A}{\partial z} = D_{AB}\frac{\partial^2 C_A}{\partial x^2} \tag{25-16}$$

　　在數學觀點上，式 (25–16), (25–11), (25–12) 及 (25–15) 之解，與 3–18 節中式 (3–259), (3–260), (3–261) 及 (3–262) 之解相當，僅符號不同而已。故成分 A 在液膜中之濃度分布為

$$\frac{C_A - C_{A\infty}}{C_{A_0} - C_{A\infty}} = \text{erfc}\frac{x}{2\sqrt{\dfrac{D_{AB}z}{v_{max}}}} \tag{25-17}$$

式中 erfη 表誤差函數，erfc 表補足誤差函數，即 erfc$\eta = 1 - erf\eta$，其定義見一般工程數學書籍。

　　質量輸送速率可藉濃度分布依下面二法求得：

⑴沿液膜表面積分吸收率

$$N_{A_x}(z)\Big|_{x=0} = -D_{AB}\frac{\partial C_A}{\partial x}\Big|_{x=0}$$

$$= -D_{AB}(C_{A_0} - C_{A\infty})\left(-\frac{2}{\sqrt{\pi}}e^{-\frac{x^2}{4D_{AB}\frac{z}{v_{max}}}}\right)\left(\frac{1}{2\sqrt{\dfrac{D_{AB}z}{v_{max}}}}\right)\Bigg|_{x=0}$$

$$= (C_{A_0} - C_{A\infty})\sqrt{\frac{D_{AB}v_{max}}{\pi z}}$$

$$W_A = \int_0^L N_{A_z}(z)\Big|_{z=0} Bdz = 2BL(C_{A_0} - C_{A_\infty})\sqrt{\frac{D_{AB}v_{max}}{\pi L}} \tag{25-18}$$

式中 L 表液膜長度，B 表液膜寬度。

(2)在 $z = L$ 處沿液膜厚度積分濃度分布

$$W_A = \int_0^\infty v_{max}(C - C_{A_\infty})\Big|_{z=L} Bdx$$

$$= Bv_{max}(C_{A_0} - C_{A_\infty})\int_0^\infty \mathrm{erfc}\left(\frac{x}{2\sqrt{\frac{D_{AB}L}{v_{max}}}}\right)dx$$

$$= 2BL(C_{A_0} - C_{A_\infty})\sqrt{\frac{D_{AB}v_{max}}{\pi L}}$$

質量輸送速率既得，**局部對流質量輸送係數** (local convective mass-transfer coefficient) 可依式 (25–3) 之定義計算如下：

$$k_c = \frac{N_{A_z}(z)\Big|_{x=0}}{C_{A_0} - C_{A_\infty}} = \sqrt{\frac{D_{AB}v_{max}}{\pi z}} \tag{25-19}$$

重整上式，得

$$\frac{k_c z}{D_{AB}} = \frac{1}{\sqrt{\pi}}\left(\frac{v_{max}z}{\nu}\right)^{\frac{1}{2}}\left(\frac{\nu}{D_{AB}}\right)^{\frac{1}{2}} \tag{25-20}$$

式 (25–20) 乃一無因次式。除雷諾數之定義已見於第一冊外，此處另介紹二無因次群

$$\boldsymbol{Nu}_{AB} = \frac{k_c z}{D_{AB}} \tag{25-21}$$

$$\boldsymbol{Sc} = \frac{\nu}{D_{AB}} \tag{25-22}$$

Nu_{AB} 之定義因與熱輸送之局部納塞數相似，故稱為**局部質量輸送納塞數** (local mass-transfer Nusselt number)；Sc 之定義為普通擴散係數與動黏度之比，稱為**史密特數** (Schmidt number)。將此二數之定義引入式 (25–20)，得

$$Nu_{AB} = \frac{1}{\sqrt{\pi}} Re_z^{\frac{1}{2}} Sc^{\frac{1}{2}} \tag{25-23}$$

若 k_c 取平均，則

$$\tilde{k}_c = \frac{1}{L} \int_0^L k_c \, dx = 2\left(k_c \big|_{z=L} \right) \tag{25-24}$$

故質量輸送納塞數之平均值為

$$\tilde{Nu}_{AB} = \frac{\tilde{k}_c L}{D_{AB}} = 2\left(Nu_{AB} \big|_{z=L} \right) \tag{25-25}$$

例 25–1

今擬用一小型實驗用之垂直圓管濕壁塔，藉往下流動之水膜吸收氣體中之氯氣。若水膜之平均速度為每秒 20 厘米，氯在水中之擴散係數為 1.26×10^{-5}（厘米）^{2}/秒，飽和濃度為每 100 立方厘米中含 0.823 克氯。濕壁塔之半徑為 1.5 厘米，長為 15 厘米，試求氯氣在水中之吸收速率。

(解) 假設氯氣不與水起化學反應，且液膜厚度 δ 遠比塔之半徑 R 為小，故管之曲率可忽略，而本問題可視為沿垂直平面濕壁之氣體吸收，則吸收速率為

$$W_A = (2\pi RL)\bar{k}_c(C_{A_0} - 0) \quad\text{······························①}$$

又假設氯氣在水膜中之滲透距離甚小，而在該滲透區內之液膜速度為其最大速度 $v_{\max}$，則由式 (25–23) 與 (25–25) 得

$$\tilde{Nu}_{AB} = \frac{\tilde{k}_c L}{D_{AB}} = \frac{2}{\sqrt{\pi}} Re_L^{\frac{1}{2}} Sc^{\frac{1}{2}} = \frac{2}{\sqrt{\pi}} \left(\frac{v_{max}L}{\nu}\right)^{\frac{1}{2}} \left(\frac{\nu}{D_{AB}}\right)^{\frac{1}{2}} \cdots\cdots\cdots ②$$

將式②代入式①，得

$$W_A = 4RC_{A_0}\sqrt{D_{AB}v_{max}L\pi} \cdots\cdots\cdots\cdots\cdots ③$$

式中

$$C_{A_0} = \frac{0.823}{71(100)} = 0.116 \times 10^{-3} \text{ 克莫耳／（厘米）}^3$$

又因液膜之層流速度分布為（見 2-11 節）

$$v_z = v_{max}\left[1 - \left(\frac{x}{\delta}\right)^2\right]$$

而平均速度為

$$v_b = \frac{1}{\delta}\int_0^\delta v_z dx = \frac{2}{3}v_{max}$$

故

$$v_{max} = \left(\frac{3}{2}\right)v_b = \left(\frac{3}{2}\right)(20) = 30 \text{ 厘米／秒}$$

將已知值代入式③，得

$$W_A = 4(1.5)(0.116 \times 10^{-3})\sqrt{(1.26 \times 10^{-5})(30)(15)(\pi)}$$

$$= 0.221 \text{ 克莫耳／秒}$$

$$= 0.795 \text{ 千克莫耳／小時}$$

25-3 越過平板之質量輸送 ──正確邊界層分析

Blasius 氏曾經討論越過平板之層狀邊界層問題，見 3–15 節；於對流熱輸送問題中，亦可應用 Blasius 之解法解熱邊界層問題，見 14–9 節。此處仍擬應用 Blasius 方法，討論越過平板之層狀流動中，濃度邊界層內之對流質量輸送問題。

討論穩態下二向度不可壓縮流體之動量輸送問題時，所牽涉到之邊界層方程式計有：

$$\text{連續方程式} \quad \frac{\partial v_x}{\partial x} + \frac{\partial v_y}{\partial y} = 0 \tag{25-26}$$

$$x \text{ 方向之運動方程式} \quad v_x\frac{\partial v_x}{\partial x} + v_y\frac{\partial v_y}{\partial y} = \nu\frac{\partial^2 v_x}{\partial y^2} \tag{25-27}$$

式 (25–27) 僅適用於 ν 及壓力為定值時。此時之熱邊界層方程式為

$$v_x\frac{\partial T}{\partial x} + v_y\frac{\partial T}{\partial y} = \alpha\frac{\partial^2 T}{\partial y^2} \tag{25-28}$$

式 (25–28) 中假設熱擴散係數不變。

若濃度邊界層內無化學反應，且 $\dfrac{\partial^2 C_A}{\partial x^2}$ 遠比 $\dfrac{\partial^2 C_A}{\partial y^2}$ 為小，則在同條件下，濃度邊界層方程式可寫成

$$v_x\frac{\partial C_A}{\partial x} + v_y\frac{\partial C_A}{\partial y} = D_{AB}\frac{\partial^2 C_A}{\partial y^2} \tag{25-29}$$

此處亦假設 D_{AB} 為常數。圖 25-2 乃濃度邊界層之略圖。

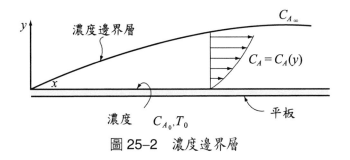

圖 25-2　濃度邊界層

今將適用於三種邊界層之邊界條件分別列於後：

$$動量邊界層 \begin{cases} 在\ y=0\ 處,\ \dfrac{v_x}{v_\infty}=0 \\[3mm] 在\ y\to\infty,\ \dfrac{v_x}{v_\infty}=1 \end{cases}$$

$$熱邊界層 \begin{cases} 在\ y=0\ 處,\ \dfrac{T-T_0}{T_\infty-T_0}=0 \\[3mm] 在\ y\to\infty,\ \dfrac{T-T_0}{T_\infty-T_0}=1 \end{cases}$$

$$濃度邊界層 \begin{cases} 在\ y=0\ 處,\ \dfrac{C_A-C_{A_0}}{C_{A_\infty}-C_{A_0}}=0 \\[3mm] 在\ y\to\infty,\ \dfrac{C_A-C_{A_0}}{C_{A_\infty}-C_{A_0}}=1 \end{cases}$$

式中 v_x, T 及 C_{A_∞} 分別表流體中某一點之速度，溫度及濃度；v_∞, T_∞ 及 C_{A_∞} 分別表主流中之速度、溫度及濃度；T_0 及 C_{A_0} 分別表與板面緊鄰處之流體溫度及成分 A 之濃度，該處之流體速度為零。

　　式 (25-27)，(25-28) 及 (25-29) 極相似，僅部分符號不同而已，且其相應之邊界條件亦類似，故依數學觀點而言，其必有相同之解法及相似之解。於第二冊第 14 章中，吾人曾應用在第一冊第 3 章解式 (3–27) 之 Blasius 方法，解式 (14–28)，結果發現當 $\frac{\nu}{\alpha} = Pr = 1$ 時，所得之解完全一致。故若 $\frac{\nu}{D_{AB}} = Sc = 1$ 時，式 (25–29) 之解亦必與式 (3–27) 及 (14–28) 在 $Pr = 1$ 時所得者完全一樣。故此時邊界層內之濃度分布為（見第 3 章及第 14 章）

$$\frac{C_A - C_{A_0}}{C_{A_\infty} - C_{A_0}} = \frac{v_x}{v_\infty} = \frac{df}{d\eta} \tag{25–30}$$

式中

$$\eta = y\sqrt{\frac{u_\infty}{\nu x}} \tag{25–31}$$

$$f = \sum_{n=0}^{\infty} \left(-\frac{1}{2}\right)^n \frac{\gamma^{n+1} C_n}{(3n+2)!} \eta^{3n+2} \tag{25–32}$$

$C_0 = 1;\ C_1 = 1;\ C_2 = 11;\ C_3 = 375;$

$C_4 = 27\,897;\ C_5 = 3\,817\,137;$

$$\gamma = \left(\frac{d^2 f}{d\eta^2}\right)_{\eta=0} = 0.332$$

因

$$\left.\frac{df'}{d\eta}\right|_{y=0} = 0.332 = \frac{d\left(\dfrac{C_A - C_{A_0}}{C_{A_\infty} - C_{A_0}}\right)}{d\left(\dfrac{y}{x}\sqrt{Re_x}\right)}\Bigg|_{y=0}$$

故

$$\frac{\partial C_A}{\partial y}\bigg|_{y=0} = (C_{A_\infty} - C_{A_0})\left(\frac{0.332}{x}\boldsymbol{Re}_x^{\frac{1}{2}}\right) \tag{25-33}$$

須注意者，應用 Blasius 方法解式 (3–27) 及 (14–28) 時，曾假設 $y=0$ 處之 v_y 為零。故考慮質量輸送問題時，惟有 $v_y\big|_{y=0}$ 之值為零或極小時，式 (25–30) 及 (25–33) 始成立，且

$$N_{A_y}\bigg|_{y=0} = -D_{AB}\frac{\partial C_A}{\partial y}\bigg|_{y=0} \tag{25-34}$$

將式 (25–33) 代入式 (25–34)

$$N_{A_y}\bigg|_{y=0} = D_{AB}\left(\frac{0.332\boldsymbol{Re}_x^{\frac{1}{2}}}{x}\right)(C_{A_0} - C_{A_\infty}) \tag{25-35}$$

由對流質量輸送係數之定義

$$N_{A_y}\bigg|_{y=0} = k_c(C_{A_0} - C_{A_\infty}) \tag{25-3}$$

合併式 (25–3) 及 (25–35)，得

$$k_c = \frac{D_{AB}}{x}\left(0.332\boldsymbol{Re}_x^{\frac{1}{2}}\right)$$

或

$$\boldsymbol{Nu}_{AB} = \frac{k_c x}{D_{AB}} = 0.332\boldsymbol{Re}_x^{\frac{1}{2}} \tag{25-36}$$

須注意者，式 (25–36) 僅適用於 $Sc = 1$ 及質量輸送速率甚小時。當 $Sc \neq 1$ 時，吾人可仿照 14–8 節中 Pohlhausen 氏引用 Blasius 氏方法解對流熱輸送之步驟，解對流質量輸送問題。因熱邊界層與濃度邊界層之偏微分方程式及邊界

條件相似，故解此兩邊界層之輸送問題時，必得相似之解。若以 $\dfrac{\delta}{\delta_c} = Sc^{\frac{1}{3}}$ 代

$\dfrac{\delta}{\delta_t} = Pr^{\frac{1}{3}}$，則必得相同之解，故由 14–8 節之結果知

$$N_{A_y}\Big|_{y=0} = -D_{AB}\dfrac{\partial C_A}{\partial y}\Big|_{y=0} = (C_{A_0} - C_{A_\infty})\left(\dfrac{0.332}{x}Re_x^{\frac{1}{2}}Sc^{\frac{1}{3}}\right) \tag{25–37}$$

合併式 (25–3) 及 (25–37)，得

$$Nu_{AB} = \dfrac{k_c x}{D_{AB}} = 0.332 Re_x^{\frac{1}{2}} Sc^{\frac{1}{3}} \tag{25–38}$$

讀者若仿效 25–2 節中求平均值之方法，必可證明下面的結果為正確。

$$\dfrac{\tilde{k}_c L}{D_{AB}} = \tilde{Nu}_{AB} = 2\left(Nu_{AB}\Big|_{x=L}\right) = 0.664 Re_L^{\frac{1}{2}} Sc^{\frac{1}{3}} \tag{25–39}$$

25–4 越過平板之質量輸送 ——近似邊界層分析

當流體之流動方式及導管之幾何形狀較不尋常時，則描述質量輸送現象之邊界層偏微分方程式及邊界條件較繁雜，此時若仍應用 3–17 節，14–8 節及 25–3節中所介紹之 Blasius 方法解之，很少能得其**正確解** (exact solution)。惟若仿效 von Kármán 氏解動量邊界層之方法，則往往可得滿意之近似解。近似解與正確解之間，難免有某程度之誤差，然吾人有令此誤差盡量減少之可能；縱使不能，所得之結果亦可用以推測正確值。有了此法，總比束手無策，得不到正確解猶佳，故此近似解法為解邊界層流動問題時，最受歡迎之方法。此方法已於 3–15 節及 14–8 節中討論過。

今擬以 von Kármán 之近似法，重作前節之濃度邊界層輸送問題，以作比較。所涉及之偏微分方程式及邊界條件如下：

連續方程式 $\dfrac{\partial v_x}{\partial x} + \dfrac{\partial v_y}{\partial y} = 0$ (25-26)

x 方向之運動方程式 $v_x\dfrac{\partial v_x}{\partial x} + v_y\dfrac{\partial v_y}{\partial y} = \nu\dfrac{\partial^2 v_x}{\partial y^2}$ (25-27)

成分 A 之連續方程式 $v_x\dfrac{\partial C_A}{\partial x} + v_y\dfrac{\partial C_A}{\partial y} = D_{AB}\dfrac{\partial^2 C_A}{\partial y^2}$ (25-29)

B.C.1: 在 $y=0$ 處，$v_x = v_y = 0$

B.C.2: 在 $y=\delta$ 處，$v_x = v_\infty$

B.C.3: 在 $y=\delta$ 處，$\dfrac{\partial v_x}{\partial y} = 0$

B.C.4: 在 $y=0$ 處，$\dfrac{\partial^2 v_x}{\partial y^2} = 0$（由 B.C.1 及 x 方向之運動方程式，式 (25-27)，獲得）

B.C.5: 在 $y=0$ 處，$C_A = C_{A_0}$

B.C.6: 在 $y=\delta_c$ 處，$C_A = C_{A_\infty}$

B.C.7: 在 $y=\delta_c$ 處，$\dfrac{\partial C_A}{\partial y} = 0$

B.C.8: 在 $y=0$ 處，$\dfrac{\partial^2 C_A}{\partial y^2} = 0$（由 B.C.1 及成分 A 之連續方程式，式 (25-29)，獲得）

式中 δ 與 δ_c 分別表速度邊界層與濃度邊界層之厚度，v_∞ 與 C_{A_∞} 則分別表主流之速度與濃度，如圖 25-3 所示。

就 y 積分式 (25-26) 並應用 B.C.1，得

$$v_y = -\int_0^y \frac{\partial v_x}{\partial x} dy \tag{25-40}$$

將式 (25-40) 分別代入式 (25-27) 與 (25-29)，得

$$v_x \frac{\partial v_x}{\partial x} - \left(\int_0^y \frac{\partial v_x}{\partial x} dy \right) \frac{\partial v_x}{\partial y} = \nu \frac{\partial^2 v_x}{\partial y^2} \tag{25-41}$$

$$v_x \frac{\partial C_A}{\partial x} - \left(\int_0^y \frac{\partial v_x}{\partial x} dy \right) \frac{\partial C_A}{\partial y} = D_{AB} \frac{\partial^2 C_A}{\partial y^2} \tag{25-42}$$

就 y 自 $y=0$ 至 $y=\delta$ 積分式 (25-41)，則

$$\int_0^\delta v_x \frac{\partial v_x}{\partial x} dy - \int_0^\delta \left(\int_0^y \frac{\partial v_x}{\partial x} dy \right) \frac{\partial v_x}{\partial y} dy = \int_0^\delta \nu \frac{\partial^2 v_x}{\partial y^2} dy \tag{25-43}$$

應用邊界條件並以部分積分法 (integration by parts) 積分上式，得

$$\frac{d}{dx} \int_0^\delta v_x (v_\infty - v_x) dy = \nu \frac{\partial v_x}{\partial y} \bigg|_{y=0} \tag{25-44}$$

式 (25-44) 稱為 von Kármán 動量積分方程式，乃式 (25-27) 之另一型式，其推導見第一冊 135 頁。

就 y 自 $y=0$ 至 $y=\delta$ 積分式 (25-42)，則

$$\int_0^\delta v_x \frac{\partial C_A}{\partial x} dy - \int_0^\delta \left(\int_0^y \frac{\partial v_x}{\partial x} dy \right) \frac{\partial C_A}{\partial y} dy = \int_0^\delta D_{AB} \frac{\partial^2 C_A}{\partial y^2} dy \tag{25-45}$$

應用邊界條件並以部分積分法積分上式，得

$$\frac{d}{dx}\int_0^\delta v_x(C_A - C_{A_\infty})dy = -D_{AB}\frac{\partial C_A}{\partial y}\bigg|_{y=0} \tag{25-46}$$

今引入兩無因次變數

$$\phi = \frac{v_x}{v_\infty} \tag{25-47}$$

$$\Gamma = \frac{C_{A_0} - C_A}{C_{A_0} - C_{A_\infty}} = 1 - \frac{C_A - C_{A_\infty}}{C_{A_0} - C_{A_\infty}} \tag{25-48}$$

則式 (25–44) 與 (25–46) 變為

$$\frac{d}{dx}\int_0^\delta \phi(1 - \phi)dy = \frac{\nu}{v_\infty}\frac{\partial \phi}{\partial y}\bigg|_{y=0} \tag{25-49}$$

$$\frac{d}{dx}\int_0^\delta \phi(1 - \Gamma)dy = \frac{D_{AB}}{v_\infty}\frac{\partial \Gamma}{\partial y}\bigg|_{y=0} \tag{25-50}$$

令

$$\phi = \phi(\eta), \eta = \frac{y}{\delta(x)} \tag{25-51}$$

$$\Gamma = \Gamma(\eta_c), \eta_c = \frac{y}{\delta_c(x)} \tag{25-52}$$

$$\Delta = \frac{\delta_c}{\delta} \tag{25-53}$$

假設濃度邊界層在速度（動量）邊界層之內，即 $\Delta \leq 1$。今將 η 與 η_c 引入式 (25–49) 與 (25–50)，則

$$\delta\frac{d\delta}{dx}\int_0^1 \phi(1 - \phi)d\eta = \frac{\nu}{v_\infty}\left(\frac{d\phi}{d\eta}\right)_{\eta=0} \tag{25-54}$$

$$\frac{D_{AB}}{v_\infty}\frac{\partial \Gamma}{\partial \eta_c}\bigg|_{\eta_c=0} \cdot \frac{1}{\delta\Delta} = \frac{d}{dx}\left[\int_0^1 \phi(\eta_c\Delta)(1-\Gamma)d\eta_c \cdot \delta\Delta\right] \tag{25-55}$$

濃度分布之近似解，可由式 (25-54) 與 (25-55) 求出，其步驟為：

(1)假設一滿足邊界條件之 $\phi(\eta)$，然後代入式 (25-54) 以求 δ；

(2)假設一滿足邊界條件之 $\Gamma(\eta_c)$，然後連同由(1)求出之 δ，代入式 (25-55) 以求 Δ；

(3)因 $\Delta = \dfrac{\delta_c}{\delta}$，故由(1)與(2)之結果可得 δ_c，最後即得近似之濃度分布 $F(\eta_c)$。

因 ϕ 及 Γ 之假設型甚多，故近似值不一。今若考慮多項式近似解，則一般而言，所假設之項數愈多，所得之近似解愈接近正確解；惟項數愈多，所需之計算較繁。今舉二最簡單之近似解為例，以作說明。

〔假設 1〕

假設

$$\phi(\eta) = \begin{cases} \eta, \eta \le 1 \\ 1, \eta \ge 1 \end{cases} \tag{25-56}$$

$$\Gamma(\eta_c) = \begin{cases} \eta_c, \eta_c \le 1 \\ 1, \eta_c \ge 1 \end{cases} \tag{25-57}$$

其輪廓見圖 25-3。將式 (25-56) 代入式 (25-54)，得

$$\delta\frac{d\delta}{dx} = \frac{6\nu}{v_\infty} \tag{25-58}$$

積分上式並應用邊界條件：在 $x = 0$ 處，$\delta = 0$，則得動量邊界層之厚度如下：

$$\delta(x) = 12\sqrt{\frac{\nu x}{v_\infty}} \tag{25-59}$$

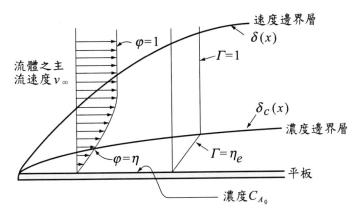

圖 25-3 速度及濃度分布之假設範例

將式 (25-56) 與 (25-57) 代入式 (25-55)，得

$$\frac{D_{AB}}{v_\infty} = \delta \Delta \frac{d}{dx}\left(\frac{1}{6}\delta\Delta^2\right) \tag{25-60}$$

將式 (25-59) 代入上式，並以 $\frac{v_\infty}{v}$ 乘各項，得

$$\frac{1}{Sc} = \frac{D_{AB}}{v_\infty} = \frac{4}{3}x\frac{d}{dx}\Delta^3 + \Delta^3 \tag{25-61}$$

積分上式，得

$$\Delta^3 = \frac{1}{Sc} + \frac{C'}{x^{\frac{3}{4}}}$$

因在 $x = 0$ 處，Δ 之值有限，故 $C' = 0$，上式變為

$$\Delta = \frac{\delta_c}{\delta} = Sc^{-\frac{1}{3}} \tag{25-62}$$

此結果已於 25-3 節中提過，今在此得以證明。故

$$\eta_c = \frac{y}{\delta_c} = \frac{y}{\delta}Sc^{\frac{1}{3}} = \frac{y}{12}\sqrt{\frac{v_\infty}{vx}}Sc^{\frac{1}{3}} \tag{25-63}$$

　　而近似濃度分布得矣!

　　濃度分布既得，可藉之以求質量輸送係數。因

$$N_{A_y}\Big|_{y=0} = -D_{AB}\frac{\partial C_A}{\partial y}\Big|_{y=0} = k_c(C_{A_0} - C_{A_\infty}) \tag{25-64}$$

應用式 (25–51)，(25–52)，(25–53)，(25–55) 及 (25–59) 於式 (25–64)，則

$$k_c = \frac{-D_{AB}}{(C_{A_0} - C_{A_\infty})}\frac{\partial C_A}{\partial y}\Big|_{y=0} = D_{AB}\frac{\partial \Gamma}{\partial y}\Big|_{y=0} = D_{AB}\frac{\partial \Gamma}{\partial \eta_c}\Big|_{\eta_c=0} \cdot \frac{1}{\delta\Delta}$$

$$= v_\infty \frac{d}{dx}\left\{\int_0^1 \phi(\eta_c\Delta)[1 - \Gamma(\eta_c)]d\eta_c \cdot \delta\Delta\right\}$$

$$= v_\infty \frac{d}{dx}\int_0^1 \eta_c\Delta(1 - \eta_c)d\eta_c \cdot \delta\Delta$$

$$= \frac{v_\infty\Delta^2}{6}\frac{d\delta}{dx} = \sqrt{\frac{v_\infty\nu}{x}}\Delta^2$$

再引入式 (25–62)，得

$$\boldsymbol{Nu}_{AB} = \frac{k_c x}{D_{AB}} = \sqrt{\frac{v_\infty x}{\nu}}\left(\frac{\nu}{D_{AB}}\right)\boldsymbol{Sc}^{-\frac{2}{3}}$$

$$= \boldsymbol{Re}_x^{\frac{1}{2}}\boldsymbol{Sc}^{\frac{1}{3}} \tag{25-65}$$

此結果與式 (25–38) 比較，發現 $\boldsymbol{Re}_x$ 與 $\boldsymbol{Sc}$ 之指數雖相同，但係數 (0.332 與 1.0) 之差距相當大，故此近似值之誤差不小。

〔假設 2〕

假設

$$\phi(\eta) = \begin{cases} a_1 + a_2\eta + a_3\eta^2 + a_4\eta^3, \eta \le 1 \\ 1, \eta \ge 1 \end{cases}$$

$$\Gamma(\eta_c) = \begin{cases} b_1 + b_2\eta_c + b_3\eta_c^2 + b_4\eta_c^3, \eta_c \le 1 \\ 1, \eta_c \ge 1 \end{cases}$$

應用邊界條件 B.C.1 至 B.C.8，則上面變為

$$\phi(\eta) = \begin{cases} \dfrac{3}{2}\eta - \dfrac{1}{2}\eta^3, \eta \le 1 \\ 1, \eta \ge 1 \end{cases} \tag{25-66}$$

$$\Gamma(\eta_c) = \begin{cases} \dfrac{3}{2}\eta_c - \dfrac{1}{2}\eta_c^3, \eta_c \le 1 \\ 1, \eta_c \ge 1 \end{cases} \tag{25-67}$$

此處讀者不難仿效〔假設 1〕之計算步驟，最後求得

$$\boldsymbol{Nu}_{AB} = 0.323 \boldsymbol{Re}_x^{\frac{1}{2}} \boldsymbol{Sc}^{\frac{1}{3}} \tag{25-68}$$

此結果與正確解甚為接近，其誤差僅為

$$\frac{0.332 - 0.323}{0.332} \times 100\% = 2.7\%$$

而已。

25-5 動量、能量及質量輸送之類比

由前面之分析,吾人得一結論:若將動量、能量及質量輸送之偏微分方程式均寫成無因次式,則得相似之型,僅符號不同而已;且若邊界條件亦相似,則依數學觀點而言,其解亦必相似。於本章第 3 節中,吾人曾經根據此結論,將動量輸送及能量輸送之結果應用於質量輸送,而輕易地寫出質量輸送之解。故此法對輸送現象之瞭解,尤其對那些缺少實驗數據者之推測甚具價值,稱為**類比法 (method of analogy)**,將於本節中專論。

本節中吾人將討論幾個輸送現象中具有相似輸送程序之類比問題。應用類比法時,所討論之系統須具備下面條件:

⑴物理性質為定值;

⑵系中無能量及質量之生成或消失;

⑶無輻射能之放射及吸收;

⑷無因黏度而引起之熱效應;

⑸速度分布不因質量輸送而受影響,故僅容許低質量輸送速率之存在。

今分別討論四種類比法如下:

1. Reynolds 類比

Reynolds 氏首先提出動量輸送與能量輸送間之類比,而假設動量輸送與能量輸送之**機構 (mechanism)** 一致,此種類比已於 14–11 節中討論過。例如當 $Pr = 1$ 時

$$\frac{h}{\rho v_\infty C_P} = \frac{C_f}{2} \tag{25–69}$$

吾人可藉 25–3 節之結果,應用 Reynolds 類比法作動量輸送與質量輸送間之類

比。當 $Sc = 1$ 時，由流體以層狀平行越過平板之濃度分布及速度分布關係，即式 (25–30)，可寫成下式：

$$\frac{\partial}{\partial y}\left(\frac{C_{A_0} - C_A}{C_{A_0} - C_{A_\infty}}\right)\Bigg|_{y=0} = \frac{\partial}{\partial y}\left(\frac{v_x}{v_\infty}\right)\Bigg|_{y=0} \tag{25–70}$$

由對流質量輸送係數之定義

$$N_{A_y}\Big|_{y=0} = -D_{AB}\frac{\partial C_A}{\partial y}\Bigg|_{y=0} = k_c(C_{A_0} - C_{A_\infty}) \tag{25–64}$$

因局部表面摩擦係數 (local coefficient of skin friction) 之定義為

$$C_f = \frac{\tau_s g_c}{\dfrac{\rho v_\infty^2}{2}} = \frac{2\nu\left(\dfrac{\partial v_x}{\partial y}\right)\Bigg|_{y=0}}{v_\infty^2} \tag{25–71}$$

式中 τ_s 表板上單位面積之拖力。合併式 (25–70)、(25–64) 與 (25–71)，得 $Sc = 1$ 時質量輸送之 Reynolds 類比如下：

$$\frac{k_c}{v_\infty} = \frac{C_f}{2} \tag{25–72}$$

式中曾以 ν 代 D_{AB}，蓋因 $Sc = \dfrac{\nu}{D_{AB}} = 1$ 之故。倘合併上式與式 (25–69)，則得動量、能量及質量輸送之完整 Reynolds 類比式

$$\frac{k_c}{v_\infty} = \frac{h}{\rho v_\infty C_P} = \frac{C_f}{2} \tag{25–73}$$

因式 (25–69) 僅適用於 $Pr = 1$ 時，而式 (25–72) 僅適用於 $Sc = 1$ 時，故式

(25–73)僅適用於 $Pr = 1$ 及 $Sc = 1$ 時。與實驗結果比較知，當 $Sc = 1$ 時，輸入氣流之質量輸送數據與式 (25–72) 頗符合。

2. Chilton-Colburn 類比

流體以層狀平行越過平板之質量輸送問題，已於 25–3 節中討論過，其結果如式 (25–36) 所示

$$Nu_{AB} = 0.332 Re_x^{\frac{1}{2}} Sc^{\frac{1}{3}} \tag{25–36}$$

倘上式之兩邊皆除以 $Re_x Sc^{\frac{1}{3}}$，則

$$\frac{Nu_{AB}}{Re_x Sc^{\frac{1}{3}}} = \frac{0.332}{Re_x^{\frac{1}{2}}} \tag{25–74}$$

Blasius 氏解過此系統之動量輸送問題，其結果為

$$C_f = 0.664 Re_x^{-\frac{1}{2}} \tag{25–75}$$

合併上面二式，得

$$\frac{Nu_{AB}}{Re_x Sc^{\frac{1}{3}}} = \frac{C_f}{2} \tag{25–76}$$

因

$$\frac{Nu_{AB}}{Re_x Sc^{\frac{1}{3}}} = \frac{Nu_{AB}}{Re_x Sc} Sc^{\frac{2}{3}} = \left(\frac{k_c x}{D_{AB}}\right)\left(\frac{\nu}{x v_\infty}\right)\left(\frac{D_{AB}}{\nu}\right) Sc^{\frac{2}{3}}$$

$$= \frac{k_c Sc^{\frac{2}{3}}}{v_\infty} \tag{25–77}$$

合併式 (25–76) 與 (25–77)，得

$$j_D = \frac{k_c Sc^{\frac{2}{3}}}{v_\infty} = \frac{C_f}{2} \tag{25–78}$$

上式稱為 Chilton-Colburn 類比式，適用於 $0.6 < Sc < 2\,500$。倘 $Sc = 1$，則式 (25–78)簡化成式 (25–72) 之 Reynolds 類比。

　　仿照上法，吾人曾經在第二冊第 14 章中作過動量輸送與能量輸送之類比，所得之 Colburn 類比式如下：

$$j_H = \frac{h}{\rho v_\infty C_P} Pr^{\frac{2}{3}} = \frac{C_f}{2} \tag{14–123}$$

則完整之 Chilton-Colburn 類比式為

$$j_H = j_D = \frac{C_f}{2} \tag{25–79}$$

上式雖自平板之結果獲得，但亦可適用於其他幾何形狀。故吾人若知任一輸送係數，則可由上式獲得同系統之其他輸送係數。式 (25–79) 對氣體液體均適用，但其適用之範圍為：$0.6 < Sc < 2\,500$ 及 $0.6 < Pr < 100$。

3. Prandtl 類比

　　一般而言擾狀流動中可分為三區域，即**層狀次層** (laminar sublayer)，**緩衝帶** (buffer zone) 及**擾流區域** (turbulent core)，已見於 3–21 節。Prandtl 氏則僅將其分為層狀下層及擾流二區域 (將緩衝帶包括於擾流區中)，而作動量與能量輸送之類比。本節將仿照此法作動量與質量輸送之類比。

　　層狀次層內速度波動 v_x' 極小，故動量通量與速度成下式之關係：

$$\tau_s = \frac{\mu}{g_c} \frac{d\bar{v}_x}{dy} \tag{25–80}$$

因層狀次層之厚度甚小，故動量通量可視為定值。上式中之 τ_s，乃表固體面上之拖力。設層狀次層之厚度為 s，而 $y = s$ 處之速度為 $v_x|_s$。今就 y 積分上式，得

$$\int_0^{v_x|_s} d\bar{v}_x = \frac{\tau_s g_c}{\mu} \int_0^s dy \tag{25-81}$$

即

$$v_x\big|_s = \frac{\tau_s g_c s}{\mu} \tag{25-82}$$

同理，層狀次層內質量通量與濃度之關係為

$$N_{A_y}\big|_{y=0} = -D_{AB} \frac{d\overline{C}_A}{dy} \tag{25-83}$$

即

$$C_{A_0} - C_A\big|_s = \frac{N_{A_y}\big|_{y=0}}{D_{AB}} s \tag{25-84}$$

合併式 (25–82) 與 (25–84) 以消去 s，得

$$\frac{\mu v_x\big|_s}{\tau_s g_c} = \frac{D_{AB}}{N_{A_y}\big|_{y=0}} \left(C_{A_0} - C_A\big|_s \right) \tag{25-85}$$

因完全擾流區域內，Sc 幾乎等於 1，故 Reynolds 類比式適用於該區，此時 Reynolds 類比式應寫為

$$\frac{k_c'}{v_\infty - v_x\big|_s} = \frac{C_f}{2} = \frac{\tau_s g_c}{\rho \left(v_\infty - v_x\big|_s \right)^2} \tag{25-86}$$

故擾狀區域內之質量通量為

$$N_{A_y} = k_c' \left(C_A\big|_s - C_{A_\infty} \right) = \frac{\tau_s g_c}{\rho \left(v_\infty - v_x\big|_s \right)} \left(C_A\big|_s - C_{A_\infty} \right) \tag{25-87}$$

在穩態下，$N_{A_y}\big|_{y=0} = N_{A_y}$。合併式 (25-85) 及 (25-87) 以消去 $C_A\big|_s$，得

$$\frac{C_{A_0} - C_{A_\infty}}{N_{A_y}} = \frac{\rho}{\tau_s g_c}\left[v_\infty + v_x\big|_s \left(\frac{\nu}{D_{AB}} - 1 \right) \right] \tag{25-88}$$

因

$$C_f = \frac{\tau_s g_c}{\dfrac{\rho v_\infty^2}{2}}; \quad k_c = \frac{N_{A_y}}{C_{A_0} - C_{A_\infty}}; \quad Sc = \frac{\nu}{D_{AB}}$$

式 (25-88) 變為

$$\frac{1}{k_c} = \frac{2}{C_f v_\infty^2}\left[v_\infty + v_x\big|_s (Sc - 1) \right] \tag{25-89}$$

或改寫為

$$\frac{k_c}{v_\infty} = \frac{\dfrac{C_f}{2}}{1 + \left(\dfrac{v_x\big|_s}{v_\infty} \right)(Sc - 1)} \tag{25-90}$$

須注意者，當 $Sc = 1$ 時，上式變為 Reynolds 類比式。

　　於 3-25 節中曾經討論管中之擾狀流動問題。因層狀次層位於靠近管壁處，且其厚度極小，故所得之結果亦適用於平板者，由 3-25 節知

$$u_1^+\big|_{y_1^+} = \frac{v_x\big|_s}{\sqrt{\dfrac{\tau_s g_c}{\rho}}} = \frac{v_x\big|_s}{v_\infty \sqrt{\dfrac{C_f}{2}}} = 5$$

或

$$\frac{v_x\big|_s}{v_\infty} = 5\sqrt{\frac{C_f}{2}} \tag{25-91}$$

將式 (25–91) 代入式 (25–90)，吾人得質量動量與輸送間之 Prandtl 類比式

$$\frac{k_c}{v_\infty} = \frac{\dfrac{C_f}{2}}{1 + 5\sqrt{\dfrac{C_f}{2}}(Sc - 1)} \tag{25-92}$$

倘以 $\dfrac{v_\infty L}{D_{AB}}$ 乘上式兩邊，重整後得

$$Nu_{AB} = \frac{k_c L}{D_{AB}} = \frac{\dfrac{C_f}{2}Re_L Sc}{1 + 5\sqrt{\dfrac{C_f}{2}}(Sc - 1)} \tag{25-93}$$

上式即為 Prandtl 類比式，式中 L 表特性長度。

4. von Kármán 類比

　　von Kármán 氏將 Prandtl 氏之類比加以推展，即除原有之層狀次層及擾流區域外，另考慮緩衝帶，而得能量與動量輸送之 von Kármán 類比式如下

$$Nu = \frac{hL}{k} = \frac{\dfrac{C_f}{2}Re_L Pr}{1 + 5\sqrt{\dfrac{C_f}{2}}\left\{Pr - 1 + \ln\left[\dfrac{(1 + 5Pr)}{6}\right]\right\}} \tag{25-94}$$

吾人若仿照 von Kármán 氏之類比法，作質量與動量輸送之類比，可得

$$Nu_{AB} = \frac{k_c L}{D_{AB}} = \frac{\dfrac{C_f}{2} Re_L Sc}{1 + 5\sqrt{\dfrac{C_f}{2}}\left\{ Sc - 1 + \ln\left[\dfrac{(1 + 5Sc)}{6}\right]\right\}} \tag{25-95}$$

25-6 因次分析

　　一般輸送現象問題中，能自描述系統之偏微分方程式，直接獲得其正確解者不多，此時可採用 25-4 節中之 von Kármán 積分法，或 25-5 節中之類比法解問題。惟若系統之幾何形狀或操作之條件較繁雜時，應用此類方法亦往往無法解決問題。若改用實驗方法，則所得之結果必與實際情況最接近；然屢因牽涉輸送現象之因子甚多，而無法進行。縱使可以進行，亦因耗時甚多而作罷。此時可應用**因次分析法** (method of dimensional analysis)，先將牽涉輸送現象之所有因子，組成幾個無因次群變數，然後藉實驗結果來定出這些無因次群變數間之關係，而得一實驗式。因所得之無因次群變數遠比原有之變數（因子）少，故實驗進行所需之時間可大為減少。

　　應用因次分析解動量輸送與能量輸送問題之方法，已分別於第一與第二冊中提過，本節中將應用此法，討論強制對流質量輸送及自然對流質量輸送問題。

1. 強制對流質量輸送

　　今考慮某流體沿圓管中流動，溶質自管壁溶解於流體中，而產生質量輸送。現將牽涉此問題之因子列表於下：

因　子	符　號	因　次
管徑	D	L
流體密度	ρ	$\dfrac{M}{L^3}$
流體黏度	μ	$\dfrac{M}{L\theta}$
流體速度	v	$\dfrac{L}{\theta}$
流體之擴散係數	D_{AB}	$\dfrac{L^2}{\theta}$
質量輸送係數	k_c	$\dfrac{L}{\theta}$

依 1–2 節中之 Buckingham π 學說知，此時可組成三個無因次群。若以 D_{AB}, ρ 及 D 為無因次群之基本變數，而將 k_c、v 及 μ 分別分配於三個無因次群中，則因次分析之結果為

$$\pi_1 = \frac{k_c D}{D_{AB}} \equiv \boldsymbol{Nu}_{AB}$$

$$\pi_2 = \frac{Dv}{D_{AB}}$$

$$\pi_3 = \frac{\mu}{\rho D_{AB}} \equiv \boldsymbol{Sc}$$

倘以 π_3 除 π_2，得

$$\frac{Dv\rho}{\mu} \equiv \boldsymbol{Re}$$

故對於圓管中之強制對流質量輸送問題，可由下式與實驗所得之結果比較，以定出其關係式

$$\boldsymbol{Nu}_{AB} = f(\boldsymbol{Re}, \boldsymbol{Sc}) \tag{25–96}$$

其實上式之應用不僅限於圓管中者，讀者試仿照前面的方法與步驟，證明上式對其他幾何形狀之系統亦可適用，惟此時雷諾數中之 D 須以特性長度 L 取代。本章前部所討論者，均屬平板上之強制對流質量輸送問題。讀者當可看出，其所得之結果均與式 (25–96) 之關係符合。

2. 自然對流質量輸送

自然對流乃因密度差而引起，密度差則因溫度差或濃度差而引起。今考慮垂直板與流體間因自然對流而產生之質量輸送問題。現將牽涉此問題之因子列表於下：

因　子	符　號	因　次
特性長度	L	L
流體擴散係數	D_{AB}	$\dfrac{L^2}{\theta}$
流體密度	ρ	$\dfrac{M}{L^3}$
流體黏度	μ	$\dfrac{M}{L\theta}$
浮力	$\Delta\rho_A\left(\dfrac{g}{g_c}\right)$	$\dfrac{F}{L^3}$
質量輸送係數	k_c	$\dfrac{L}{\theta}$
因次常數	g_c	$\dfrac{ML}{F\theta^2}$

依 Buckingham π 學說知，此時亦可組成三個無因次之變數群。若以 D_{AB}, L, μ 及 g_c 為每個無因次群之基本變數，而以 k_c, ρ 及 $\Delta\rho_A\left(\dfrac{g}{g_c}\right)$ 分別分配於三個無因次群中，則因次分析之結果為

$$\pi_1 = \frac{k_c L}{D_{AB}} \equiv Nu_{AB}$$

$$\pi_2 = \frac{\rho D_{AB}}{\mu} \equiv \frac{1}{Sc}$$

$$\pi_3 = \frac{L^3 g \Delta \rho_A}{\mu g_c D_{AB}}$$

若 π_2 與 π_3 相乘，則

$$\frac{L^3 g \Delta \rho_A}{\rho v^3 g_c} \equiv Gr_{AB}$$

Gr_{AB} 稱為 Grashof 數。故對於垂直板之自然對流質量輸送問題，可用下式與實驗所得之結果比較，以定出其關係。

$$Nu_{AB} = f(Gr_{AB}, Sc) \tag{25-97}$$

往後幾節中，將介紹因次分析與實驗數據配合而得之幾個實驗式。

25-7　管中之質量輸送

液體自一管中之濕壁蒸發至流動中之空氣，或流體沿一由可溶物質製成之管中流動，均屬此類問題。

1.層狀流動——正確邊界層分析

流體沿恆溫管壁之管內呈層狀流動之熱輸送問題，已被 Graetz 氏解出，其結果見式 (14-113)。流體沿定濃度管壁之管內呈層狀流動之質量輸送問題，依

數學觀點言，其解必與 Graetz 氏之解類似，僅須將 $\dfrac{T - T_\infty}{T_s - T_\infty}$ 代以 $\dfrac{C_A - C_{A_\infty}}{C_{A_0} - C_{A_\infty}}$，$Pr$ 代以 Sc 即得

$$\frac{C_A - C_{A_\infty}}{C_{A_0} - C_{A_\infty}} = \sum_{n=0}^{\infty} C_n \phi_n \left(\frac{r}{R} \right) \exp \left[\frac{-\beta_n^2 \left(\dfrac{x}{R} \right)}{ReSc} \right] \tag{25-98}$$

若先將上式代入式 (25-5)，求得杯中混合濃度 C_{A_b}，然後以 $\dfrac{C_{A_b} - C_{A_\infty}}{C_{A_0} - C_{A_\infty}}$ 之對數為縱坐標，$ReSc \left(\dfrac{D}{x} \right) \left(\dfrac{\pi}{4} \right)$ 之對數為橫坐標畫圖，結果發現：當 $ReSc \left(\dfrac{D}{x} \right) \left(\dfrac{\pi}{4} \right)$ 大於 400 時，圖中之曲線為一直線。故可依 Lévéque 氏解熱輸送之方法，將此部分寫成下面近似式：

$$\frac{C_{A_b} - C_{A_\infty}}{C_{A_0} - C_{A_\infty}} = 5.5 \left(ReSc \frac{D}{x} \frac{\pi}{4} \right)^{-\frac{2}{3}} \tag{25-99}$$

應用時式 (25-99) 較式 (25-98) 方便，然式 (25-99) 僅適用於管長甚短時，即

$$ReSc \frac{D}{x} \frac{\pi}{4} > 400 \tag{25-100}$$

沿管內之層狀強制對流質量輸送係數，亦可由管內之層狀強制對流熱輸送係數的類比，而獲得如下表之結果：

表 25-1　管內之層狀強制對流輸送係數

速度	管壁條件	$Nu_{AB} = \dfrac{k_c D}{D_{AB}}$
拋物線：$u_z = 2u_b\left[1 - \left(\dfrac{r}{R}\right)^2\right]$	N_{A_0} =定值	4.364
拋物線：$u_z = 2u_b\left[1 - \left(\dfrac{r}{R}\right)^2\right]$	C_{A_0} =定值	3.656
棒狀 (rodlike)：u_z = 常數	N_{A_0} =定值	8.00
棒狀：u_z = 常數	C_{A_0} =定值	5.75

例 25-2

20°C 之水，以每秒 5 厘米之速度，沿一內徑為 2 厘米之安息香酸管流動。若此時安息香酸在水中之溶解度為 2.4 克 / 公升，擴散係數為 0.66×10^{-5} （厘米）^{2}/ 秒，Sc 數為 1850，試問欲得水溶液中安息香酸之濃度為 0.05 克 / 公升，所需之管長應多少？設進口效應可忽略。

(解) 設管中流體幾乎為水，則雷諾數為

$$Re = \frac{D u_b \rho}{\mu} = \frac{(2)(5)(1)}{1 \times 10^{-2}} = 1\,000 < 2\,100$$

故為層流。由表 25-1 得 $Nu_{AB} = 3.656$，則

$$k_c = \frac{Nu_{AB} D_{AB}}{D} = \frac{3.656(0.66 \times 10^{-5})}{2} = 1.2 \times 10^{-5} \text{ 厘米 / 秒}$$

今於管中 x 處取一體積為 $\pi D^2 dx$ 之控制體積，作安息香酸之物料結算，得

$$\frac{\pi}{4} D^2 u_b dC_{A_b} = k_c (\pi D dx)(C_{A_0} - C_{A_b})$$

重整上式，並自 $x=0$ 積分至 $x=L$（管長），則

$$\int_0^{C_{AL}} \frac{dC_{A_b}}{C_{A_0}-C_{A_b}} = \frac{4k_c}{Du_b}\int_0^L dx$$

計算後得

$$-\ln\frac{C_{A_0}-C_{AL}}{C_{A_0}-0} = \frac{4k_cL}{Du_b}$$

即所需之管長為

$$L = \frac{Du_b}{4k_c}\ln\frac{C_{A_0}-0}{C_{A_0}-C_{AL}}$$

$$= \frac{2(5)}{4(1.2\times10^{-5})}\ln\frac{2.4-0}{2.4-0.05}$$

$$= 4\,379 \text{ 厘米}$$

$$= 43.79 \text{ 公尺}$$

因所需之管長（或 $\frac{L}{D}$）甚大，故進口效應之忽略甚為合理。

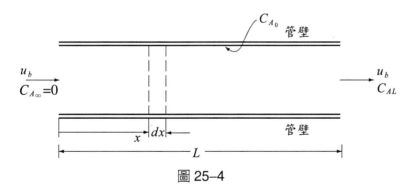

圖 25-4

2. 擾狀流動──實驗式

Gilliland 及 Sherwood 兩氏曾經觀測九種液體在濕壁塔中蒸發至空氣之擾狀質量輸送情形。若將所得之數據以 $(Nu_{AB})(Sc)^{-0.44}$ 之對數為縱軸，Re 之對數為橫軸標於圖上，則這些數據幾乎落在一條直線上，故根據式 (25-96) 之型，吾人可寫出其實驗式為

$$Nu_{AB} = 0.023 Re^{0.83} Sc^{0.44} \tag{25-101}$$

由經驗知，若氣相中溶質之濃度不稀薄時，須採用下面之修正式

$$Nu_{AB} \left(\frac{P_{B,\ell m}}{P} \right) = 0.023 Re^{0.83} Sc^{0.44} \tag{25-102}$$

另一結果可由 Chilton-Colburn 類比獲得。式 (25-76) 應用於圓管時應寫為

$$\frac{Nu_{AB}}{ReSc^{\frac{1}{3}}} = \frac{f}{2} \tag{25-103}$$

平滑圓管中之擾狀流動拖力係數，可用下面實驗式計算：

$$f = 0.046 Re^{-\frac{1}{5}} \tag{25-104}$$

將式 (25-104) 代入式 (25-103)，得

$$Nu_{AB} = 0.023 Re^{0.80} Sc^{\frac{1}{3}} \tag{25-105}$$

式 (25-105) 與式 (25-101) 頗接近，僅 Sc 之指數不同而已。因式 (25-101) 係由 Schmidt 數僅介於 0.6 與 2.5 間之實驗數據獲得，故該式中 Sc 之指數 0.44 是否正確，仍為大多數學者所懷疑。Linton 及 Sherwood 兩氏曾以 Sc 值介於

1000 與 2200 間之數據，與 Gilliland 及 Sherwood 兩氏在 Sc 值介於 0.6 與 2.5 間之數據配合，證明 Schmidt 數之正確指數應為 $\frac{1}{3}$，故式 (25-105) 較式 (25-101)準確實用。

例 25-3

空氣沿一 2.54 厘米內徑之萘管中流動，管長為 1.8 公尺，空氣之整體速度為 15.2 公尺／秒。空氣之溫度為 10°C，壓力為 1 大氣壓。假設管中壓力不變，且管內表面溫度為 10°C，試求萘之昇華速率及出口處之濃度。

10°C 時萘之性質：

昇華壓 = 0.0209 毫米汞柱

空氣中之擴散係數 = 0.0186（公尺）^{2}／小時

分子量 = 128

10°C，1 大氣壓下空氣之性質：

$\rho = 1.252$ 千克／（公尺）^{3}

$\mu = 1.79 \times 10^{-5}$ 千克／（公尺）(秒)

〔解〕

$$Re = \frac{\left(\dfrac{2.54}{100}\right)(15.2)(1.252)}{1.79 \times 10^{-5}}$$
$$= 27\,000 \text{（擾狀流動）}$$

$$Sc = \frac{(1.79 \times 10^{-5})(3\,600)}{(1.252)(0.0186)} = 2.77$$

因係擾狀流動，由式 (25-105)

$$Nu_{AB} = 0.023(27\,000)^{0.8}(2.77)^{\frac{1}{3}} = 113$$

故對流質量輸送係數為

$$k_c = \frac{Nu_{AB}D_{AB}}{D} = \frac{(113)(0.0186)}{2.54 \times 10^{-2}} = 82.7 \text{ 公尺／小時}$$

於管中取一微分長度作萘之物料結算，得

$$\frac{\pi}{4}\left(\frac{2.54}{100}\right)^2 (15.2)dC_{A_b} = k_c\pi\frac{2.54}{100}dx(C_{A_0} - C_{A_b})$$

重整後積分之

$$\int_0^{C_{AL}} \frac{dC_b}{C_{A_0} - C_{A_b}} = 10.36 k_c \int_0^{1.8} dx$$

計算後得

$$-\ln\frac{C_{A_0} - C_{AL}}{C_{A_0}} = \frac{(10.36)(82.7)(1.8)}{3\,600} = 0.43$$

故

$$\frac{C_{A_0}}{C_{A_0} - C_{AL}} = 1.54 \text{ 或 } C_{AL} = 0.351 C_{A_0}$$

因萘在空氣中甚稀薄，故萘在管壁處之莫耳濃度可計算如下

$$C_{A_0} = C\left(\frac{P_A}{P}\right) = \left(\frac{1.252}{29}\right)\left(\frac{0.0209}{760}\right)$$

$$= 1.19 \times 10^{-6} \text{ 千克莫耳／（公尺）}^3$$

故萘在出口處之濃度為

$$C_{AL} = (0.351)(1.19 \times 10^{-6}) = 4.17 \times 10^{-7} \text{ 千克莫耳／（公尺）}^3$$

或

$$C_{AL} = (4.17 \times 10^{-7})(128) = 5.337 \times 10^{-5} \text{ 千克 / (公尺)}^3$$

萘之昇華速率為

$$W_A = \frac{\pi}{4} \left(\frac{2.54}{100} \right)^2 (15.2)(5.345 \times 10^{-5} - 0)(3\,600)$$

$$= 1.48 \times 10^{-3} \text{ 千克 / 小時}$$

25-8 越過球體及圓柱體之質量輸送 ──實驗式

　　液滴在空氣中蒸發，或固態圓柱體在氣流中昇華，或固態球體溶於液流中，均屬此類問題。Fröessling 整理流體越過球體的質量輸送實驗數據，而獲得下面之實驗式：

$$\frac{k_c D}{D_{AB}} = 2(1 + 0.276 Re^{\frac{1}{2}} Sc^{\frac{1}{3}}) \tag{25-106}$$

若將式 (14-190) 中之 h 改為 k_c，k 改為 D_{AB}，**Pr** 改為 **Sc**，所得之結果與上式甚為接近。故上式可視為式 (14-190) 之類比式，此乃質量輸送與能量輸送類比之另一實例。

　　圖 25-5 示流體垂直越過圓柱體之質量輸送數據；圖中實線表水自一圓柱體蒸發至氣流中之數據，虛線表鹼性固態圓柱體吸收氣流中水分之數據。由圖 25-5 知

$$j_D = j_H = \frac{C_f}{2} \tag{25-107}$$

此乃式 (25-79)，故此實驗證明 Chilton-Colburn 類比無訛。

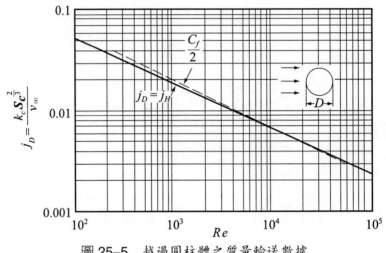

圖 25-5　越過圓柱體之質量輸送數據

例 25-4

一直徑為 0.05 厘米之水珠 (因小而可視為球體)，以每秒 215 厘米之速率，在 1 大氣壓下於靜止之乾燥空氣中降落。水珠表面之溫度為 20°C，空氣之溫度為 60°C，試求水珠之瞬時蒸發速率。水在 20°C 下之蒸氣壓為 0.0245 大氣壓，本題可視為**假性穩定狀態** (pseudo steady-state condition)。

空氣在 40°C $\left(=\dfrac{20+60}{2}\right)$ 下之物性為：

$\rho = 1.12 \times 10^{-3}$ 克 / (厘米)^3

$\mu = 1.91 \times 10^{-4}$ 克 / (厘米)(秒)

$D_{AB} = 0.292$ (厘米)^2/ 秒

(解) 設水蒸氣為成分 A，空氣為成分 B，若空氣在水中之溶解度可忽略，則 $N_{B_0} = 0$。因

$$N_{A_y}\Big|_{y=0} = k_c C(x_{A_0} - x_{A_\infty})$$

故瞬時蒸發速率計算式為

$$W_A = N_{A_y}\bigg|_{y=0} S = k_c C \pi D^2 (x_{A_0} - x_{A_\infty})$$

又因

$$C = \frac{\rho}{M} = \frac{1.12 \times 10^{-3}}{29} = 3.88 \times 10^{-5} \text{ 克莫耳 /(厘米)}^3$$

$$\frac{\nu}{D_{AB}} = \frac{\dfrac{1.91 \times 10^{-4}}{1.12 \times 10^{-3}}}{0.292} = 0.58$$

$$\frac{D v_\infty \rho}{\mu} = \frac{0.05(215)(1.12 \times 10^{-3})}{1.91 \times 10^{-4}} = 63$$

由式 (25–106)

$$k_c = \frac{D_{AB}}{D}\left[2 + 0.552\left(\frac{D v_\infty \rho}{\mu}\right)^{\frac{1}{2}}\left(\frac{\nu}{D_{AB}}\right)^{\frac{1}{3}} \right]$$

$$= \frac{0.292}{0.05}\left[2 + 0.552(63)^{\frac{1}{2}}(0.58)^{\frac{1}{3}} \right]$$

$$= 33.02 \text{ 厘米 / 秒}$$

故瞬時蒸發速率為

$$W_A = (33.02)(3.88 \times 10^{-5})\pi(0.05)^2(0.0247 - 0)$$

$$= 2.49 \times 10^{-7} \text{ 克莫耳 / 秒}$$

例 25-5

苯沿一垂直圓管外面成一薄膜流下。38°C 及 1 大氣壓下之乾燥空氣,以每秒 6.1 公尺之速度垂直越過該管。圓管之外徑為 7.62 厘米,長為 0.5 公尺。液體苯之溫度為 15.5°C。倘欲使整個管長能達到蒸發之目的,而不使液體苯自管下端流下,則苯自管頂之輸入率若干?

40°C 及 1 大氣壓下空氣之性質為:

$\rho = 1.12$ 千克 /(公尺)^3

$\mu = 0.0185$ cP

15.5°C 時苯之性質為:

蒸氣壓 = 60 毫米汞柱

在空氣中之擴散係數 = 0.033(公尺)^2/ 小時

(解) 雷諾數可計算如下:

$$Re = \frac{Dv_\infty\rho}{\mu} = \frac{\left(\frac{7.62}{100}\right)(6.1)(1.12)}{(0.0185 \times 10^{-3})} = 28\,100$$

故自圖 25-5 可查出

$$j_D = \frac{k_c Sc^{\frac{2}{3}}}{v_\infty} = 0.004$$

因

$$Sc = \frac{\mu}{\rho D_{AB}} = \frac{(0.0185 \times 10^{-3})(3\,600)}{(1.12)(0.033)} = 1.8$$

故對流質量輸送係數為

$$k_c = \frac{0.004 v_\infty}{Sc^{\frac{2}{3}}} = \frac{(0.004)(6.1)}{(1.8)^{0.67}} = 1.65 \times 10^{-2} \ \text{公尺／秒}$$

液面上苯之濃度為

$$C_{A_0} = \frac{P_A}{RT} = \frac{\dfrac{60}{760}}{(0.08206)(288.5)} = 3.33 \times 10^{-3} \ \text{千克／(公尺)}^3$$

主流中無苯之蒸氣，即 $C_{A_\infty} = 0$，則成分 A 之莫耳通量為

$$N_A = k_c(C_{A_0} - C_{A_\infty})$$
$$= (1.65 \times 10^{-2} \times 3\,600)(3.33 \times 10^{-3} - 0)$$
$$= 0.198 \ \text{千克莫耳／(小時)(公尺)}^2$$

圓管之表面積為

$$A = \pi D L = \pi \left(\frac{7.62}{100} \right)(0.5) = 0.12 \ \text{(公尺)}^2$$

故苯之進料速率應為

$$W_A = 0.198 \ \frac{\text{千克莫耳}}{\text{(小時)(公尺)}^2} \times 78 \ \frac{\text{千克}}{\text{千克莫耳}} \times 0.12 \ \text{(公尺)}^2$$
$$= 1.85 \ \text{千克／小時}$$

符號說明

符　號	定　義
B	板寬，公尺
C_D	總拖力係數
C_f	摩擦係數（表面拖力係數，skin drag coefficient）
C_A	成分 A 之莫耳濃度，千克莫耳／(公尺)^3
$\tilde{C}_A$	成分 A 之平均濃度，千克莫耳／(公尺)^3
C_{A_b}	成分 A 之整體濃度，千克莫耳／(公尺)^3
C_{A_0}	成分 A 在固體或液體表面上之莫耳濃度，千克莫耳／(公尺)^3
C_{A_∞}	主流中成分 A 之濃度，千克莫耳／(公尺)^3
C_p	流體之恆壓熱容量，千卡／(千克)(℃)
D	管徑，厘米
D_{AB}	成分 A 在 B 中之普通擴散係數，(公尺)^2／小時
F	力之因次，牛頓
f	管壁之拖力係數
Gr_{AB}	Grashof 數
g	重力加速度，公尺／(小時)^2
g_c	因次常數，1 (千克)(公尺)／(小時)^2(牛頓)
h	對流熱輸送係數，千卡／(小時)(公尺)^2(K)
j_D	含 k_c 之無因次量
j_H	含 h 之無因次量
k_c	對流質量輸送係數，公尺／小時
$\tilde{k}_c$	k_c 之平均值，公尺／小時
L	管長或板長，公尺
L	長度因次，公尺

M	質量因次，千克
N_A	成分 A 之莫耳通量，千克莫耳 $/ (公尺)^2 (小時)$
Nu_{AB}	質量輸送之 Nusselt 數
$\tilde{Nu}_{AB}$	Nu_{AB} 之平均值
P	總壓，大氣壓
P_A	成分 A 之分壓，大氣壓
$P_{B,\ell m}$	成分 B 之分壓之對數平均值，大氣壓
Pr	Prandtl 數
q	熱通量，千卡 $/ (公尺)^2 (小時)$
R	管之半徑，厘米
R_A	成分 A 之莫耳生成速率，千克莫耳 $/ (小時)(公尺)^3$
Re	雷諾數
r	徑向之坐標，公尺
Sc	Schmidt 數
s	層狀次層之厚度，公尺
T	溫度，K
T	溫度之因次，K
T_0	管壁之溫度，K
T_∞	流體在管口處之整體溫度，K
v	流體之速度分布，公尺 / 秒
v_b	流體之整體速度，公尺 / 秒
v_{max}	液膜中之流體最大速度，公尺 / 秒
v_x, v_y, v_z	x, y 及 z 方向之速度分量，公尺 / 秒
v_∞	主流速度，公尺 / 秒
W_A	成分 A 之輸送速率，千克 / 小時
x, y, z	直角坐標，公尺
α	熱擴散係數，$(公尺)^2 / 小時$
Γ	無因次濃度

Δ	$\dfrac{\delta_c}{\delta}$
δ	動量邊界層之厚度，厘米
δ_c	濃度邊界層之厚度，厘米
δ_t	熱邊界層之厚度，厘米
η	無因次變數，其定義見式 (25–51)
η_c	無因次變數，其定義見式 (25–52)
θ	時間之因次，小時
μ	流體之黏度，千克／(公尺)(小時)
ν	流體之動黏度，(公尺)^2／小時
ρ	流體之密度，千克／(公尺)^3
ρ_A	成分 A 之密度，千克／(公尺)^3
τ_s	固體面上之拖力，牛頓／(公尺)^2
ϕ	無因次速度

習　題

25-1　每小時 2.73 千克苯自一 7.62 厘米管徑之垂直管頂端成薄膜沿外壁流下。1 大氣壓及 43°C 下之乾燥空氣，以每秒 6.1 公尺之速度垂直越過此濕管，苯之溫度為 15.6°C，此時苯之蒸氣壓為 60 毫米汞柱，氣膜中苯之擴散係數為 0.633（公尺）^{2}/小時。1 大氣壓及 43°C 下空氣之物性為 $\rho = 0.342$ 千克／（公尺）^{2}，$\mu = 0.0185$ 厘泊。倘自管頂流下之苯恰在管底處完全蒸發，試計算所需之管長。

25-2　一內徑為 5.08 厘米之濕壁塔中，以速度為每秒 0.762 公尺之空氣，提取水中之二氧化碳。設塔中壓力為 10 大氣壓，溫度為 25°C。1 大氣壓及 0°C 下二氧化碳在空氣中之擴散係數為 0.136（厘米）^{2}/秒，空氣之黏度為 0.018 厘泊。塔中某處水面上，二氧化碳之蒸氣壓為 8.2 大氣壓；同處氣相中，二氧化碳之蒸氣壓為 0.1 大氣壓，試求該處單位面積上二氧化碳之蒸發速率。

Gilliand 及 Sherwood 二氏由實驗獲得下列關係式：

$$\frac{k_c D}{D_{AB}}\frac{(p_B)_{\ell m}}{P} = 0.023 \boldsymbol{Re}^{0.83}\boldsymbol{Sc}^{0.44}$$

25-3　一長寬厚分別為 10 厘米、10 厘米、2.5 厘米之萘製薄板，水平置放於平行流動之空氣中。在 0°C 及 1 大氣壓下，空氣以每秒 15.24 公尺之速率平行流過。試問須歷時多久萘板之厚度始剩十分之九？假設板之上下兩面經常保持平坦，擴散係數為 0.0185（公尺）^{2}/（小時），$\boldsymbol{Sc}$ 數為 2.57。0°C 下萘之蒸氣壓為 0.0059 毫米汞柱。忽略因昇華而引起板面溫度之下降，板邊之昇華亦可忽略。固體萘之比重為 1.145，空氣之密度為 1.29 千克／（公尺）^{3}，黏度為 0.017 厘泊。

25-4 重作上題，但除板寬及板厚仍各保持 10 及 2.5 厘米外，板長改為 0.61 公尺。假設渦流邊界層發生在 $Re_x = 3 \times 10^5$ 處。設對流質量輸送係數為

$$(k_c)_{\ell am} = 0.332 D_{AB} \left(\frac{v_\infty \rho}{\mu x} \right)^{\frac{1}{2}} Sc^{\frac{1}{3}}, \ Re_x < 3 \times 10^5$$

$$(k_c)_{turb} = 0.0292 \frac{D_{AB}}{x} \left(\frac{v_\infty \rho x}{\mu} \right)^{\frac{4}{5}}, \ Re_x > 3 \times 10^5$$

25-5 空氣以每小時 16 公里之速率，平行吹過一淺盤，盤中置有 1.27 厘米厚之水，淺盤甚寬，長度為 2.44 公尺（沿風向）。盤中之水保持在 15.6°C，空氣中之水蒸氣濃度為 6.15×10^{-2} 千克／（公尺）^{3}，水面上水蒸氣壓力為 0.0174 大氣壓，試求盤中之水完全蒸乾所需之時間。空氣之動黏度為 1.58×10^{-5}（公尺）^{2}／秒，水蒸氣在空氣中之擴散係數為 2.6×10^{-5}（公尺）^{2}／秒。設渦流邊界層發生在 $Re_x = 3 \times 10^5$ 處，對流質量輸送係數參考上題。

25-6 一直徑為 1.27 厘米之萘球，靜置於 10°C 之密室中，試求此萘球完全消失所需之時間。假設密室甚大，且空氣靜止不動。又因萘之昇華速率甚慢，故此質量輸送程序可視為假性穩態。

25-7 承上題，惟將萘球改置室外，且空氣以每秒 9.14 公尺流過。假設此萘球經常保持圓球形。

26 吸收及氣提

　　氣體之吸收係藉氣體與液體之接觸，使氣相中之氣體溶質溶解於液相中，因而被吸收而轉移至液相，以達到分離目的之一種操作。例如氨氣與空氣之混合物通過水中時，氣相中之氨氣即溶解於水中，而成氨水溶液。通常此被吸收之氨，可由氨水溶液之蒸餾重新收回，而水（稱為吸收劑）亦可重複使用。與上述情形相反，倘溶質物料係自液相輸送至氣相中，則此種操作稱為**脫除** (desorption) 或**氣提** (stripping)。例如在以某油料吸收混合氣體中之苯與甲苯所得之溶液中，可通以水蒸氣，使溶液中之苯與甲苯一併被水蒸氣帶出。

26–1 氣體之溶解度

　　氣體在定溫及定壓下與不揮發性液體接觸時，氣體分子逐漸溶於液體中而成一溶液；同時溶液中之氣體分子亦因蒸發，不斷脫離液體分子之束縛，而重返氣體中，其速率與溶液中之氣體莫耳濃度成正比。如此進行不息，直至溶液所作用之壓力與外力相等時，即達一平衡狀態，此時溶液中氣體溶質之濃度，稱為該氣體在當時之壓力與溫度下之溶解度。同理，改變壓力之大小，可獲得不同之氣體溶解度，而以此等溶解度對壓力之變化所作之關係曲線，即稱為該氣體在當時溫度下之溶解曲線。

　　當然，不同之氣體或液體，其所得之溶解曲線亦相異。一般言之，氣體溶解度隨壓力之增加而增加，但卻與溫度成反比。倘討論之系統為多成分之混合氣體，則達到平衡時，各成分氣體之溶解度可用分壓表示。圖 26–1 中所示之曲線 A，為 30°C 時氨氣在水中之溶解曲線。

　　倘所成之溶液為理想狀態，則各氣體成分達到平衡時之溶解度，完全不受其他成分存在之影響，而互不相干；若此時氣體亦在理想狀態，則氣體中成分 A 之分壓 $\overline{p}_A$ 可由 Raoult 定律表示之，即

$$\overline{p}_A = p_A x_A \tag{26–1}$$

式中 p_A 為同溫度下氣體 A 之蒸氣壓，x_A 為平衡時溶液中成分 A 之莫耳分率濃度。Raoult 定律對非理想溶液常不能適用，例如圖 26–1 中之虛線 D，表應用 Raoult 定律所作 SO_2 之溶解曲線，而曲線 B 則為其實際測得之溶解曲線，故見

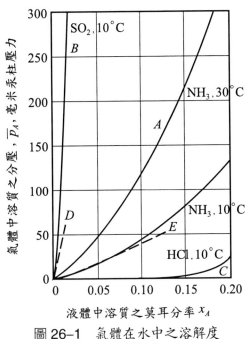

圖 26-1　氣體在水中之溶解度

其誤差甚大。在此情況下，氣體中成分 A 之平衡分壓可用 Henry 定律表示如下：

$$\overline{p}_A = H_A x_A \tag{26-2}$$

式中 H_A 為 Henry 常數；或以濃度表示

$$y_A = \frac{\overline{p}_A}{P} = \frac{H_A}{P} x_A = m x_A \tag{26-3}$$

其中 y_A 為氣體中成分 A 之莫耳分率，P 為總壓。圖 26-1 中虛線 E 表應用 Henry 定律所得在 10°C 下之氨氣溶解曲線。須注意者，Henry 定律僅適用於低濃度溶液；故由圖 26-1 知，當溶液之濃度愈大時，曲線 E 與實際之氨溶解曲線之偏差亦隨之增加。

26-2　溶劑之選擇

　　氣體吸收操作中選擇液體溶劑時，應注意下列數項：

　　⑴溶解性須強——氣體溶質在溶劑中之溶解度愈大，其吸收速率與吸收量亦愈大，故可減少吸收劑之需用量。一般而言，氣體溶質與液體吸收劑產生化學反應時，其吸收速率必高；惟當化學反應為不可逆時，所使用之溶劑即無法回收再用。

　　⑵揮發性宜低——因離開吸收器之氣體中，常含有飽和之溶劑蒸汽，致使溶劑流失，故當溶劑之揮發性低時，其損失量亦少。

　　⑶無腐蝕性——溶劑須對吸收器無腐蝕作用。

　　⑷價格低廉——通常溶劑之使用量頗鉅，故除須能隨時不斷供應外，尚須價廉。

　　⑸黏度宜低——溶劑之黏度低時，除了其吸收率增大外，猶可降低器內之壓差，並提高器中兩相流動之速度及熱輸送效果。

26-3　吸收裝置

　　氣體吸收程序中，係藉氣液兩相之接觸，且賴兩相間趨近平衡之驅動力，而將氣體溶質吸收並輸送至液體內部；故所用之裝置，必須能使氣體與液體充分接觸，藉以提高吸收效率。普通常見之吸收裝置有：**噴淋塔 (spray column)，板式吸收塔 (plate absorption tower) 及填充塔 (packed column)** 等。有關噴淋塔之操作情形及原理，將於第 27 章濕度調理一章中另行介紹；至於板式吸收塔，其構造及操作方法與第 28 章蒸餾中所討論者大同小異，故實無在此重述之必要。本章中吾人擬對填充塔之構造及操作方法詳加討論，蓋因填充塔乃各種氣體吸收塔中最重要且最廣泛被使用者。

26-4　填充吸收塔

　　填充吸收塔之構造如圖 26-2 所示，塔中通常填以某種比表面積甚大之**填料 (packing)**，其目的乃欲使氣體與液體間具有充分接觸之機會。操作時，氣體混合物由塔底進入，液體吸收劑則自塔頂由一**分布器 (distributor)** 噴淋而下，然後在其流經填料之途中，與逆流而上之氣體接觸，並吸收氣相中之溶質，遂成一溶液而自塔底流出；沒被吸收之氣體則由塔頂之出口處逸出塔外。事實上，欲圓滿達成吸收操作之目的，除須採用適當之吸收劑外，更重要者為須有優良之填充料，其所應具備之性質有下列數項：

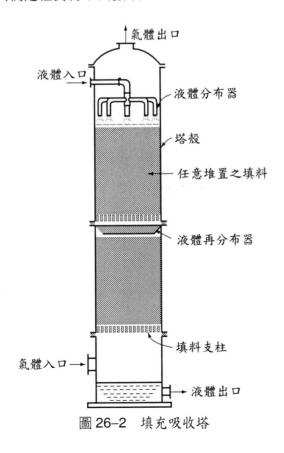

圖 26-2　填充吸收塔

(1)比表面積宜大——填料之比表面積愈大，則可使塔中氣液兩相擁有愈大的接觸面積。

(2)空隙宜大——填料間之空隙愈大時，氣體上升所遭遇之阻力愈小，故所造成之壓力差降愈低。

(3)表面宜鬆——填料之表面鬆而多孔時，非但易於被液體潤濕，且可增加氣液兩相之接觸面；惟當孔過小時，孔中常被靜止之液體所占據，以致阻擋氣體之通過，因而減少兩相間之接觸機會。

(4)重量宜輕——採用輕盈之填料，可減輕全塔之重量，亦即減少塔底所承受之橫壓力，進而減少塔身之材料用量，以降低設備成本。

(5)自由容積宜大——自由容積大時，氣體與液體在塔中接觸停留之時間較長；此點在伴有化學反應之氣體吸收中尤為重要，蓋因往往需有充足之接觸時間，始能令化學反應順利進行。

(6)價格低廉。

(7)堅固耐用。

(8)不與氣體或液體起化學作用。

因此一般填料多以價廉及質輕之黏土、瓷器及碳等材料製成，偶爾亦有採用金屬鋁或不銹鋼者。

26-5　填料之材質及形狀

綜合言之，一般之填料可依其使用時堆置方式之不同，分成下列兩大類：

1. 任意堆置 (dumped packing) 之填料

通常此種填料之大小由 0.6 至 5 厘米不等，適用於小型填充吸收塔。此類填料又可分為下面七種：

⑴碎石──碎石到處可得，其堅固耐用，且不與一般藥品起化學作用；惟其質重，孔隙小且表面組織密，故目前僅在硫酸及紙漿工業中使用。

⑵焦碳──焦碳之質量輕，表面多鬆孔且價格低廉，故用之者不少；惟焦碳本身易脆，表面細孔易被堵塞，致使氣液相間之接觸效果大為降低。此外亦常含有可溶性之雜質，故一般亦僅在簡單及小型之操作中才予以採用。

⑶拉西環 (Raschig ring)──如圖 26-3 中之(a)，為一直徑與長度相等之薄壁環，乃填料中最被廣泛採用者；通常係以瓷器、黏土、碳及金屬製成。其優點為價格低廉，質量不重；而環壁愈薄時，其空隙愈大，表面積亦愈多，且阻力愈小。

⑷萊興環 (Lessing ring) 及分壁環 (partition ring)──如圖 26-3 中之(b)(c)，係拉西環之改良型；環中加以分壁，旨在提高其操作之特性，惟一般較不常被採用。

⑸波爾環 (Pall ring)──其構造如圖 26-3 中之(d)，環壁之一部分被折壓成向內彎曲，以增進兩相之循環流動。

⑹貝爾鞍 (Berl saddle)──如圖 26-3 中之(e)，其隨意堆置之效果較環狀者為佳，故單位塔體積內所得之填料潤濕面積較大，且通過時之阻力不大；惟其最大之缺點為價格昂貴。

⑺印達洛鞍 (Intalox saddle)──如圖 26-3 中之(f)，其形狀之設計結果，足以使填料間彼此能更有效地隨意堆置一起，而達到提高潤濕效果之目的。

2. 整齊堆置 (stacked packing) 之填料

此種填料之大小，多在 5 與 20 厘米間，通常僅在大型吸收塔之操作中使用。此類填料又可分為下列兩種：

⑴木條板──如圖 26-3 中之(g)，為一質輕而價廉之填料，適用於中性、微酸或微鹼性之液體。

⑵螺旋環 (spiral ring)──圖 26-3 中之(h)示三種不同之螺旋環，其外形與拉西環相似，惟環壁表面呈崎嶇之槽狀；環中則有一螺心，此設計之結果為使填

料本身增加不少表面積，但卻不至於大量減少空隙容積，故可充分增加氣體與液體間之接觸面，而僅增加少許氣體通過之阻力。由於此種填料係以整齊規則堆置，故需額外之人工而增加成本。

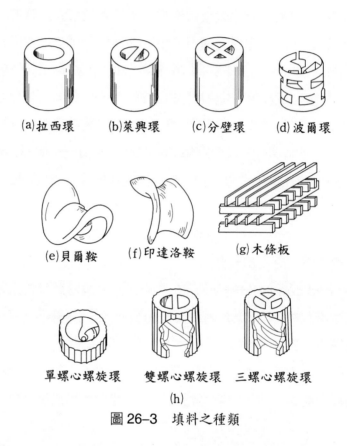

(a)拉西環　　(b)萊興環　　(c)分壁環　　(d)波爾環

(e)貝爾鞍　　(f)印達洛鞍　　(g)木條板

單螺心螺旋環　　雙螺心螺旋環　　三螺心螺旋環

(h)

圖 26–3　填料之種類

　　除上述所列各類填料外，直徑較大之拉西環 (5 厘米以上者)，亦常在大型填充塔中以任意堆置方式使用。

　　表 26–1 所列者，為多種填料之物理特性。一般言之，若塔中之填料以整齊堆置，則其所導致之壓力差降皆較任意堆置為低；惟在整齊堆置之情況下，氣體與液體之接觸效果似較欠佳。

表 26-1 填料之物理特性

種　類	材　料	大小，吋	平均整體密度，千克／每立方公尺塔容積	表面積，a_v，平方公尺／每立方公尺塔容積	孔隙度，ϵ
任意堆置之填料					
拉西環	不銹鋼	$\frac{1}{2} \times \frac{1}{2}$	1 236	420	0.84
		1×1	1 172	187	0.85
拉西環	瓷器	$\frac{1}{2} \times \frac{1}{2}$	803	400	0.64
		1×1	642	190	0.73
		2×2	594	92	0.74
拉西環	碳	$\frac{1}{2} \times \frac{1}{2}$	433	374	0.74
		1×1	433	187	0.74
		2×2	433	93.5	0.74
萊興環	瓷器	1×1	803	226	0.66
		2×2	786	105	0.68
波爾環		1×1	530	217.5	0.934
		2×2	441	120	0.94
貝爾鞍	瓷器	$\frac{1}{2}$	867	466	0.63
		1	722	249	0.69
		$1\frac{1}{2}$	610	144	0.75
印達洛鞍	瓷器	$\frac{1}{2}$	546	623	0.78
		1	546	2.6	0.78
		$1\frac{1}{2}$	482	197	0.81
整齊堆置之填料					
拉西環	瓷器	2×2		105	0.80
單螺心螺旋環	粗陶	$3\frac{1}{4} \times 3$	835	111.5	0.66
		4×4	883	91.8	0.67
		6×6	819	62.3	0.70

26-6　填充塔內之氣流與液流

　　填充吸收塔之實際操作中,常不易使氣液兩相獲得廣大接觸面之理想要求,此現象在大型之吸收塔中尤為普遍。事實上,液體自塔頂分散經填料流下時,常循阻力最小或空隙最大之途徑流動,致使部分液體沿塔壁空隙較大處成一厚膜流下;或填料內許多薄膜狀之細流在空隙較大處終於匯成厚膜流下,因而減少與氣體接觸之面積;此現象稱為**水道** (channeling),乃導致填充塔操作效率偏低之主要因素。一般言之,整齊堆置之填料所引起之水道現象,均較任意堆置者為嚴重。倘液體之流率甚大,或塔之直徑大於填料直徑之 8 倍以上時,水道現象可望降至最低。

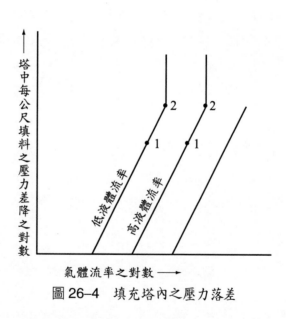

圖 26-4　填充塔內之壓力落差

　　氣體與液體流率之大小,足以影響塔內之壓力落差。在液體之流率為固定下,增加氣體流率將使塔中壓力落差直線上升,如圖 26-4 所示;惟當氣體流率增加至圖中點 1 處時,其所造成之壓力落差,遂開始阻滯塔內液體之向下流動,同時填料間亦開始有液體累積之跡象，故點 1 稱為**負載點** (loading point)。此後若氣體流率繼續增加，則塔中累積之液體亦逐漸增多，其壓力差亦較前增加快速，直至圖 26–4 中點 2 處時，液體已占滿填料間之孔隙；且因受阻而無法流下，終至一直往上累積直到溢出塔外為止；氣體則自液體中成氣泡穿出，至此氣體之流率已達其最大極限，而此氣體速度稱為**溢流速度** (flooding velocity)。改變液體之流率，可得不同之負載點與溢流點；由圖 26–4 可知，液體流率愈大時，其對應之壓力落差亦愈大，故其負載點與溢流點之氣體速度亦愈小。

顯可見者，氣體速度在溢流點或以上時之操作，誠屬不可能，而在負載點與溢流點之間時，操作又極不穩定。通常所採用之氣體流率為其溢流流率之 50% 至 75%。設計填充塔時，吾人可應用圖 26–5 之實驗結果，預測負載與溢流速度，進而決定塔之直徑。圖中縱坐標為

$$\frac{(G_y)_f^2 a_v (\mu_x')^{0.2} \left(\dfrac{1\,000}{\rho_x}\right)}{g_c \epsilon^3 \rho_y \rho_x}$$

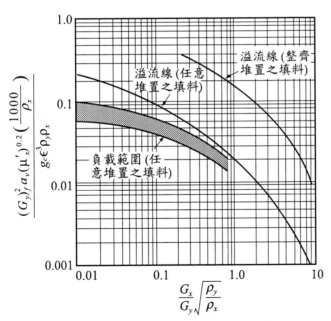

圖 26–5　填充塔之負載與溢流速度

橫坐標為

$$\frac{G_x}{G_y}\left(\frac{\rho_y}{\rho_x}\right)^{\frac{1}{2}}$$

其中　　G_x = 出口液體之質量流通量，千克 /（公尺）^{2}（小時）

　　　　G_y = 入口氣體之質量流通量，千克 /（公尺）^{2}（小時）

　　　　ρ_x = 出口液體之密度，千克 /（公尺）^{3}

　　　　ρ_y = 入口氣體之密度，千克 /（公尺）^{3}

　　　　a_v = 單位塔容積內乾燥填料所具之表面積，（公尺）^{2}/（公尺）^{3}，可由表
　　　　　　 26–1 查出

　　　　μ'_x = 出口液體之黏度，cP

　　　　g_c = 因次常數，1（千克）（公尺）/（牛頓）（秒）^{2}

　　　　ϵ = 塔中填料之孔隙度

例 26–1

含 15 莫耳 % 之 SO_2，6 莫耳 % O_2 及 79 莫耳 % N_2 之氣體混合物，以每小時 425 立方公尺之流率，自一填充吸收塔之底部輸入。設其壓力與溫度各為 1 大氣壓及 21℃，所採用之填料為 1.27 厘米（$\frac{1}{2}$ 吋）直徑之瓷製拉西環，係以任意堆置。試求以 9 090 千克 / 小時之水為吸收劑，以除去氣體中之 SO_2 時，塔之直徑應為若干？

（解）　　入口氣體之莫耳流率 = 425（公尺）$^2 \times \dfrac{273\text{K}}{294\text{K}} \times \dfrac{1 \text{ 千克莫耳}}{22.4 \text{（公尺）}^3}$

　　　　　　　　　　　　　　= 17.6 千克莫耳 / 小時

氣體之平均分子量 = 0.15(64) + 0.06(32) + 0.79(28)

$$= 33.6 \text{ 千克／千克莫耳}$$

$$\therefore \text{入口氣體之莫耳流率} = (17.6)(33.6) = 591 \text{ 千克／小時}$$

若以 S 表塔之截面積，則

$$G_y = \frac{591}{S} \text{ 千克／(小時)(公尺)}^2$$

入口氣體之密度為

$$\rho_y = \frac{591}{425} = 1.39 \text{ 千克／(公尺)}^3$$

設 SO_2 被完全吸收，則吸收率為

$$(17.6)(0.15)(64) = 169 \text{ 千克／小時}$$

因吸收後溶液之濃度還是很低，故液體之密度及黏度可視為與水相同，即

$$\rho_x = 1\,000 \text{ 千克／(公尺)}^3 \,; \, \mu'_x = 0.982 \text{ cP}$$

$$\therefore G_x = \frac{9\,090 + 169}{S} = \frac{9\,259}{S} \text{ 千克／(小時)(公尺)}^2$$

$$\frac{G_x}{G_y}\sqrt{\frac{\rho_y}{\rho_x}} = \frac{9\,259}{591}\sqrt{\frac{1.39}{1\,000}} = 0.584$$

自圖 26–5 中可查出在溢流點時

$$\frac{(G_y)_f^2 a_v (\mu'_x)^{0.2}\left(\dfrac{1\,000}{\rho_x}\right)}{g_c \epsilon^3 \rho_y \rho_x} = 0.028$$

由表 26–1 可查出 $\dfrac{1}{2}$ 吋瓷製拉西環之 $\dfrac{a_v}{\epsilon^3}$ 值為

$$\frac{(400)}{(0.64)^3} = 1\,526 \quad (公尺)^2/(公尺)^3$$

$$\therefore \quad \frac{(G_y)_f^2 (1\,526)(0.982)^{0.2}\left(\dfrac{1\,000}{1\,000}\right)}{1 \times (3\,600)^2 (1.39)(1\,000)} = 0.028$$

故發生溢流時

$$(G_y)_f = 1\,810 \; 千克 /(小時)(公尺)^2$$

倘吾人取實際所需之 G_y 為溢流時之 $\dfrac{1}{2}$，則

$$G_y = (0.5)(1\,810) = 905 \; 千克 /(小時)(公尺)^2$$

故為維持塔中之穩定操作，塔之截面積至少應為

$$S = \frac{591}{905} = 0.653 \; 平方公尺$$

故塔之直徑至少應為

$$D = \left(\frac{4}{\pi}S\right)^{\frac{1}{2}} = \left[\left(\frac{4}{\pi}\right)(0.653)\right]^{\frac{1}{2}}$$

$$= 0.912 \; 公尺$$

26-7　填充塔內氣流之壓力落差

在負載點以下操作之填充塔，其壓力落差可由 Leva 氏所提出之實驗式求得，即

$$\frac{\Delta P}{Z_T} = m(10^{-8})(10)^{\frac{nG_x}{\rho_x}}\left(\frac{G_y^2}{\rho_y}\right) \tag{26-4}$$

式中　　ΔP = 壓力落差，磅力 /(吋)^2

　　　　Z_T = 塔中填料之高度，吋

　　　　G_x, G_y = 液體及氣體之質量流通量，磅 /(小時)(吋)^2

　　　　ρ_x, ρ_y = 液體及氣體之密度，磅 /(吋)^3

　　　　m, n = 填料常數，公尺，見表 26-2

表 26-2　填充塔壓力差降之填料常數

填充料	公稱尺寸 吋	m	n	G_x 之適用範圍 磅 /(吋)^2(小時)	$\dfrac{\Delta P}{Z_T}$ 之範圍 磅力 /(吋)^2(吋)
拉西環	$\dfrac{1}{2}$	139	0.00720	300～8 600	0～2.6
	$\dfrac{3}{4}$	32.9	0.00450	1 800～10 800	0～2.6
	1	32.1	0.00434	360～27 000	0～2.6
	$1\dfrac{1}{2}$	12.08	0.00398	720～18 000	0～2.6
	2	11.13	0.00295	720～21 600	0～2.6
貝爾鞍	$\dfrac{1}{2}$	60.4	0.00340	300～14 100	0～2.6
	$\dfrac{3}{4}$	24.1	0.00295	360～14 400	0～2.6
	1	16.01	0.00225	720～28 800	0～2.6
	$1\dfrac{1}{2}$	8.01	0.00277	720～21 600	0～2.6
印達洛鞍	1	12.44	0.00225	2 520～14 400	0～2.26

例 26-2

溫度為 24°C 之空氣，以 91 千克／小時之流率，吹入一填充塔之塔底。塔中填以 1 吋貝爾鞍，填料高度為 3 公尺。設逸出氣體之壓力為 1 大氣壓，塔直徑為 0.305 公尺。若水以 5454 千克／小時之流率自塔頂流下，求將空氣吹入並通過塔所需之動力。

(解) 因氣流之壓力落差甚小，故 ρ_y 取出口處之空氣密度，即

$$\rho_x = 1.2 \text{ 千克／(公尺)}^3 = 0.0745 \text{ 磅／(呎)}^3$$

$$\rho_x = 998 \text{ 千克／(公尺)}^3 = 62.3 \text{ 磅／(呎)}^3$$

塔之截面積為

$$S = \frac{\pi}{4}(0.305)^2 = 0.073 \text{ 平方公尺} = 0.785 \text{ 平方呎}$$

$$\therefore \quad G_x = \frac{5454}{0.073} = 74610 \text{ 千克／(小時)(公尺)}^2$$

$$= 15300 \text{ 磅／(小時)(呎)}^2$$

$$G_y = \frac{91}{0.073} = 1245 \text{ 千克／(小時)(公尺)}^2$$

$$= 255 \text{ 磅／(小時)(呎)}^2$$

自表 26-2 可查出此時之 $m = 16.01$，$n = 0.00225$。將以上諸值代入式 (26-4)，得

$$\frac{\Delta P}{Z_T} = (16.01)(10^{-8})(10)^{0.00225 \times \left(\frac{15300}{62.3}\right)}\left(\frac{255^2}{0.0745}\right)$$

$$= 0.498 \text{ 磅力／(呎)}^3 = 78.23 \text{ 牛頓／(公尺)}^3$$

故填充塔中之壓力落差為

$$\Delta P = (78.23)(3) = 235 \text{ 牛頓／(公尺)}^2$$

因

$$1 \text{ 大氣壓} = 1.01325 \times 10^5 \text{ 牛頓} / (\text{公尺})^2$$

故入口處之空氣壓力為 $1 + \dfrac{235}{1.01325 \times 10^5} = 1.00232$ 大氣壓，該處空氣之

密度為 1.195 千克 $/(\text{公尺})^3$。

$$\therefore \text{所需之動力} = \left(\dfrac{91}{3\,600}\right)\left(\dfrac{235}{1.195}\right) = 4.97 \text{ (牛頓)(公尺)/ 秒}$$

因 1 馬力等於 745.7（牛頓）（公尺）/ 秒，故所需之馬力為

$$\dfrac{4.97}{745.7} = 0.00666 \text{ 馬力}$$

26-8 氣體吸收塔之物料結算

　　圖 26-6 示一逆流連續接觸式氣體吸收塔（例如填充塔與噴淋塔等）之物料結算。須附加聲明者，此後吾人所討論之範圍，皆屬二成分系統，即混合氣體中僅有一種成分被吸收。設 y 與 x 分別為此溶質在氣相與液相中之莫耳分率，即每千克莫耳氣體或液體中所含溶質之千克莫耳數。由圖 26-6 可得在穩定操作下，控制體內之物料總結算為

$$L_2 + V = L + V_2 \tag{26-5}$$

溶質 A 之物料結算則為

$$L_2 x_2 + Vy = Lx + V_2 y_2 \tag{26-6}$$

式中 V 及 L 分別表塔內同位置之氣流與液流之莫耳速率，下標 1 及 2 各表在塔底及塔頂之值，如 L_2 及 V_2 即各表塔頂處入口液體與逸出氣體之流率，餘者類推。

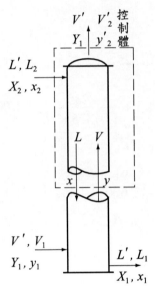

圖 26-6　吸收塔之物料結算

式 (26-6) 可改寫為

$$y = \frac{L}{V}x + \frac{V_2 y_2 - L_2 x_2}{V} \tag{26-7}$$

另者，溶質 A 之濃度亦可用其**莫耳比 (mole ratio)** 表示，其與莫耳分率之關係如下：

$$Y = \frac{y}{1-y} \text{ 或 } y = \frac{Y}{1+Y} \tag{26-8}$$

$$X = \frac{x}{1-x} \text{ 或 } x = \frac{X}{1+X} \tag{26-9}$$

式中 Y 為氣體中溶質 A 之莫耳比，即每千克莫耳之不溶解氣體 B 所含氣體溶質 A 之千克莫耳數；X 為溶液中溶質之莫耳比，亦即每千克莫耳不含溶質之溶劑所含液體溶質之千克莫耳數。

　　設 V' 為氣體中不溶解氣體 B 之莫耳流率，L' 為液體中不含溶質液體之莫耳流率，則

$$L' = L_1(1 - x_1) = L_2(1 - x_2) = L(1 - x) = \frac{L}{1 + X} \tag{26-10}$$

$$V' = V_1(1 - y_1) = V_2(1 - y_2) = V(1 - y) = \frac{V}{1 + Y} \tag{26-11}$$

將上面之關係代入式 (26–6)，整理後得

$$L'\left(\frac{x_2}{1 - x_2} - \frac{x}{1 - x} \right) = V'\left(\frac{y_2}{1 - y_2} - \frac{y}{1 - y} \right) \tag{26-12}$$

或

$$L'(X_2 - X) = V'(Y_2 - Y) \tag{26-13}$$

式 (26–7) 及 (26–12) 或 (26–13)，均代表溶質之物料結算，稱為**操作線** (oper-ating line)。由式 (26–7) 可知，若 L 與 V 均為常數，則此式所表示之操作線為一直線；惟一般 L 與 V 皆隨其塔內位置之不同而變，故實際上操作線恆為曲線。然因 V' 及 L' 均不變，故進行計算時，採用以莫耳比濃度所作之操作線，即式 (26–13)，較方便，蓋因此式恆代表一直線。

　　圖 26–7 中之(a)與(b)各示吸收器及氣提器中操作線與平衡線之位置關係，所有坐標系以莫耳比濃度表示。須注意者，吸收塔之操作線恆在其平衡線之上，即驅動力 $= Y - Y^* > 0$；而氣提塔之情形則適得其反，即驅動力 $= Y^* - Y > 0$。此乃因驅動力之存在，始能驅使質量輸送之進行。即吸收塔中溶質係由氣相輸送至兩相界面，然後溶入液相裡；氣提塔中則溶質自液相傳至兩相界面，然後逸出氣相裡。須注意者，無論是吸收塔或氣提塔，其操作線皆通過兩端點，(X_1, Y_1) 與 (X_2, Y_2)，且斜率均為 $\frac{L'}{V'}$。

　　對全塔言，其物料總結算及溶質 A 之物料結算分別為

$$L_2 + V_1 = L_1 + V_2 \tag{26-14}$$

$$L_2 x_2 + V_1 y_1 = L_1 x_1 + V_2 y_2 \tag{26-15}$$

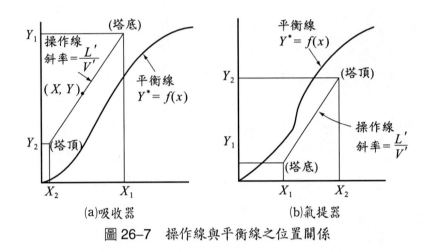

圖 26-7 操作線與平衡線之位置關係

26-9 液流率與氣流率莫耳比之最小值

在一般吸收器之實際操作中，通常所需處理之氣流率 (V 或 V')，兩端之氣流濃度 (Y_1 與 Y_2)，及液體入口處之液流濃度 (X_2) 等皆為已知，僅液體使用率 (L 或 L') 有選擇之餘地。因此如圖 26-8 所示，操作線須通過點 $D(X_2, Y_2)$，且其縱坐標止於 Y_1 處。

當液體使用率 L' 減少時，操作線之斜率亦隨之減小，且趨近平衡線，直至與平衡線相交時 (如圖中之 P 點或 P' 點)，其斜率即達一最低極限；換言之，此時之 $\dfrac{L'}{V'}$ 值為最小，記為 $\left(\dfrac{L'}{V'}\right)_{min}$。在相交點處之質量輸送之驅動力 (濃度差) 為零，即氣液兩相已達平衡，兩相間已不再發生質量之輸送；故實際操作時，$\dfrac{L'}{V'}$ 需大於 $\left(\dfrac{L'}{V'}\right)_{min}$ 始能進行。

綜合言之，$\dfrac{L'}{V'}$ 值愈大時，其質量輸送之驅動力愈大，故吸收率亦愈大 (或

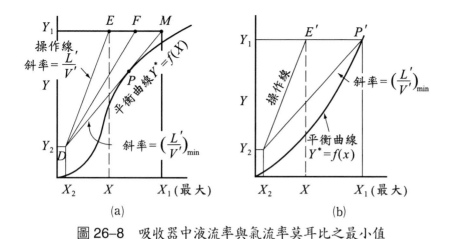

圖 26-8　吸收器中液流率與氣流率莫耳比之最小值

塔愈低），惟所需之液流率 L' 亦隨之增加，因而增加操作費；反之，倘 $\dfrac{L'}{V'}$ 值變小，則雖可減少液體之使用量，然亦必增加塔之高度，故亦不合經濟條件。一般以操作線與平衡線約成平行時之 $\dfrac{L'}{V'}$ 值為宜。

26-10　溫度對吸收效率之影響

　　液體吸收氣體時多為放熱反應，而愈近塔底氣體入口處，其吸收速率愈大，結果往往導致液體溫度之顯著升高，而提高氣相中溶質氣體平衡時之分壓（濃度）與溫度，使平衡線向上彎曲，如圖 26-9 所示。平衡曲線向上彎曲之結果，將使其與操作線愈靠近，因而減小兩相質量輸送之驅動力，以致降低吸收效率。因此實際操作上，吾人慣在塔內裝置冷卻盤管，以防止塔內溫度之升高。

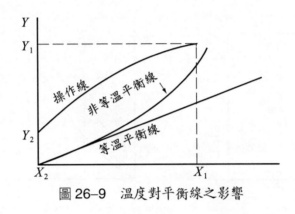

圖 26–9　溫度對平衡線之影響

26–11　板式吸收塔中板數之計算

　　第 28 章蒸餾中所討論之板塔（如泡罩塔、篩板塔等），亦常用於氣體吸收操作，尤其當液體流率會使普通填充塔產生溢流時，板式吸收塔更有使用之價值；惟當所處理之流體具腐蝕性時，填充塔則較板塔為宜。板式吸收塔之操作原理與板式蒸餾塔者大致相同，所不同者，在蒸餾塔中蒸汽係在各板上產生，故整塔需在沸騰中（沸點上）操作；然一般之板式吸收塔，皆在沸點以下操作。

　　由於板式吸收塔係在較低溫下操作，其液體之黏度較大，以致增加液相中之質量輸送阻力，故其效率常較蒸餾塔為低。逆流板式吸收塔中之流程如圖 26–10所示，倘操作線與平衡線兩者之一為曲線，則理想板數可仿效板式蒸餾塔中之 McCabe-Thiele 圖解法求得，如圖 26–11 所示。惟當操作線與平衡線皆為直線時，其理想板數可用下列方法推導之計算式求得，而毋須經過作圖手續。

　　設在操作過程中，氣流與液流之濃度均甚稀薄，則

$$L_1 \approx L_2 \approx L \approx L', V_1 \approx V_2 \approx V \approx V'$$

$$X \approx x, Y \approx y$$

故以莫耳分率表示之操作線為一直線。

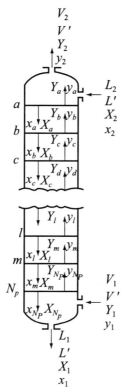

圖 26-10　板式吸收塔中之物流

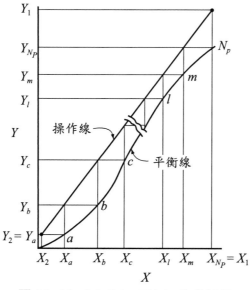

圖 26-11　McCabe-Thiele 法求板數

由圖 26–10 中板 a 之物料結算，得

$$V(y_b - y_a) = L(x_a - x_2) \tag{26–16}$$

式中 y 與 x 分別為溶質在氣相與液相中之莫耳分率。因自理想板離開之氣相與液相係成平衡，其平衡關係可用 Henry 定律表示，即

$$y_a = mx_a \tag{26–17}$$

式中 m 為平衡常數，其與 Henry 常數之關係見式 (26–3)。將上面關係代入式 (26–16)，得

$$V(y_b - y_a) = L\left(\frac{y_a}{m} - x_2\right) \tag{26–18}$$

今令

$$A = \frac{L}{mV} \tag{26–19}$$

稱為吸收因子 (absorption factor)，則由式 (26–18) 可解出

$$y_a = \frac{y_b + Amx_2}{1 + A} = \frac{(A-1)y_b + A(A-1)mx_2}{A^2 - 1} \tag{26–20}$$

同理，對板 b 作物料結算，得

$$y_b = \frac{y_c + Ay_a}{1 + A} \tag{26–21}$$

將式 (26–20) 代入式 (26–21)，整理後得

$$y_b = \frac{(1+A)y_c + A^2mx_2}{A^2 + A + 1} = \frac{(A^2-1)y_c + A^2(A-1)mx_2}{A^3 - 1}$$

餘此類推，最後得自第 N_p 板離開之氣流溶質莫耳分率為

$$y_{N_p} = \frac{(A^{N_p} - 1)y_1 + A^{N_p}(A - 1)mx_2}{A^{N_p+1} - 1} \tag{26-22}$$

式中 N_p 表理想板數。另者，整個板式吸收塔之溶質物料結算式為

$$L(x_{N_p} - x_2) = V(y_1 - y_2)$$

或

$$A(y_{N_p} - mx_2) = y_1 - y_2 \tag{26-23}$$

合併式 (26–22) 及 (26–23) 以消去 y_{N_p}，整理後得

$$\frac{y_1 - y_2}{y_1 - mx_2} = \frac{A^{N_p+1} - A}{A^{N_p+1} - 1} \tag{26-24}$$

上式即稱為 Kremse-Brown-Sowders 方程式。最後理想板數可自上式解出

$$N_p = \frac{\ln\left[\dfrac{y_1 - mx_2}{y_2 - mx_2}\left(1 - \dfrac{1}{A}\right) + \dfrac{1}{A}\right]}{\ln A} \tag{26-25}$$

循上述方法，吾人亦可導出板式氣提塔之對應關係式如下：

$$\frac{x_2 - x_1}{\dfrac{x_2 - y_1}{m}} = \frac{\left(\dfrac{1}{A}\right)^{N_p+1} - \left(\dfrac{1}{A}\right)}{\left(\dfrac{1}{A}\right)^{N_p+1} - 1} \tag{26-26}$$

　　由式 (26–19) 之定義知，吸收因子 A 之值為操作線與平衡線兩者之斜率比。故當 A 值小於 1 時，操作線偏向平衡線，所需之理想板數亦隨之增加；當兩線相交時，所需之板數變為無限大。一般公認，A 值在 1.25 至 2.0 之間操作，最為經濟。

　　泡罩板吸收塔之實際板數，可應用圖 26–12 之效率數據求得。圖中 m 表平

衡常數，即 $\dfrac{y^*}{x}$；μ'_L 表液體黏度，單位為 cP；M_L 表液體之分子量；ρ_L 表液體密度，單位為磅 /(呎)^3；E 表板效率，即理想板數與實際板數之比。

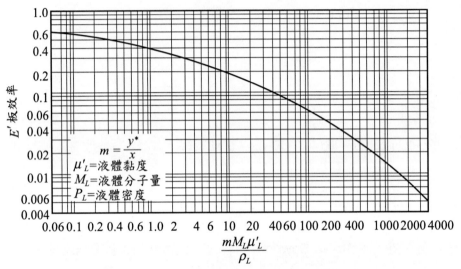

圖 26-12　泡罩板吸收塔之板效率

例 26-3

今欲用某種油劑，在泡罩板吸收塔中除去氣體中之苯。設塔在 800 毫米汞柱壓力及 24℃ 下操作，氣體中原含 0.02 莫耳分率之苯，其體積流率為每小時 850 立方公尺。所用之油劑原含 0.005 莫耳分率之苯，其平均分子量為 260。出口油劑之流率為每小時 6.8 千克莫耳，其中含 0.1065 莫耳分率之苯，且可視為理想溶液。若 95% 之苯被回收，問所需之理想板數及實際板數各若干？24℃ 下液體油劑之黏度及密度分別為 5 cP 及 841 千克 /(公尺)^3，而苯之蒸氣壓為 90 毫米汞柱。

(解) 入口氣體之莫耳流率為

$$V_1 = 850 \left(\frac{273}{297} \right) \left(\frac{800}{760} \right) \left(\frac{1}{22.4} \right) = 36.7 \text{ 千克莫耳／小時}$$

由題意知：$y_1 = 0.02$，故

$$V' = V_1(1 - y_1) = 36.7(1 - 0.02)$$

$$= 35.97 \text{ 千克莫耳／小時}$$

95% 之苯被除去後

$$V_2 = 36.7(1 - 0.02 \times 0.95) = 36 \text{ 千克莫耳／小時}$$

$$\therefore y_2 = 1 - \frac{V'}{V_2} = 1 - \frac{1 - 0.02}{1 - 0.02 \times 0.95} = 0.00102$$

由題意知：$L_1 = 6.8$ 千克莫耳／小時，$x_1 = 0.1065, x_2 = 0.005$，故

$$L' = L_1(1 - x_1) = 6.8(1 - 0.1065) = 6.08 \text{ 千克莫耳／小時}$$

$$L_2 = \frac{L'}{1 - x_2} = \frac{6.08}{1 - 0.005} = 6.11 \text{ 千克莫耳／小時}$$

因 24°C 下苯之蒸氣壓為 90 毫米汞柱，故平衡時氣相中苯之分壓為

$$\overline{p}_A = 90x$$

或以莫耳分率表示氣相中苯之平衡濃度，則

$$y^* = \frac{\overline{p}_A}{P} = \frac{90}{800}x = 0.1123x$$

故平衡線之斜率 m 為 0.1123。塔底及塔頂處之吸收因子分別為

$$A_1 = \frac{L_1}{mV_1} = \frac{6.8}{(0.1123)(36.7)} = 1.65$$

及

$$A_2 = \frac{L_2}{mV_2} = \frac{6.11}{(0.1123)(36)} = 1.51$$

若取其幾何平均值，則

$$A = \sqrt{(1.65)(1.51)} = 1.585$$

$$\therefore \frac{y_1 - mx_2}{y_2 - mx_2} = \frac{0.02 - 0.1123(0.005)}{0.00102 - 0.1123(0.005)} = 42.4$$

將這些值代入式 (26-25)，得泡罩板吸收塔之理想板數為

$$N_p = \frac{\ln\left[42.4\left(1 - \frac{1}{1.585}\right) + \frac{1}{1.585}\right]}{\ln(1.585)} = 6.06$$

因 $M_L = 260$, $\mu'_L = 5$ cP, $\rho_L = 841$ 千克 $/(公尺)^3 = 52.4$ 磅 $/(公尺)^3$，

$$\therefore \frac{mM_L\mu'_L}{\rho_L} = \frac{(0.1123)(260)(5)}{52.4} = 2.79$$

由圖 26-12 可查得 $E = 0.31$，故實際板數為

$$\frac{N_p}{E} = \frac{6.06}{0.31} = 19.5 \text{（20 個板）}$$

26-12　雙膜學說

在氣體吸收過程中，氣體吸收之多寡，有賴於兩相間趨向平衡之驅動力之大小，而吸收速率則視其質量輸送阻力之大小而定。Whitman 氏曾先提出雙膜理論，來解釋吸收之機構，並很成功地用之以計算質量輸送之阻力及吸收速率。根據雙膜學說之理論，氣體被吸收時，溶質分子由氣相輸送至液相之阻力，完全集中於兩相交界面鄰近之氣體與液膜的薄膜層，見圖 26-13。

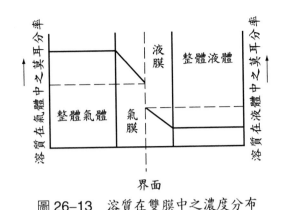

圖 26-13　溶質在雙膜中之濃度分布

　　換言之，即溶質分子在不具濃度差之整體氣體中，以對流形式輸送至氣膜之邊緣；然後以擴散方式穿過氣體阻力之薄膜層而抵達交界面，依第 23 章中之 Fick 第一擴散定律，其擴散速率與氣膜之濃度差及輸送界面成正比。

　　今假定兩相交界面本身無阻力存在，而溶質分子係賴兩相間之平衡關係輸送過交界面。此後，交界面上之溶質分子尚須通過液膜層之阻力，始能抵達液體內部，其過程與在氣相中者相似。事實上此種雙膜之觀念，與兩相間之熱輸送情形極為類似，唯一不同者，乃在吸收時兩相間平衡之濃度 x_i 與 y_i 不一樣；而在熱輸送時，其兩相間平衡之溫度相等。圖 26-13 示吸收過程中，溶質在兩相間之濃度分布，圖中 y_i 及 x_i 分別表界面上氣相及液相之溶質平衡濃度，以莫耳分率表示。

26-13　填料高度之計算

　　由前一節之討論可知，在二成分系之氣體吸收程序中，溶質分子僅在氣膜與液膜中擴散輸送時，始遭遇到阻力。進一步之分析顯示，氣膜層之不溶解氣體分子（姑且稱其為 B 成分），在與交界面垂直之輸送方向並無擴散發生；換言之，即溶質分子 A 係在靜止之氣體 B 中擴散而過。

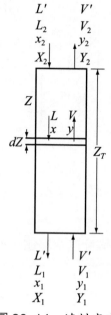

圖 26-14　填料高度

今考慮圖 26-14 中所示由微分填料高度 dZ 所構成之控制體，其內氣相溶質之質量輸送率 dN_A 與濃度差及界面面積成正比，即

$$dN_A = k_y'(y - y_i)dF \tag{26-27}$$

式中　　k_y' = 氣體溶質 A 在靜止氣體 B 中擴散時，氣相之質量輸送係數，千克
　　　　　莫耳 /(小時)(公尺)^2

　　　　y = 氣相中溶質 A 之莫耳分率

　　　　y_i = 氣相中溶質 A 在界面上之莫耳分率

　　　　dF = 兩相間之質量輸送面積，平方公尺

設 a 為塔中填料段單位體積內之兩相接觸面積，S 為塔之截面積，則

$$dF = aSdZ \tag{26-28}$$

將式 (26-28) 代入式 (26-27)，得

$$dN_A = k'_y aS(y - y_i)dZ \qquad (26-29)$$

通常 a 為未知數，其值除了與填料之種類大小有關外，與 k'_y 一樣亦隨液體流率之大小而變，故習慣上常將其與質量輸送係數合併成一複合係數視之，即 $k'_y a$。同理，在穩定操作下，吾人亦可導出液相中溶質 A 之輸送率方程式

$$dN_A = k'_x aS(x_i - x)dZ \qquad (26-30)$$

式中　　k'_x = 溶質 A 在靜止液體中擴散時之液相質量輸送係數，千克莫耳／(小時)(公尺)^2

x = 液體中溶質 A 之莫耳分率

x_i = 液體中溶質 A 在兩相交界面上與 y_i 成平衡之莫耳分率

在穩態下氣相溶質之減少率 $d(Vy)$，應等於液相中溶質 A 之吸收率 $d(Lx)$，故

$$dN_A = d(Vy) = d(Lx) \qquad (26-31)$$

再者，因 $V = \dfrac{V'}{1-y}$，故

$$d(Vy) = V'd\left(\frac{y}{1-y}\right) = V'\frac{dy}{(1-y)^2} = V\frac{dy}{1-y} \qquad (26-32)$$

將式 (26-31) 與 (26-32) 代入式 (26-29)，整理後得

$$G_{my} = \frac{dy}{1-y} = k'_y a(y - y_i)dZ \qquad (26-33)$$

式中 G_{my} 為氣體之莫耳通量，即 $G_{my} = \dfrac{V}{S}$。同理，由式 (26-30) 及 (26-31) 可得

$$G_{mx} = \frac{dx}{1-x} = k'_x a(x_i - x)dZ \qquad (26-34)$$

式中 G_{mx} 為液體之莫耳通量，即 $G_{mx} = \dfrac{L}{S}$。

塔中填料高度 Z_T，可自式 (26–33) 或 (26–34) 自塔頂 $Z = 0$ 處，積分至塔底 $Z = Z_T$ 處而得，故

$$Z_T = \int_0^{Z_T} dZ = \int_{y_2}^{y_1} \left(\frac{G_{my}}{k_y' a} \right) \frac{dy}{(1-y)(y-y_i)} \tag{26–35}$$

或

$$Z_T = \int_{x_2}^{x_1} \left(\frac{G_{mx}}{k_x' a} \right) \frac{dx}{(1-x)(x_i-x)} \tag{26–36}$$

上面二式中之 $x_1,\ y_1$ 與 $x_2,\ y_2$，各表在塔底及塔頂處之液體溶質莫耳分率與氣體溶質莫耳分率，見圖 26–14。

對一特定之填料言，a 通常隨 G_{my} 而變，但 $k_y' a$ 則為 G_{my} 及 $y_{B,\ell m}$ 之函數，故式 (26–35) 及 (26–36) 之積分不易。在此

$$y_{B,\ell m} = (1-y)_{\ell m} = \frac{(1-y_i)-(1-y)}{\ln\left[\dfrac{(1-y_i)}{(1-y)}\right]} \tag{26–37}$$

設 k_y 為等莫耳逆向擴散時之氣相質量輸送係數，則由第 24 章之討論知，k_y' 與 k_y 間之關係為

$$k_y = k_y' y_{B,\ell m} = k_y'(1-y)_{\ell m} \tag{26–38}$$

將式 (26–38) 代入式 (26–35)，得

$$Z_T = \int_{y_2}^{y_1} \left(\frac{G_{my}}{k_y a} \right) \frac{(1-y)_{\ell m}\, dy}{(1-y)(y-y_i)} \tag{26–39}$$

同理，倘以

$$k_x = k'_x (1-x)_{\ell m} = k'_x \frac{(1-x_i)-(1-x)}{\ln\left[\dfrac{(1-x_i)}{(1-x)}\right]} \tag{26-40}$$

之關係代入式 (26–36)，其結果為

$$Z_T = \int_{x_2}^{x_1} \left(\frac{G_{mx}}{k_x a}\right) \frac{(1-x)_{\ell m} dx}{(1-x)(x_i-x)} \tag{26-41}$$

由於氣體溶質沿塔中被吸收，G_{my} 之值遂自塔底往上逐漸減少，而隨 G_{my} 變化之 $k_y a$，由實驗結果知亦自塔底遞減至塔頂，其結果使 $\dfrac{G_{my}}{k_y a}$ 之值在塔中幾乎維持不變。今以其在塔底及塔頂之算術平均值 $\left(\dfrac{G_{my}}{k_y a}\right)_{av}$ 代入，則式 (26–39) 遂可化簡為

$$Z_T = \left(\frac{G_{my}}{k_y a}\right)_{av} \int_{y_2}^{y_1} \frac{(1-y)_{\ell m} dy}{(1-y)(y-y_i)} \tag{26-42}$$

同理，由式 (26–41) 亦可得在液相中與式 (26–42) 對應之關係式：

$$Z_T = \left(\frac{G_{mx}}{k_x a}\right)_{av} \int_{x_2}^{x_1} \frac{(1-x)_{\ell m} dx}{(1-x)(x_i-x)} \tag{26-43}$$

無論由式 (26–42) 或 (26–43) 計算填料高度，吾人必須預知 y 與 y_i 或 x 與 x_i 之關係。今將式 (26–29) 及 (26–30) 相除，其結果為

$$\frac{y-y_i}{x_i-x} = \frac{k'_x a}{k'_y a}$$

或

$$y = -\frac{k'_x a}{k'_y a} x + \left(y_i + \frac{k'_x a}{k'_y a} x_i\right) \tag{26-44}$$

式 (26–44) 為一通過 (x, y) 及 (x_i, y_i) 點之直線,其斜率為 $\left(\dfrac{-k'_x a}{k'_y a}\right)$,見圖 26–15。

圖中 ab 為式 (26–44) 所作之直線,因其通過點 (x_i, y_i),且此點須在平衡曲線上,故點 b 之坐標即為 (x_i, y_i)。圖中 $\overline{ac}$ 線段為氣相中之質量輸送驅動力 $(y - y_i)$,$\overline{bc}$ 則為液相驅動力 $(x_i - x)$。仿此,吾人可在操作線任何點上 (x, y),以 $\left(\dfrac{-k'_x a}{k'_y a}\right)$ 為斜率,繪出很多平行直線,而每一平行直線與操作線及平衡線相交之點,(x, y) 及 (x_i, y_i),即構成式 (26–42) 或 (26–43) 中 $(y - y_i)$ 或 $(x_i - x)$ 之值。故倘若 $k'_x a$ 與 $k'_y a$ 均為已知時,Z_T 即可由式 (26–42) 或 (26–43),藉圖解法或數值分析法積分而得。

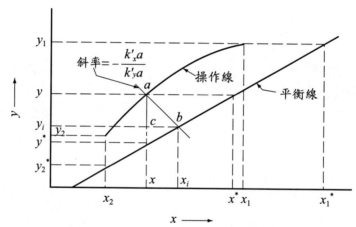

圖 26–15　填充塔之 $y - y_i$ 與 $x_i - x$ 值

例 26–4

今欲在一填以 1 吋拉西環之填充塔中,以水吸收空氣中之 SO_2,使出口之 SO_2 含量不超過 0.1 莫耳百分率。設入口氣體中含 6 莫耳百分率之 SO_2 及 94 莫耳百分率之乾燥空氣,而該處氣體之流率為 455 千克／小時。若所採用之氣體流率為其溢流流率之半，且水之用量為其最小 $\frac{L'}{V'}$ 值之兩倍，而操作係在 30°C 及 1 大氣壓下，問塔中填料高度與塔之直徑各應若干？液相中 Schmidt 數為 570，溶液之密度為 998 千克 /(公尺)^3，黏度為 1 cP；且已知 30°C 時之平衡數據如下：$\overline{p}_{SO_2}$ 表氣相中 SO_2 之分壓，C 表水中 SO_2 之濃度，ρ_L 則表水溶液之密度。

$\overline{p}_{SO_2}$，毫米汞柱	0.6	1.7	4.7	8.1	11.8	19.7	36	52	79
C，克 SO_2 / 100 克水中	0.02	0.05	0.10	0.15	0.20	0.30	0.50	0.70	1.0
ρ_L，千克 /(公尺)^3	62.16	62.17	62.19	62.21	62.22	62.25	62.32	62.38	62.47

對 1 吋拉西環之填料言，下列之實驗式可成立：

$$\left(\frac{G_{mx}}{k_x a}\right) = 0.01 \left(\frac{G_x}{\mu'_x}\right)^{0.22} (S_{c_l})^{0.5} \tag{A}$$

$$k'_y a = 0.036 (G_y)^{0.77} (G_x)^{0.2} \tag{B}$$

式中 G_{mx} 之單位應採磅莫耳 /(小時)(呎)^2，G_x 與 G_y 採磅 /(小時)(呎)^2，μ'_x 採磅 /(小時)(呎)，$k'_x a$ 與 $k'_y a$ 採磅莫耳 /(小時)(呎)^3。

(解) 先用下列之關係式：

$$y = \frac{\overline{p}_{SO_2}}{760}; \quad x = \frac{\dfrac{C}{64}}{\dfrac{100}{18} + \dfrac{C}{64}}$$

將上述之平衡數據，轉換成以莫耳分率表示，並列表如下：

y	0.00079	0.00224	0.0062	0.0107	0.01566	0.0259	0.0474	0.0684	0.104
x	0.0000565	0.000141	0.000281	0.000422	0.000564	0.000844	0.00141	0.00197	0.0028

當 $\dfrac{L'}{V'}$ 值最小時，水溶液出口處之濃度達到溶解度飽和。故以 x_1^* 代 x，

$y_1 = 0.06$ 代 y，$L'_{\min}$ 代 L'，則式 (26–12) 之全塔物料結算變為

$$L'_{\min}\left(\frac{x_2}{1-x_2} - \frac{x_1^*}{1-x_1^*}\right) = V'\left(\frac{y_2}{1-y_2} - \frac{y_1}{1-y_1}\right) \ldots\ldots ①$$

因入口氣體之莫耳流率為

$$V_1 = \frac{455}{(0.06 \times 64) + (0.94 \times 29)} = 14.6 \text{ 千克莫耳 / 小時}$$

故乾燥空氣之莫耳流率為

$$V' = V_1(1 - y_1) = 14.6(0.94) = 13.7 \text{ 千克莫耳 / 小時}$$

由題意知：$x_2 = 0$, $y_2 = 0.001$；由平衡數據知：當 $y_1 = 0.06$ 時，$x_1^* = 0.00174$。

將以上之已知值代入式①，則

$$L'_{\min}\left(0 - \frac{0.00174}{1 - 0.00174}\right) = 13.7\left(\frac{0.001}{1 - 0.001} - \frac{0.06}{1 - 0.06}\right)$$

故最小水流率為

$$L'_{\min} = 493 \text{ 千克莫耳 / 小時}$$

而實際水流率為

$$L' = 2 \times L'_{\min} = 986 \text{ 千克莫耳 / 小時}$$

故實際操作時全塔之物量結算式可由式 (26–12) 改寫為

$$986\left(0 - \frac{x_1}{1 - x_1}\right) = 13.7\left(\frac{0.001}{1 - 0.001} - \frac{0.06}{1 - 0.06}\right) \ldots\ldots ②$$

由上式可算出水溶液出口處 SO_2 之莫耳分率為

$$x_1 = 0.000880$$

操作線亦可仿照式 (26–12) 之推導，改寫為

$$V'\left(\frac{y}{1-y} - \frac{y_1}{1-y_1}\right) = L'\left(\frac{x}{1-x} - \frac{x_1}{1-x_1}\right)$$

將已知值代入，則

$$13.7\left(\frac{y}{1-y} - \frac{0.06}{1-0.06}\right) = 986\left(\frac{x}{1-x} - \frac{0.00088}{1-0.00088}\right)$$

因液體濃度甚稀薄，即 $(1-x) \approx 1$，故上式可化簡為

$$x = 0.01388\frac{y}{1-y} - 0.00000655$$

式中右端末項之值甚小，故可略去不計，故操作線中 x 與 y 之關係可列成下表

y	0.06	0.04	0.03	0.02	0.001
x	0.00088	0.000591	0.00043	0.000283	～0

$$\because V_1 = 455 \text{ 千克 / 小時} = 14.6 \text{ 千克莫耳 / 小時}$$

$$\therefore \text{入口之 } SO_2 \text{ 量} = 14.6 \times 0.06 \times 64 = 56 \text{ 千克 / 小時}$$

$$\text{出口之 } SO_2 \text{ 量} = \frac{0.001}{0.999} \times 13.7 \times 64 = 0.88 \text{ 千克 / 小時}$$

$$\therefore SO_2 \text{ 之吸收量} = 56 - 0.88 \approx 55 \text{ 千克 / 小時}$$

$$\text{入口水量 } L' = 986 \times 18 = 17\,730 \text{ 千克 / 小時}$$

$$\therefore \text{出口之水溶液量 } L_2 = 17\,785 \text{ 千克 / 小時}$$

設氣體之密度為空氣在 30°C 及 1 大氣壓下之密度，則

$$\rho_y = \frac{29}{22.4} \times \frac{273}{303} = 1.165 \text{ 千克} /(公尺)^3$$

由題意知：$\rho_x = 998$ 千克 /(公尺)^3，

$$\therefore \frac{G_x}{G_y} \sqrt{\frac{\rho_y}{\rho_x}} = \frac{L_2}{V_1} \sqrt{\frac{\rho_y}{\rho_x}} = \frac{17\,785}{455} \sqrt{\frac{1.165}{998}} = 1.335$$

由圖 26–5 中可查得在溢流點時

$$\frac{(G_y)_f^2 a_v (\mu_x')^{0.2} \left(\dfrac{1\,000}{\rho_x} \right)}{g_c \epsilon^3 \rho_y \rho_x} = 0.015$$

對 1 吋拉西環之填料，其 a_v 與 ϵ 可自表 26–1 中查出為

$$a_v = 190 \ (公尺)^2 /(公尺)^3 , \ \epsilon = 0.73$$

又因 $\mu_x' = 1$ cP，故

$$\frac{(G_y)_f^2 (190)(1.0)^{0.2} \left(\dfrac{1\,000}{998} \right)}{1 \times (3\,600)^2 (0.73)^3 (1.165)(998)} = 0.015$$

解之得溢流通量為

$$(G_y)_f = 2\,128 \text{ 千克} /(小時)\,(公尺)^2$$

故實際操作之氣流通量為

$$G_y = \frac{2\,128}{2} = 1\,064 \text{ 千克} /(小時)\,(公尺)^2$$

而塔之截面積及直徑可分別算出如下：

$$S = \frac{V_1}{G_y} = \frac{455}{1\,064} = 0.428 \text{ 平方公尺}$$

$$D = \left(\frac{4}{\pi}S\right)^{\frac{1}{2}} = \left[\frac{4}{\pi}(0.428)\right]^{\frac{1}{2}}$$

$$= 0.738 \text{ 公尺}$$

若欲以式 (26–42) 或 (26–43) 求得填料之高度 Z_T，必須先知 $k_y a$ 或 $k_x a$ 之值。因 $G_y = 1\,064$ 千克 /(小時) (公尺)^2 $= 218$ 磅 /(小時) (呎)^2，$G_x = \frac{(986)(18)}{0.428} = 41\,467$ 千克 /(小時) (公尺)^2 $= 8\,500$ 磅 /(小時) (呎)^2，$\mu'_x = 1$ cP $= 2.42$ 磅/(小時)(呎)，$S_c = 570$；將以上諸值代入題目中之式(A)，得

$$\left(\frac{G_{mx}}{k_x a}\right) = 0.01 \left(\frac{8\,500}{2.42}\right)^{0.22} (570)^{0.5} = 1.43 \text{ 呎} = 0.436 \text{ 公尺}$$

若 G_{mx} 可視為常數，則

$$k_x a = \frac{986}{(0.428)(0.436)} = 5\,300 \text{ 千克莫耳 /(小時) (呎)}^2$$

因塔中 x 值甚小，即 $(1-x)_{\ell m} \approx 1$，故 $k'_x a \approx k_x a$。由題目中之式(B)

$$k'_x a = 0.036(218)^{0.77}(8\,500)^{0.2} = 13.8 \text{ 磅莫耳 /(小時) (呎)}^3$$

$$= 221.5 \text{ 千克莫耳 /(小時) (呎)}^3$$

$$\therefore \frac{k'_x a}{k'_y a} = -\frac{5\,300}{221.5} = -23.9$$

以此為斜率，仿照圖 26–15 作如式 (26–44) 所表示之諸直線，可得下列任 y 值之諸相對 $\frac{1}{y - y_i}$ 值

y	y_i	$y - y_i$	$\dfrac{1}{y - y_i}$
0.06	0.0475	0.0125	80
0.05	0.0392	0.0108	92.5
0.04	0.0308	0.0092	109
0.03	0.0224	0.0076	132
0.02	0.0140	0.0060	167
0.01	0.0065	0.0035	288
0.001	0.0005	0.0005	2 000

在此例中 y 值頗小，故 $(1-y)_{\ell m} \approx (1-y)$，故式 (26–42) 可簡化為

$$Z_T = \left(\frac{G_{my}}{k_y a}\right)_{av} \int_{y_2}^{y_1} \frac{dy}{y - y_i} \quad\text{...} \quad ③$$

應用上面附表及數值積分法，得

$$\int_{y_2=0.001}^{y_1=0.06} \frac{dy}{y - y_i} = 14.3$$

另者，塔底處

$$(1-y)_{\ell m,1} = \frac{(1 - y_i) - (1 - y_1)}{\ln\left(\dfrac{1 - y_i}{1 - y_1}\right)} \approx \frac{(1 - y_i) + (1 - y_1)}{2}$$

$$= \frac{0.953 + 0.94}{2} = 0.942$$

而塔頂處，$(1-y)_{\ell m,2} \approx 0.999$，故 $(1-y)_{\ell m}$ 與氣流率之平均值為

$$(1-y)_{\ell m} = \frac{0.942 + 0.999}{2} = 0.97$$

$$V = \frac{V_1 + V_2}{2} = \frac{13.7 + 14.6}{2} = 14.15 \text{ 千克莫耳 / 小時}$$

$$\therefore \left(\frac{G_{my}}{k_y a}\right)_{av} = \frac{G_{my}}{k'_y a (1-y)_{\ell m}}$$

$$= \frac{\left(\dfrac{14.15}{0.428}\right)}{(221.5)(0.97)} = 0.154 \text{ 公尺}$$

故最後可由式③算出塔中填料之高度

$$Z_T = (0.154)(14.3) = 2.2 \text{ 公尺}$$

26-14　填充塔中之總質量輸送係數

　　以實驗方法測定填充塔中 $k_y a$ 或 $k_x a$ 值所遭遇之最大困難,乃在兩相界面濃度之測得不易。為使問題簡單而易解，吾人常避免涉及兩相界面之濃度（x_i 或 y_i），而改用假想中達平衡之濃度（x^* 或 y^*）；換言之，即以總驅動力濃度 $(y-y^*)$ 或 (x^*-x)，替代 $(y-y_i)$ 或 (x_i-x)。由此所得之總質量輸送係數亦較易以實驗方法測定。今以氣相總驅動力濃度 $(y-y^*)$ 為基準，寫出與式 (26–27) 相對應之質量輸送率方程式

$$dN_A = K'_y a S (y - y^*) dZ \tag{26–45}$$

式中　　$K'_y =$ 溶質在靜止氣體 B 中擴散時之氣相總質量輸送係數

　　　　千克莫耳 /(小時)(公尺)^2

$x^* =$ 與 y 平衡之 x 值

$y^* =$ 與 x 平衡之 y 值

　　填充塔內之實際吸收程序中，y^* 並無物理意義，其借用僅屬數學上處理之方便而已。若以 K_y 表等莫耳逆向擴散時之氣相總質量輸送係數，則由第 24 章知其與 K'_y 之關係為

$$K_y = K_y'(1 - y)_{\ell m} \tag{26-46}$$

此處

$$(1 - y)_{\ell m} = \frac{(1 - y^*) - (1 - y)}{\ln\left(\dfrac{1 - y^*}{1 - y}\right)} \tag{26-47}$$

仿效上節之推導方法，吾人亦可自式 (26-45) 與 (26-46) 之關係，獲得估計填料高度之計算式為

$$Z_T = \left(\frac{G_{my}}{K_y a}\right)_{av} \int_{y_2}^{y_1} \frac{(1 - y)_{\ell m} dy}{(1 - y)(1 - y^*)} \tag{26-48}$$

同理，對液體相言

$$Z_T = \left(\frac{G_{mx}}{K_x a}\right)_{av} \int_{x_2}^{x_1} \frac{(1 - x)_{\ell m} dx}{(1 - x)(x^* - x)} \tag{26-49}$$

式中

$$(1 - x)_{\ell m} = \frac{(1 - x^*) - (1 - x)}{\ln\left(\dfrac{1 - x^*}{1 - x}\right)} \tag{26-50}$$

K_x 為等莫耳逆向擴散時之液相總質量輸送係數，其與溶質在靜止液體中擴散時之液相總質量輸送係數 K_x' 成下面關係：

$$K_x = K_x'(1 - x)_{\ell m} \tag{26-51}$$

式 (26-48) 與 (26-49) 中之複合係數 $K_y a$ 與 $K_x a$，通常稱為總吸收係數。

　　合併式 (26-27) 與 (26-45) 之結果，得

$$\frac{1}{K'_y} = \frac{y - y^*}{k'_y(y - y_i)} = \frac{(y - y_i) + (y_i - y^*)}{k'_y(y - y_i)}$$

$$= \frac{1}{k'_y} + \frac{y - y^*}{k'_y(y - y_i)} \tag{26-52}$$

將式 (26–44) 代入上式以消去 $(y - y_i)$，得

$$\frac{1}{K'_y} = \frac{1}{k'_y} + \frac{y - y^*}{k'_x(x_i - x)} \tag{26-53}$$

自圖 26–15 知，若平衡曲線為一直線，則 $\dfrac{y_i - y^*}{x_i - x}$ 為其斜率 m，故得

$$\frac{1}{K'_y} = \frac{1}{k'_y} + \frac{m}{k'_x} \tag{26-54}$$

或

$$\frac{1}{K'_y a} = \frac{1}{k'_y a} + \frac{m}{k'_x a} \tag{26-55}$$

同理可得

$$\frac{1}{K'_x a} = \frac{1}{k'_x a} + \frac{1}{mk'_y a} = \frac{1}{mK'_y a} \tag{26-56}$$

須注意者，上式之成立乃基於平衡曲線為直線時。由上式知，倘塔中 $k'_y a$、$k'_x a$ 及 m 皆為常數，則 $K'_y a$ 與 $K'_x a$ 亦為定值。

26–15 輸送單位數與輸送單位高度

倘吾人將填料高度 Z_T 假想成係由許多所謂輸送單位所組成者，並定義 N_t 為輸送單位數 (number of transfer unit, NTU)，H_t 為每輸送單位高度 (height of transfer unit, HTU)，則

$$Z_T = H_t N_t \tag{26-57}$$

上式中之 H_t 與 N_t 可依所選擇驅動力之不同，而分別獲得不同之定義。以式 (26-57) 與式 (26-42)，(26-43)，(26-48) 及 (26-49) 分別比較之結果，可得下面四種不同定義之 N_t：

$$N_{ty} = \int_{y_2}^{y_1} \frac{(1-y)_{\ell m} dy}{(1-y)(y-y_i)} \tag{26-58}$$

$$N_{tx} = \int_{x_1}^{x_2} \frac{(1-x)_{\ell m} dx}{(1-x)(x_i-x)} \tag{26-59}$$

$$N_{toy} = \int_{y_2}^{y_1} \frac{(1-y)_{\ell m} dy}{(1-y)(y-y^*)} \tag{26-60}$$

$$N_{tox} = \int_{x_2}^{x_1} \frac{(1-x)_{\ell m} dx}{(1-x)(x^*-x)} \tag{26-61}$$

及其相對應之 H_t

$$H_{ty} = \left(\frac{G_{my}}{k_y a} \right)_{av} \tag{26-62}$$

$$H_{tx} = \left(\frac{G_{mx}}{k_x a} \right)_{av} \tag{26-63}$$

$$H_{toy} = \left(\frac{G_{my}}{K_y a} \right)_{av} \tag{26-64}$$

$$H_{tox} = \left(\frac{G_{mx}}{K_x a} \right)_{av} \tag{26-65}$$

由此可知

$$Z_T = H_{ty}N_{ty} = H_{tx}N_{tx} = H_{toy}N_{toy} = H_{tox}N_{tox} \tag{26-66}$$

事實上，吾人可選用任一組之 N_t 及 H_t，以計算塔中填料之高度；其決定僅為某種便利而已，而所得之結果皆相同。一般若選用以總驅動力為基準之 N_t 及 H_t，可使計算簡便。

不同定義之輸送單位高度間的關係，可求出如下。由式 (26-55) 得

$$\frac{G_{my}}{K'_ya(1-y)_{\ell m}} = \frac{G_{my}}{k'_ya(1-y)_{\ell m}} + \frac{m\left(\dfrac{G_{my}}{G_{mx}}\right)G_{mx}}{k'_xa(1-x)_{\ell m}} \cdot \frac{(1-x)_{\ell m}}{(1-y)_{\ell m}}$$

今假定塔中 $\dfrac{G_{my}}{k_ya}$ 與 $\dfrac{G_{mx}}{k_xa}$ 均為定值，則由 H_t 之定義上式變為

$$H_{toy} = H_{ty} + \frac{mG_{my}}{G_{mx}}(H_{tx})\frac{(1-x)_{\ell m}}{(1-y)_{\ell m}}$$

除溶液甚濃外，通常 $\dfrac{(1-x)_{\ell m}}{(1-y)_{\ell m}}$ 之值約為 1，故上式簡化為

$$H_{toy} = H_{ty} + \frac{mG_{my}}{G_{mx}}H_{tx} \tag{26-67}$$

同理，由式 (26-56) 亦可導出

$$H_{tox} = H_{tx} + \frac{G_{mx}}{G_{my}}H_{ty} = \frac{G_{mx}}{mG_{my}}H_{toy} \tag{26-68}$$

須注意者，惟有在操作線與平衡線皆為直線之情況下，塔中之 m、k_y、k_x、H_{ty} 及 H_{tx} 始為不變，而此時 H_{toy} 及 H_{tox} 亦為定值。輸送單位高度 H_t 與質量輸送係數息息相關，然因 H_t 之因次為長度，故較易於解析。除此之外，因在填充塔內 k_ya 隨 G_{my} 遞增，而 k_xa 亦隨 G_{mx} 遞增，致使 H_{ty} 與 H_{tx} 幾乎與氣、液體之流率無關。

26-16 輸送單位數之計算

一般填料塔中之 y 值比 1 小很多，故 $(1-y)_{\ell m}$ 可用其算術平均值近似之，即

$$(1-y)_{\ell m} \approx \frac{(1-y_i)+(1-y)}{2} \tag{26-69}$$

將此結果代入式 (26-58)，得

$$N_{ty} = \frac{1}{2}\int_{y_2}^{y_1}\frac{dy}{y-y_i} + \frac{1}{2}\int_{y_2}^{y_1}\frac{(1-y_i)dy}{(1-y)(y-y_i)}$$

積分上式等號右邊第二項，重整後得

$$N_{ty} = \int_{y_2}^{y_1}\frac{dy}{y-y_i} + \frac{1}{2}\ln\frac{1-y_2}{1-y_1} \tag{26-70}$$

或引入式 (26-8) 與 (26-9) 所定義之莫耳比，上式變為

$$N_{ty} = \int_{Y_2}^{Y_1}\frac{dY}{Y-Y_i} + \frac{1}{2}\ln\frac{1+Y_2}{1+Y_1} \tag{26-71}$$

同理可得

$$N_{tx} = \int_{x_2}^{x_1}\frac{dx}{x_i-x} + \frac{1}{2}\ln\frac{1-x_2}{1-x_1} \tag{26-72}$$

$$N_{tx} = \int_{X_2}^{X_1}\frac{dX}{X_i-X} + \frac{1}{2}\ln\frac{1+X_2}{1+X_1} \tag{26-73}$$

$$N_{toy} = \int_{y_2}^{y_1}\frac{dy}{y-y^*} + \frac{1}{2}\ln\frac{1-y_2}{1-y_1} \tag{26-74}$$

$$N_{toy} = \int_{Y_2}^{Y_1} \frac{dY}{Y - Y^*} + \frac{1}{2}\ln\frac{1 + Y_2}{1 + Y_1} \tag{26-75}$$

$$N_{tox} = \int_{x_2}^{x_1} \frac{dx}{x^* - x} + \frac{1}{2}\ln\frac{1 - x_2}{1 - x_1} \tag{26-76}$$

$$N_{tox} = \int_{X_2}^{X_1} \frac{dX}{X^* - X} + \frac{1}{2}\ln\frac{1 + X_2}{1 + X_1} \tag{26-77}$$

通常當氣相阻力為主要之質量輸送阻力時（例如溶解度很大之氣體被吸收），宜用氣相中之濃度表示其質量輸送驅動力，故此時須採用式 (26–70)，(26–71)，(26–74) 或 (26–75)；反之，在氣體溶解度很小之吸收操作中，其主要質量輸送阻力係在液相中，則此時宜採用式 (26–72)，(26–73)，(26–76) 或 (26–77)。

例 26–5

設〔例 26–4〕中之平衡線為一直線，試以氣相總輸送單位之計算法，估計塔中填料之高度。

（解） 由式 (26–74)，氣相總輸送單位之計算式為

$$N_{toy} = \int_{y_2}^{y_1} \frac{dy}{y - y^*} + \frac{1}{2}\ln\frac{1 - y_2}{1 - y_1}$$

$$= \int_{0.001}^{0.06} \frac{dy}{y - y^*} + \frac{1}{2}\ln\frac{1 - 0.001}{1 - 0.06}$$

總驅動力濃度 $(y - y^*)$，可自〔例 26–4〕中之操作線與平衡數據計算而得下表

y $\xrightarrow{\text{操作線}}$ x $\xrightarrow{\text{平衡線}}$ y^*			$y - y^*$	$\dfrac{1}{y - y^*}$
0.06	0.000886	0.0295	0.0305	32.8
0.05	0.000731	0.0240	0.0260	38.5
0.04	0.000578	0.0180	0.0220	45.4
0.03	0.000429	0.0130	0.0170	58.8
0.02	0.000283	0.0075	0.0125	80
0.01	0.000140	0.003	0.007	143
0.001	0.000014	0	0.001	1 000

利用上表作數值積分之結果,得

$$\int_{0.001}^{0.06} \frac{dy}{y - y^*} \approx 6.55$$

$$\therefore N_{toy} = 6.55 + \frac{1}{2}\ln\frac{0.999}{0.94} = 6.578$$

因已假定在 $y_1 = 0.06$ 至 $y_2 = 0.001$ 之範圍內,平衡線為一直線,故由平衡數據可算出此直線之斜率為

$$m = \frac{0.06 - 0.001}{0.00174 - 0.00007} = 34.7$$

在〔例 26–4〕中已求出

$$H_{tx} = \left(\frac{G_{mx}}{k_x a}\right)_{av} = 0.436 \text{ 公尺}$$

$$H_{ty} = \left(\frac{G_{my}}{k_y a}\right)_{av} = 0.154 \text{ 公尺}$$

又因

$$\frac{mG_{my}}{G_{mx}} = \frac{(34.7)\left(\dfrac{14.15}{0.428}\right)}{\left(\dfrac{986}{0.428}\right)} = 0.498$$

故由式 (26–67) 得

$$H_{toy} = H_{ty} + \frac{mG_{my}}{G_{mx}}H_{tx}$$

$$= 0.154 + (0.498)(0.436) = 0.371 \ \text{公尺}$$

故所需塔中填料之高度為

$$Z_T = H_{toy}N_{toy} = (0.371)(6.578) = 2.44 \ \text{公尺}$$

此結果與〔例 26–4〕所得比較，顯示略有偏差，此應歸因於其平衡線實際上並非直線之故。

26–17 　稀薄氣體或液體之輸送單位數

在氣體吸收之過程中，若塔中氣體之濃度 y 恆為甚小，則 $\ln\left(\dfrac{1-y_2}{1-y_1}\right) \approx 0$，而式 (26–74) 變為

$$N_{toy} = \int_{y_2}^{y_1} \frac{dy}{y - y^*} \tag{26–78}$$

今設在操作之範圍內，操作線與平衡線皆為直線，故其平衡線可用下式表示

$$y^* = mx + C_1 \tag{26–79}$$

式中 m 為直線之斜率，C_1 為縱軸之截距。由上式得

$$y_2^* = mx_2 + C_1$$

$$y_1^* = mx_1 + C_1$$

此處下標 1 及 2 各表在塔底及塔頂之值。自上面二式中消去 C_1，得

$$m = \frac{y_2^* - y_1^*}{x_2 - x_1} \tag{26–80}$$

因操作線亦為直線，故 $V_2 \approx V_1 = V, L_2 \approx L_1 = L$，式 (26–6) 遂可寫成

$$x = x_2 + \frac{V}{L}(y - y_2) \tag{26–81}$$

此即為操作線之方程式。將上式代入式 (26–79)，得

$$y^* = m\left[x_2 + \frac{V}{L}(y - y_2)\right] + C_1 \tag{26–82}$$

再以式 (26–82) 代入式 (26–78)，得

$$N_{toy} = \int_{y_2}^{y_1} \frac{dy}{y - \left\{m\left[x_2 + \frac{V}{L}(y - y_2)\right] + C_1\right\}}$$

上式之積分結果為

$$N_{toy} = \frac{1}{1 - \left(\frac{mV}{L}\right)} \ln \frac{y_1 - \left\{m\left[x_2 + \frac{V}{L}(y_1 - y_2)\right] + C_1\right\}}{y_2 - (mx_2 + C_1)} \tag{26–83}$$

式 (26–15) 可改寫為

$$\frac{V}{L} = \frac{x_2 - x_1}{y_2 - y_1} \tag{26–84}$$

將式 (26–79), (26–80), (26–82) 及 (26–84) 代入式 (26–83), 得

$$N_{toy} = \frac{1}{1 - \dfrac{y_2^* - y_1^*}{x_2 - x_1} \cdot \dfrac{x_2 - x_1}{y_2 - y_1}} \ln \frac{y_1 - y_1^*}{y_2 - y_2^*}$$

$$= \frac{y_2 - y_1}{(y_2 - y_2^*) - (y_1 - y_1^*)} \ln \frac{y_1 - y_1^*}{y_2 - y_2^*} \tag{26–85}$$

今定義下面之對數平均

$$(y - y^*)_{\ell m} = \frac{(y_2 - y_2^*) - (y_1 - y_1^*)}{\ln \left(\dfrac{y_2 - y_2^*}{y_1 - y_1^*} \right)} \tag{26–86}$$

則式 (26–85) 可寫成

$$N_{toy} = \frac{y_1 - y_2}{(y - y^*)_{\ell m}} \tag{26–87}$$

同理, 由式 (26–76) 可得以液相濃度表示之總輸送單位計算式

$$N_{tox} = \int_{x_2}^{x_1} \frac{dx}{x^* - x} = \frac{x_1 - x_2}{(x^* - x)_{\ell m}} \tag{26–88}$$

式中

$$(x^* - x)_{\ell m} = \frac{(x_2^* - x_2) - (x_1^* - x_1)}{\ln \left(\dfrac{x_2^* - x_2}{x_1^* - x_1} \right)} \tag{26–89}$$

例 26–6

設〔例 26–4〕中之氣體為稀薄氣體, 試以氣相總輸送單位數之方法, 求塔中填料之高度。

(解) 對稀薄氣體言，其操作線與平衡線均可視為直線，故其總輸送單位數可由式 (26-87) 計算而得。在〔例 26-5〕中，吾人已求出平衡線之斜率 $m = 34.7$，而由平衡數據表上知，$x = 0$ 時 $y^* = 0$，故平衡線之方程式為

$$y^* = 34.7x$$

由〔例 26-4〕得塔兩端之濃度為

$$x_1 = 0.00088,\ y_1 = 0.06$$

$$x_2 = 0,\ y_2 = 0.001$$

$$\therefore y_1^* = (34.7)(0.00088) = 0.0305$$

$$y_2^* = (34.7)(0) = 0$$

故由式 (26-86) 得

$$(y - y^*)_{\ell m} = \frac{(0.06 - 0.0305) - (0.001 - 0)}{\ln\left(\dfrac{0.06 - 0.0305}{0.001 - 0}\right)}$$

$$= 0.00842$$

故輸送單位數可由式 (26-87) 求得

$$N_{toy} = \frac{0.06 - 0.001}{0.00842} = 7.01$$

由〔例 26-5〕中得

$$H_{toy} = 0.371 \text{ 公尺}$$

故填料之高度為

$$Z_T = H_{toy}N_{toy}$$

$$= (0.371)(7.01) = 2.6 \text{ 公尺}$$

26-18　單膜阻力控制之吸收

當氣體溶質在液體中之溶解度甚小時，其平衡線之斜率甚大。倘此時 $\dfrac{G_{mx}}{G_{my}}$ 值亦不大時，則式 (26–68) 中之 $\dfrac{G_{mx}}{mG_{my}}$ 項可略去不計，故得 $H_{tox} \approx H_{tx}$。因此此時氣相中之阻力遠較液相中者小，而可不予考慮；換言之，即吸收之質量輸送率完全係由液膜阻力所控制。反之，當氣體溶質之溶解度甚大時，m 很小，此時若 $\dfrac{G_{my}}{G_{mx}}$ 亦不很大，則由式 (26–67) 可得 $H_{toy} \approx H_{ty}$，此時氣膜遂成為主要之質量輸送阻力矣。惟一般當 m 值很大，亦即氣體溶質不易溶解時，所需液體吸收劑之量亦須隨之增加，即 $\dfrac{G_{mx}}{G_{my}}$ 值亦隨之增大，以致往往使 $\dfrac{G_{mx}}{mG_{my}}$ 項不能予以忽略，因此此時氣膜與液膜之阻力同屬重要，一如一般工業上實際操作時所遭遇者然。

26-19　輸送單位高度之實驗式

在液相阻力控制之情況下，$H_{tox} \approx H_{tx}$，Sherwood 與 Holloway 二氏提出下列之實驗式：

$$H_{tx} = \lambda_1 \left(\frac{G_x}{\mu_x'} \right)^{\lambda_2} (Sc_L)^{0.5} \tag{26–90}$$

式中　　G_x = 液體之質量通量，磅 /(小時)(呎)^2
　　　　μ_x' = 液體之黏度，磅 /(小時)(呎)
　　　　Sc_L = 液體之 Schmidt 數
　　　　λ_1, λ_2 = 實驗常數，見表 26–3

表 26-3 所列者，乃在不同種類及大小之填料下，適用於式 (26-90) 之 λ_1 與 λ_2 值。由式 (26-90) 知，H_{tx} 與液體之 Schmidt 數有關，故當 Sc_L 隨溫度變化時，H_{tx} 亦隨之改變，其受溫度之影響可用下式校正之：

$$H_{tx} = H_{tx,0} e^{-0.0234(T-T_0)} \qquad (26\text{--}91)$$

式中 $H_{tx,0}$ 及 H_{tx} 分別表溫度 T_0 與 $T°$C 時之輸送單位高度。

表 26-3　式 (26-90) 中之 λ_1 與 λ_2 值

填 料	λ_1	λ_2	G_x 之範圍
拉西環：			
$\frac{3}{8}$ 吋	0.00182	0.46	400～15 000
$\frac{1}{2}$ 吋	0.00357	0.35	400～15 000
1 吋	0.0100	0.22	400～15 000
$1\frac{1}{2}$ 吋	0.0111	0.22	400～15 000
2 吋	0.0125	0.22	400～15 000
貝爾環：			
$\frac{1}{2}$ 吋	0.00666	0.28	400～15 000
1 吋	0.00588	0.28	400～15 000
$1\frac{1}{2}$ 吋	0.00625	0.28	400～15 000
分壁環：			
3 吋（整齊堆置）	0.00625	0.09	3 000～14 000
螺旋環（整齊堆置）：			
3 吋單螺心螺旋環	0.00909	0.28	400～15 000
3 吋三螺心螺旋環	0.0116	0.28	3 000～14 000

對氣相阻力控制之吸收，Fellinger 氏從事廣泛之氨氣被水吸收之實驗，並將所得之實驗結果推展至其他氣體吸收系統，最後獲得下面之實驗式：

$$H_{ty} = \frac{\alpha G_y^{\beta}}{G_x^{\gamma}} Sc_v^{0.5} \qquad (26\text{--}92)$$

式中　　G_x, G_y = 液體氣體之質量通量，磅 /(小時)(呎)^2

　　　　Sc_v = 氣體之 Schmidt 數

　　　　α, β, γ = 實驗常數，見表 26–4

由式 (26–90) 及 (26–92) 算出 H_{tx} 及 H_{ty} 後，H_{toy} 與 H_{tox} 遂可分別自式 (26–67) 與 (26–68) 求得。

表 26–4　式 (26–92) 中之 α, β 與 γ 值

填　料	α	β	γ	G_y 之範圍	G_x 之範圍
拉西環					
$\frac{3}{8}$ 吋	0.32	0.45	0.47	200～500	500～1 500
1 吋	7.00	0.39	0.58	200～800	400～500
	6.41	0.32	0.51	200～600	500～4 500
$1\frac{1}{2}$ 吋	17.3	0.38	0.66	200～700	500～1 500
	2.58	0.38	0.40	200～700	1 500～4 500
2 吋	3.82	0.41	0.45	200～800	500～4 500
貝爾環					
$\frac{1}{2}$ 吋	32.4	0.30	0.74	200～700	500～1 500
	0.811	0.30	0.24	200～700	1 500～4 500
1 吋	1.97	0.36	0.40	200～800	400～4 500
$1\frac{1}{2}$ 吋	5.05	0.32	0.45	200～1 000	400～4 500

分壁環					
3 吋（整齊堆置）	650	0.58	1.06	150～900	3 000～10 000
螺旋環（整齊堆置）					
3 吋單螺心螺旋環	2.38	0.35	0.29	130～700	3 000～10 000
3 吋三螺心螺旋環	15.6	0.38	0.60	200～1 000	500～3 000

26–20　反應吸收

　　倘溶於液體中之氣體溶質，同時又與該液體中任一成分起化學反應時，則一般而言，可促使吸收速率加速。工業上吸收操作中伴有化學反應者甚多，例如氨氣溶於硫酸後起化學反應生成硫酸銨，以及三氧化硫溶於硫酸水溶液而與水反應變成硫酸等皆是。此種伴有化學反應之吸收操作，其質量輸送問題遠比無反應者繁雜。讀者可參考第 24 章第 24–4 節之分析，作初步之領悟。至於較複雜之問題，讀者可參閱較專門之書籍，如 Danckwerts 氏所著 "*Gas-Liquid Reaction*"。

26–21　氣　提

　　氣提（或脫餾）與吸收乃方向相反之兩種程序，蓋因吸收操作之目的係令氣體溶質被吸收於液相中，然氣提操作之目的卻令液體溶質脫離液相並蒸發於氣相中。氣提與吸收之操作原理基本上並無差別，所相反者為，氣提操作中除操作線位於平衡線之下外，其液相與氣相之驅動力濃度分別為 $x - x_i$ 及 $y_i - y$。因此其計算方法及設計原理，讀者不難仿照吸收原理，舉一反三而瞭解，故不擬在此贅述。

符號說明

符　　號	定　　義
A	吸收因子，$\dfrac{L}{mV}$
A_1, A_2	塔底及塔頂之 A 值
a	吸收塔填料中單位體積內之兩相界面面積，$(公尺)^2/(公尺)^3$
a_v	單位塔體積內，乾燥填料所具有之表面積，$(公尺)^2/(公尺)^3$
E	理想板數與實際板數之比
G_{mx}, G_{my}	液體、氣體之莫耳通量，千克莫耳／(小時)(公尺)^2
G_x, G_y	液體、氣體之質量通量，千克／(小時)(公尺)^2
g_c	因次常數，1 (千克)(公尺)／(牛頓)(秒)^2
H_A	Henry 常數，大氣壓
H_{tox}, H_{toy}	以總質量輸送係數 K_x 與 K_y 為基準之輸送單位高度，公尺
H_{tx}, H_{ty}	以質量輸送係數 k_x 與 k_y 為基準之輸送單位高度，公尺
K_x, K_y	等莫耳逆向擴散時之液相、氣相總輸送係數，千克莫耳／(小時)(公尺)^2
K'_x, K'_y	溶質在靜止氣體中擴散時之液相、氣相總質量輸送係數，千克莫耳／(小時)(公尺)^2
k_x, k_y	等莫耳逆向擴散時之液相、氣相質量輸送係數，千克莫耳／(小時)(公尺)^2
k'_x, k'_y	溶質在靜止液體、氣體中擴散時之質量輸送係數，千克莫耳／(小時)(公尺)^2
L	吸收塔中任一截面上之液體流率，千克莫耳／小時
L'	不含溶質之液體流率，千克莫耳／小時
L_1, L_2	塔底及塔頂處之液體流率，千克莫耳／小時

m	實驗常數；或平衡直線之斜率
N_A	莫耳通量，千克莫耳／(小時)(公尺)^2
N_P	板吸收塔之理想板數
N_{tox}	以液相總驅動力濃度 $(x^* - x)$ 為基準之輸送單位數
N_{toy}	以氣相總驅動力濃度 $(y - y^*)$ 為基準之輸送單位數
N_{tx}	以液相局部驅動力濃度 $(x_i - x)$ 為基準之輸送單位數
N_{ty}	以氣相局部驅動力濃度 $(y - y_i)$ 為基準之輸送單位數
P	總壓，牛頓／(公尺)^2
p_A	成分 A 之蒸氣壓，牛頓／(公尺)^2
$\overline{p}_A$	成分 A 在氣相中之分壓，牛頓／(公尺)^2
ΔP	吸收塔中之填料之壓力落差，牛頓／(公尺)^2
S	吸收塔之截面積，平方公尺
Sc_L, Sc_v	液、氣體之 Schmidt 數
T	溫度，K
V	塔中任一截面上之氣體莫耳流率，千克莫耳／小時
V'	不溶解氣體之莫耳流率，千克莫耳／小時
V_1, V_2	塔底、塔頂之氣體莫耳流率，千克莫耳／小時
X	液體中溶質與溶劑之莫耳比
X^*	與 Y 平衡之 X 值
X_i	兩相界面上之 X 值
X_1, X_2	塔底、塔頂之 X 值
x	液體中溶質之莫耳分率
x^*	與 y 平衡之 x 值
x_i	兩相界面上之 x 值
x_1, x_2	塔底、塔頂之 x 值
x_a, x_b	自板 a、b 離開之 x 值
Y	氣相中溶質與不溶解物之莫耳比
Y^*	與 X 平衡之 Y 值

Y_i	兩相界面上之 Y 值
Y_1, Y_2	塔底、塔頂之 Y 值
y	氣體中溶質之莫耳分率
y^*	與 x 平衡之 y 值
y_i	兩相交界面上之 y 值
y_1, y_2	塔底、塔頂之 y 值
y_a, y_b	自板 a、b 離開之 y 值
Z_T	吸收塔中填料之高度，公尺
α, β, γ	實驗常數
ϵ	塔中填料之孔度
ρ_x, ρ_y	液體、氣體之密度
μ'_x	液體之黏度，厘泊
λ_1, λ_2	實驗常數

習　題

26-1　今有一吸收塔，用水為吸收劑以回收進料空氣中之 99% 氨。入口空氣中含氨 30 莫耳 %。吸收器中利用冷卻管，使溫度保持在 30°C；塔中之壓力為 1 大氣壓。

(1)問最小之水輸入率若干？

(2)若水之輸入率比最小值大 50%，問需總氣相輸送單位數若干？

30°C 下之平衡溶解度數據如下：

$\bar{p}_{NH_3}$，毫米汞柱	10	20	40	80	100	150	200	250	300
C，NH_3 克數／100 克水	1.0	2.1	4.0	7.5	9.0	12.5	16.0	19.8	22.0

26-2 今欲在填以 1 吋拉西環之填充塔中以水吸收空氣中之 SO_2，使 SO_2 之含量不超過 0.5 莫耳 %。設入口氣體中含 0.2 莫耳分率之 SO_2 及 0.8 莫耳分率之乾燥空氣，其中空氣之通量為 980 千克 /(小時)(公尺)^2。輸入之水中不含 SO_2，水之流率為最少需要量之兩倍。塔中之壓力為 2 大氣壓，溫度為 30°C。試求所需之填料高度。設在此情況下之輸送係數可由下式計算：

$$k_x a = 0.152 G_x^{0.82}$$

$$k_y a = 0.028 G_y^{0.7} G_x^{0.25}$$

式中 G_x 與 G_y 之單位為磅 /(小時)(呎)^2，k_x 與 k_y 之單位則為磅莫耳 /(小時)(公尺)^2；而平衡條件為

$\overline{p}_{SO_2}$，毫米汞柱	85	176	273	376	482	588
C，千克 SO_2 / 100 千克水	1.0	2.0	3.0	4.0	5.0	6.0

26-3 重作上題，假設平衡線為一直線，並分別採氣體總質量輸送係數及液體總質量輸送係數，加以計算。

26-4 重作 26-3 題，但操作線及平衡線皆可假設為直線。

26-5 重作 26-2 題，惟改在板式吸收塔操作，而板效率為 20%，試求所需之板數。

26-6 某一工廠欲設計一以水為吸收劑之吸收塔，以回收空氣中 95% 之丙酮。進口空氣中含丙酮 0.14 莫耳分率，吸收塔在 1 大氣壓及 27℃ 下操作；出口吸收液中含 0.07 莫耳分率之丙酮。進口吸收塔中含 0.02 莫耳 % 之丙酮，吸收塔係在 50% 泛溢速度下操作。

(1)倘在 1 大氣壓及 0℃ 下測得之氣體體積流率為 850（公尺）^{3}／小時，則每小時需進水若干千克？

(2)若基於總氣相驅動力濃度，問需多少輸送單位？

(3)倘所用填料為 1 吋拉西環，問填料高度應幾何？

在平衡狀態下，氣相中之分壓與液相濃度之關係為

$$\overline{p}_A = p_A x_A e^{1.95(1-x_A)}$$

而單位輸送高度之實驗式為

$$H_{ty} = \frac{1.01 G_y^{0.31}}{G_x^{0.33}}$$

$$H_{tx} = \frac{1}{100}\left(\frac{G_x}{\mu_x'}\right)^{0.22} (Sc_L)^{0.5}$$

27℃ 下丙酮之蒸氣壓為 0.33 大氣壓，丙酮在水中之擴散係數為 2.3×10^{-4} 千克莫耳／(小時)(公尺)。

26-7 一填以 1 吋瓷製拉西環之填料塔，每小時處理 700 立方公尺之氣體。入口氣體中含 0.02 體積分率之氨，餘為空氣。氨之吸收係在 1 大氣壓及 20℃ 下操作，並以純水為吸收劑。氣液質量輸入率之比為 1，氣體速度為泛溢速度之半，若塔中填料係任意堆置，試求塔之直徑。

26-8 今擬應用一填充塔，以吸收可溶之氣體。其平衡關係為

$$Y^* = 0.06X$$

塔底及塔頂之濃度為：$X_1 = 0.08$, $Y_1 = 0.009$; $X_2 = 0$, $Y_2 = 0.001$。若 $H_{tx} = 0.24$ 公尺，$H_{ty} = 0.36$ 公尺，問填料之高度需若干？

26-9 若上題改用板式吸收塔，問需平衡板若干？

26-10 某一混合物含有 0.05 莫耳分率丁烷和 0.95 莫耳分率的空氣，於一裝有 8 個理想板之板式吸收塔中，以非揮發性之重油回收。重油之分子量為 250，比重為 0.90。吸收操作係在 1 大氣壓及 15°C 下進行，而丁烷之回收率為 95%。15°C 下丁烷之蒸氣壓為 1.92 大氣壓，液體丁烷在 15°C 時之密度為 580 千克／(公尺)^3。

(1)問回收每立方公尺丁烷，需用新鮮重油若干立方公尺？

(2)將操作壓力改為 3 大氣壓，其他條件保持不變，試重複(1)之計算。

假設 Raoult 定律和 Dalton 定律皆可適用本題。

27 調濕與涼水

調濕方法有二，即**增濕** (humidification) 與**減濕** (dehumidification)。增濕者，係指將水蒸氣加入空氣中，以增加空氣中之水含量，而提高空氣濕度之操作；反之，若將空氣中之水蒸氣凝結，以減低空氣中之濕度，此操作稱為減濕。但廣義而言，增濕與減濕則為研究任何不能冷凝氣體（如空氣）與任何可冷凝蒸汽（如水蒸氣）之混合物的學問，並且論及純液態的液體，與另一不溶於此液體之氣體間的質量輸送及熱輸送的種種情形。所須注意者，討論此類問題時，質量與熱量之輸送兩者須同時加以考慮，亦即須同時考慮溫度及濃度之變化，不可將二者分別考慮。增濕與減濕中質量之輸送方向相反，惟其輸送原理則一；吾人若能熟習增濕之計算方法，則減濕器之設計問題，亦可迎刃而解矣！

本章所論及者，乃以乾燥空氣與水蒸氣之系統為主；為使符號之表示簡便，以下標 "A" 表示水蒸氣，"B" 表示乾燥空氣。又進行濕度之計算時，皆以單位質量之乾燥空氣為基準。至於理論之推演，則基於下面二假設：

　　(1)乾燥空氣與水蒸氣兩者之總壓為 1 大氣壓；

　　(2)混合氣體之諸性質皆遵循**理想氣體定律** (ideal-gas law)。

27–1　濕度之定義

下面將介紹各種不同濕度之定義，以及與濕度有關之各項名詞。

1. 濕度 (humidity) H

每單位質量乾燥空氣中所含水蒸氣之量，稱為該混合氣體之濕度。濕度亦可用分壓之方式來表示。設水蒸氣之分壓為 $\bar{P}_A$，則 1 大氣壓下乾燥空氣之分壓為 $(1 - \bar{P}_A)$；若以 M_A 與 M_B 分別表成分 A 與 B 之分子量，則

$$H = \frac{M_A \bar{P}_A}{M_B(1 - \bar{P}_A)} \tag{27–1}$$

2. 飽和濕度 (saturated humidity) H_S

混合氣體中水蒸氣之分壓，等於同溫度下純水之蒸氣壓時，稱該混合氣體之濕度為飽和濕度。即

$$H_S = \frac{M_A P_A}{M_B(1 - P_A)} \tag{27–2}$$

P_A 為該溫度下水之蒸氣壓。

3. 相對濕度 (relative humidity) H_R

於某一溫度下，混合氣體中水蒸氣之分壓與同溫度下純水之蒸氣壓比，稱為該混合氣體在此溫度下之相對濕度。即

$$H_R = \frac{\overline{P}_A}{P_A} \times 100\% \tag{27-3}$$

4. 濕度百分數 (percentage humidity) H_P

於某一溫度下，空氣之濕度與飽和濕度之比，稱為該空氣在此溫度下之濕度百分數。即

$$H_P = \frac{H}{H_S} \times 100\% = \frac{\dfrac{\overline{P}_A}{(1 - \overline{P}_A)}}{\dfrac{P_A}{(1 - P_A)}} \times 100\%$$

$$= H_R \frac{1 - P_A}{1 - \overline{P}_A} \tag{27-4}$$

5. 濕氣比熱 (humid heat) C_S

使單位質量乾燥空氣及其所含水蒸氣之溫度升高一度，所需之熱量曰濕氣比熱。若以千卡、千克及攝氏溫度，分別表熱量、質量及溫度之單位，則

$$C_S = 0.24 + 0.45H，千卡／(千克乾燥空氣)(°C) \tag{27-5}$$

6. 濕氣比容 (humid volume) V_H

每單位質量乾燥空氣及其所含水蒸氣所占之體積，稱為濕氣比容。若以立

方公尺、千克及攝氏溫度分別表體積、質量及溫度之單位, 則

$$V_H = \left(\frac{22.4}{29}\right)\left(\frac{T+273}{273}\right) + \left(\frac{22.4H}{18}\right)\left(\frac{T+273}{273}\right)$$

$$= (0.082T + 22.4)\left(\frac{1}{29} + \frac{H}{18}\right), \quad (公尺)^3 / 千克乾燥空氣 \qquad (27\text{–}6)$$

式中 T 表空氣之溫度, °C。

7. 露點 (dew point)

當混合氣體之溫度下降至某一點時, 該混合氣體中之水蒸氣達到飽和程度, 遂開始有水滴凝結而出, 此點之溫度即為露點。

27-2 絕熱飽和增濕

圖 27-1 示一絕熱飽和增濕器, 設進入空氣之濕度為 H, 溫度為 T, 經噴霧器之沖刷, 空氣與水完全接觸, 然後離開增濕器。因該操作會使濕度增高而降低溫度, 且此過程乃在絕熱狀況下進行, 故如此繼續進行下去, 最後溫度會降至一定值, 此時之溫度即為絕熱飽和濕度 T_S。倘若與水接觸之時間足夠長, 則離去空氣之濕度即為該溫度下之飽和濕度 H_S。

若以 1 千克乾燥空氣為計算之基準, 並設 T_S 之熱含量為零, 則可作增濕器中之熱量結算如下:

$$進入空氣之顯熱 = C_S(T - T_S)$$

$$= (0.24 + 0.45H)(T - T_S), \quad 千卡 / 千克乾空氣$$

$$進入空氣之潛熱 = \lambda_S H, \quad 千卡 / 千克乾空氣$$

式中 λ_S 表 1 千克乾燥空氣於絕熱飽和溫度 T_S 下之潛熱。

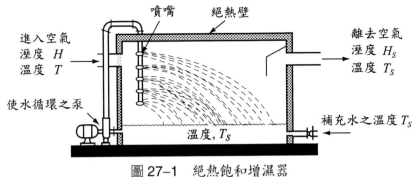

圖 27–1 絕熱飽和增濕器

離去空氣之顯熱 $= 0$

離去空氣之潛熱 $= \lambda_S H_S$，千卡／千克乾空氣

因接觸達到平衡時，熱量輸入等於熱量輸出，故

$$C_S(T - T_S) + H\lambda_S = H_S\lambda_S \tag{27-7}$$

將上式整理，得

$$H = H_S - \frac{C_S}{\lambda_S}(T - T_S)$$

$$= H_S - \frac{1}{\lambda_S}(0.24 + 0.45H)(T - T_S) \tag{27-8}$$

　　若 T_S 固定時，H_S 與 λ_S 之值皆可確定，因此上式中僅剩變數 H 與 T，如此可繪 H 與 T 之關係曲線，此曲線即**濕度表** (humidity chart) 中之**絕熱飽和線** (adiabatic-saturation lines)，或稱**絕熱冷卻線** (adiabatic-cooling lines)。

27-3　濕度表之構成

　　空氣及水蒸氣之種種性質，通常用圖表說明較簡便。圖 27–2 係總壓在 1 大氣壓下之濕度表，圖中下方橫軸係溫度，上方橫軸係濕氣比熱，右方縱軸係濕度，左方縱軸則表濕氣比容。圖 27–2 係由下列各種線段所組成：

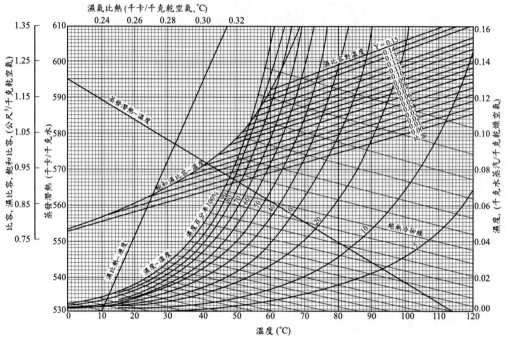

圖 27–2　濕度表（基準 = 總壓 760 mmHg，1 千克乾空氣）

1. 濕度線

　　圖中 100% 之曲線，表示各溫度下之飽和濕度線，乃根據式 (27-2) 繪出者，亦即飽和曲線；圖中下方表溫度之橫軸，即是濕度為零之曲線。

2. 絕熱飽和線

　　絕熱飽和線係由式 (27-8) 繪成，代表各種絕熱飽和溫度下，入口空氣溫度 T 與濕度 H 之關係。

3. 濕氣比容線

　　圖中有一曲線，代表飽和空氣之比容與溫度之關係。該曲線右下方另有一直線，表乾燥空氣之比容 (specific volume) 與溫度之關係。若溫度、濕度百分數、或濕度其中二者為已知，則吾人可用內插法求出在該狀況下之比容，所依據之原理如下式：

$$\frac{V_H - V_H^0}{V_H^S - V_H^0} = \frac{H}{H_S}$$

式中　　$V_H^0 =$ 乾燥空氣之比容，（公尺）^{3}／千克乾空氣

　　　　$V_H^S =$ 飽和空氣之比容，（公尺）^{3}／千克乾空氣

重整上式，得

$$V_H = V_H^0 + \frac{(V_H^S - V_H^0)H}{H_S} \tag{27--9}$$

4. 濕氣比熱線

　　由式 (27-5) 得知濕氣比熱與濕度之關係為一直線。圖 27-2 中右方縱軸表濕度，上方橫軸表濕氣比熱；而圖中向左下方傾斜之直線，即表濕氣比熱線。

27-4　濕度表之使用

　　今舉一例，以說明濕度表之使用方法。如圖 27-3，假設已知某未飽和空氣之溫度及濕度百分數，則於圖 27-3 中可定出代表此空氣之點。設此點為 a，則：

(1)自點 a 作一水平線右交縱軸於點 b，左交飽和濕度線於點 c，則由點 b 可

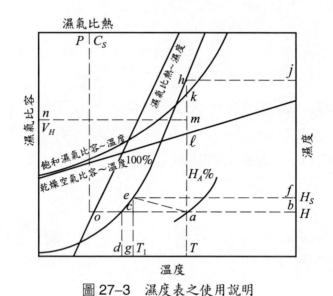

圖 27-3　濕度表之使用說明

讀出濕度，由點 c 可讀出相對應之點 d 所示之溫度，此溫度即為露點。

(2)由點 a 沿絕熱飽和線交飽和濕度線於點 e，由所對應之 f 點，可讀出絕熱飽和濕度 H_S；由對應之點 g，可讀出絕熱飽和溫度 T_S。

(3)由點 a 沿垂直線上升，分別交飽和濕度線、飽和濕氣比容線、及乾燥空氣比容線於點 h、k 及 ℓ。對應於點 h 可讀出點 j 而知溫度不變時增濕之最大極限，而圖中點 m 之位置，乃由點 ℓ 取 $\left(\dfrac{H_A}{100}\right)k\ell$ 之長度而定〔根據式 (27-9)〕，再由點 m 可讀出相對應之點 n，此點即代表點 $a(T, H)$ 之狀態下空氣之比容。

(4)自點 a 引一水平線交濕氣比熱線於點 o，相對應可讀出點 p 的濕氣比熱。

例 27-1

今有溫度為 65.5°C 之空氣進入某一乾燥器，該空氣之露點為 15.5°C，試自圖 27-2 之濕度表找出其他未知之資料。

(解) (1)依本節濕度表使用法，自露點 d 作一垂直線交飽和濕度線於點 c，相對應讀出點 b 之濕度，得 $H = 0.011$，而該空氣在濕度表中所占之位置為

$(H = 0.011, T = 65.5°C)$。

⑵可依內插法找出濕度百分數為 5.9%。

⑶沿絕熱飽和線交飽和濕度線，得絕熱飽和溫度為 29.4°C，絕熱飽和濕度為 0.026。

⑷濕氣比熱為 0.245。

⑸於 65.5°C 下，飽和濕氣比容為 1.29（公尺）^{3}／千克乾空氣，乾燥空氣比容為 0.956（公尺）^{3}／千克乾空氣，故該空氣之濕氣比容可依式 (27–9) 計算

$$V_H = 0.956 + 0.059(1.29 - 0.956)$$
$$= 0.976 \text{（公尺）}^3 / \text{千克乾空氣}$$

27–5 濕球溫度原理

　　圖 27–4 所示者，乃以濕布包覆在溫度計之球上，並使大量未飽和之空氣吹過，則在絕熱情形下，必有水蒸氣自球上之水蒸發。於絕熱情況下蒸發所需之熱不能取自外界，惟得減低本身之溫度以彌補之。當水之溫度降低後，因空氣之溫度高於水之溫度，於是空氣之**顯熱 (sensible heat)** 流入水中，直至空氣流入水中之顯熱，等於水蒸發時所需之**潛熱 (latent heat)**，則溫度計之溫度不再下降，此時之溫度即為**濕球溫度 (wet-bulb temperature)**。若欲準確測定濕球溫度時，須注意三點要項：

　　(1)濕布與空氣接觸之處不得呈部分乾燥；

　　(2)一般而言，空氣可依輻射、傳導及對流方式將熱量傳予水，為使系統不致繁雜，須令空氣之流速加大，使經輻射方式所傳之熱，比其他方式所傳之熱，小到可以忽略；

　　(3)濕布中之水一直在蒸發，故須經常補充濕球溫度計上之水。

如上述三項皆嚴格遵守，則所測得之濕球溫度，不受空氣流速所影響。

如前所述，當溫度下降至所說的濕球溫度時，其熱平衡可推導如下：

於濕球溫度下，空氣供給水蒸發之熱量，可依質量輸送計算式寫為

$$q = 18N_A A[\lambda_w + C_{P,A}(T - T_w)]$$
$$= 18k_y(y_i - y)A[\lambda_w + C_{P,A}(T - T_w)] \qquad (27\text{--}10)$$

式中　　N_A = 水蒸發之莫耳通量，千克莫耳／(小時)(公尺)^2

k_y = 質量輸送係數，千克莫耳／(小時)(公尺)^2

y_i = 空氣與水接觸面上之水蒸氣莫耳分率

y = 空氣中水蒸氣之莫耳分率

A = 液體表面積，平方公尺

T_w = 濕球溫度，°C

λ_w = 水於 T_w 時之潛熱，千卡／千克水

$C_{P,A}$ = 空氣之比熱，千卡／(千克)(°C)

空氣供給水蒸發之熱量，亦可用熱輸送計算式寫為

$$q = h_y(T - T_i)A \qquad (27\text{--}11)$$

式中　　h_y = 空氣與水面之對流熱輸送係數，千卡／(小時)(公尺)^2(°C)

T_i = 空氣與水接觸面之溫度，°C

T = 空氣之溫度，°C

合併式 (27–10) 及 (27–11)，並引入濕度與莫耳分率之關係，則

$$h_y(T - T_w) = k_y \left(\frac{H_w}{\frac{1}{29} + \frac{H_w}{18}} - \frac{H}{\frac{1}{29} + \frac{H}{18}} \right)[\lambda_w + C_{P,A}(T - T_w)]$$

$$(27\text{--}12)$$

假設：

　(1)潛熱遠大於顯熱，即 $\lambda_w \gg C_{P,A}(T - T_w)$；

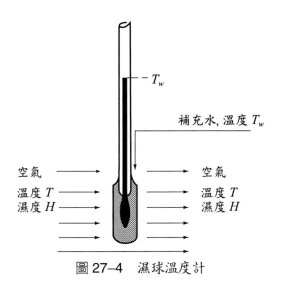

圖 27-4　濕球溫度計

(2)水蒸氣遠比空氣為少，即 $\dfrac{1}{29} \gg \dfrac{H_w}{18}, \dfrac{H}{18}$；

則式 (27-12) 變為

$$h_y(T - T_w) = 29k_y\lambda_w(H_w - H) \tag{27-13}$$

或

$$\frac{H - H_w}{T - T_w} = -\frac{h_y}{29k_y\lambda_w} \tag{27-14}$$

假如濕球溫度為已知，則 λ_w 與 H_w 亦隨之固定，此時 H 與 T 的關係為 $\dfrac{h_y}{k_y}$ 之函數。

27-6　濕球溫度與絕熱飽和溫度之關係

今重寫式 (27-8) 與 (27-14)

$$H - H_S = -\frac{C_S}{\lambda_S}(T - T_S) \tag{27-15}$$

$$H - H_w = -\frac{h_y}{29k_y\lambda_w}(T - T_w) \tag{27-16}$$

結果發現，當 $\frac{h_y}{29k_y} = C_S$ 時，$T = T_S$。對於空氣與水之系統而言，$\frac{h_y}{29k_y} \approx C_S \approx 0.26$，故絕熱飽和溫度等於濕球溫度，此關係係由 Lewis 氏所提出。若所討論之系統非水與空氣之混合體，則絕熱飽和溫度與濕球溫度迥不相同。

27-7 濕度之測定

濕度之測定方法一般有：露點法、直接法及乾－濕球溫度計法。

1. 露點法

將一光亮之碟子置入待測之氣體內，碟子之溫度可自由調節，將碟子溫度降低至某一點時，霧氣會開始凝結在上面，此時之狀況正好是空氣中之水蒸氣與液態水達到平衡之狀態，該溫度即為所求之露點。由此法所測得之露點，可用同法核對之，即先冷凝些水於碟子，然後徐徐提高碟子之溫度，令其上之水蒸發，並觀察碟子上之水剛好完全蒸乾時之溫度，是否即為先前所測之露點；最後由所測得混合氣體之溫度及露點，可自濕度表中找出該溫度下之濕度。

2. 直接法

先測一定量混合氣體之重量，再以已知重量之乾燥劑吸收水蒸氣，乾燥劑所增加之重量，即為混合氣體中之水蒸氣之重量，如此即可測出濕度。

3. 乾—濕球溫度計法

將乾球及濕球溫度計讀出之溫度 T 與 T_w，代入式 (27–14)，即可算出濕度。

27-8　空氣與水之接觸現象

前面幾節所談論者,僅限於濕度之種種定義;往後吾人將討論增濕及減濕過程中，空氣與水之接觸現象，以及所產生之效果，然後基於這些物理觀念，導出理論計算式，並列舉實例以說明之。

於絕熱增濕器中，水之溫度乃保持在絕熱飽和溫度，因此水中無溫度之差距。惟在冷卻式減濕器中，水中呈溫度差距，故於熱輸送計算中須考慮液相阻力。因水係純水，故吾人不必考慮液相質量輸送阻力。

圖 27–5、27–6、27–7 與 27–9 中，橫坐標代表距空氣與水接觸面之距離，縱坐標代表溫度及濕度。圖中符號之定義為:

T_x = 水之整體溫度

T_i = 空氣與水接觸面之溫度

T_y = 空氣之整體溫度

H_i = 接觸面之濕度

H = 空氣之整體濕度

圖中帶箭頭之虛線，代表空氣中水蒸氣之擴散方向，帶箭頭之實線，代表水及空氣中熱量輸送之方向。

圖 27–5 所示為絕熱增濕過程中最簡單之情況，水變成水蒸氣之潛熱，可藉

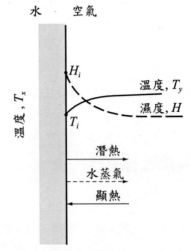

圖 27-5　絕熱增濕過程

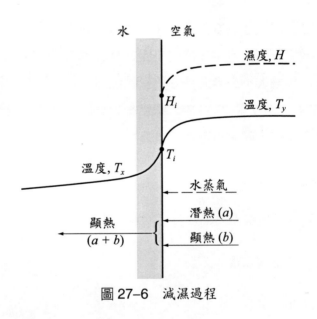

圖 27-6　減濕過程

空氣給水之顯熱供應之；空氣之溫度 T_y 必須大於接觸面之溫度 T_i，如此才有顯熱之供應，H_i 必須大於 H，如此空氣之濕度才會增加。

　　圖 27-6 所示乃減濕過程，圖中 T_i 與 H_i 代表飽和溫度及飽和濕度，故 T_y 必大於 T_i，H 必大於 H_i，否則混合氣體為一過飽和氣體。依此原理，吾人若欲減

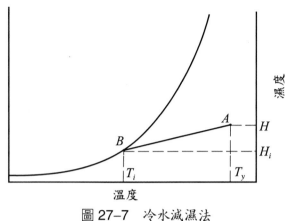

圖 27-7　冷水減濕法

低不飽和空氣中水蒸氣之含量，可以令該空氣與足夠之冷水接觸，即可達到減濕之目的，不必要使該空氣先經飽和之手續後再減濕。

　　圖 27-7 所示即表此減濕過程，點 A 代表欲減濕之空氣，點 B 代表在表面溫度下之飽和空氣，通常由實驗得知，該過程之路線於濕度表上呈一直線。至於熱量之輸送如圖 27-6 中所示，空氣將其潛熱及顯熱傳予水，水再以顯熱形式帶走這些熱量，當然所帶走熱量之多寡乃視溫度差距之大小而定。

　　於逆流式涼水塔 (cooling tower) 中，其塔頂之狀況如圖 27-8 所示，該情況恰與圖 27-6 相反，即 T_x 大於 T_y，且 H_i 大於 H。此時水蒸發所需之潛熱及接觸面傳給空氣之顯熱，完全由水傳給接觸面之顯熱供應之；即圖中所示因 T_x 與 T_i 之溫度差所得之顯熱 $(a+b)$，等於潛熱 (a) 加顯熱 (b)。H_i 大於 H，故接觸面之水蒸氣向空氣擴散。

　　涼水塔底部之情況如圖 27-9 所示，水溫 T_x 大於表面溫度 T_i，而空氣之溫度介於兩者之間，且 H_i 大於 H。顯熱 $(b-a)$ 加顯熱 (a)，等於潛熱 (b)；顯熱 $(b-a)$ 代表因 T_x 與 T_i 之溫度差距，水須放出之熱；顯熱 (a) 則代表因 T_y 與 T_i 之溫度差距，空氣須放出之熱；至於潛熱 (b) 乃是水面之蒸汽向空氣擴散時，蒸汽所帶走之熱量。因水面之濕度比空氣中之濕度大，故水蒸氣往空氣中擴散。

　　以上幾個圖解皆論及熱輸送及質量輸送之一些物理觀念，期使讀者對增濕與減濕之過程有進一步之瞭解。

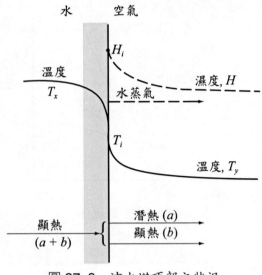

圖 27-8 涼水塔頂部之狀況

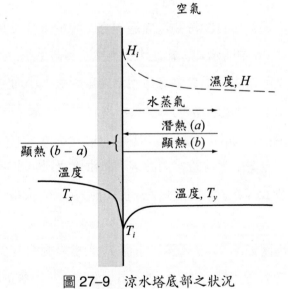

圖 27-9 涼水塔底部之狀況

27-9　調濕之能量與質量結算

圖 27-10 中空氣自接觸器之底部進入時之濕度為 H_b，溫度為 T_{yb}，熱含量為 E_{yb}；空氣自塔頂離去時之濕度為 H_a，溫度為 T_{ya}，熱含量為 E_{ya}；G'_y 表每小時通過每平方公尺接觸器截面積之乾燥空氣質量。水自塔頂流入，溫度為 T_{xa}，流率為 G_{xa}；自塔底離去時水之溫度為 T_{xb}，流率為 G_{xb}。今考慮距塔底 Z 處之微小接觸區 dZ，設此處空氣之濕度為 H，溫度為 T_y，熱含量為 E_y；水之溫度為 T_x，流率為 G_x，該區域內水與空氣接觸面之濕度為 H_i，溫度為 T_i。又令該塔之截面積為 S，接觸區之總高度為 Z_T。

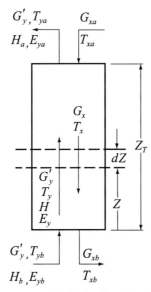

圖 27-10　空氣與水逆流式之接觸器

假設水之溫度高於空氣之溫度，其情況如圖 27-8 所示。今討論 SdZ 體積內之能量與質量結算如下：

熱含量結算

$$G_y'dE_y = d(G_xE_x) \tag{27-17}$$

自水內至接觸面之熱輸送速率

$$d(G_xE_x) = h_x(T_x - T_i)a_HdZ \tag{27-18}$$

式中　　h_x = 自水中至接觸面之傳熱係數

　　　　a_H = 傳熱面積

自接觸面至空氣之熱輸送速率

$$G_y'C_SdT_y = h_y(T_i - T_y)a_HdZ \tag{27-19}$$

水蒸氣自接觸面輸送至空氣之速率

$$G_y'dH = 29k_y(H_i - H)a_MdZ \tag{27-20}$$

式中　　a_M = 質量輸送面積

SdZ 中水之熱含量為

$$E_x = C_L(T_x - T_0) \tag{27-21}$$

式中　　C_L = 水之比熱

　　　　T_0 = 基準溫度

　　事實上 a_M 與 a_H 並不一定相等，如在**填充接觸器 (packed tower)** 內，水並未完全覆蓋固體粒子，而熱輸送之面積為粒子之整體面積，故 a_H 大於 a_M。今若不考慮 G_x 在器內之變化，將式 (27–21) 代入式 (27–17)，整理後得

$$d(G_xE_x) = G_xdE_x = G_xC_LdT_x \tag{27-22}$$

將式 (27–22) 代入式 (27–18)，整理後得

$$\frac{dT_x}{T_x - T_i} = \frac{h_x a_H}{G_x C_L} dZ \qquad (27\text{--}23)$$

整理式 (27–19)，得

$$\frac{dT_y}{T_i - T_y} = \frac{h_y a_H}{C_S G_y'} dZ \qquad (27\text{--}24)$$

式 (27–20) 亦可重寫為

$$\frac{dH}{H_i - H} = \frac{29 k_y a_M}{G_y'} dZ \qquad (27\text{--}25)$$

以上三式分別為 T_x、T_y 與 H 對 Z 之微分方程式，吾人希望再導出一 E_y 對 Z 之微分方程式如下：利用式 (27–17) 與 (27–22) 之關係得

$$\frac{dE_y}{dT_x} = \frac{G_x C_L}{G_y'} \qquad (27\text{--}26)$$

將式 (27–20) 乘以 λ_0（T_0 時之 λ 值）後與式 (27–19) 相加，得

$$G_y'(C_S dT_y + \lambda_0 dH) = [29\lambda_0 k_y (H_i - H) a_M + h_y (T_i - T_y) a_H] dZ \qquad (27\text{--}27)$$

濕度 H 之空氣，其熱含量可用下式表示

$$E_y = C_S (T_y - T_0) + H\lambda_0 \qquad (27\text{--}28)$$

微分上式，得

$$dE_y = C_S dT_y + \lambda_0 dH \qquad (27\text{--}29)$$

將式 (27–29) 代入式 (27–27)，並假設 $a_M = a_H = a$，且不考慮 C_S 隨 H 之變化，最後得下式：

$$G_y' dE_y = [29\lambda_0 k_y (H_i - H) a + h_y (T_i - T_y) a] dZ \qquad (27\text{--}30)$$

當考慮之問題為水與空氣之系統時，根據 Lewis 之關係

$$h_y = 29C_Sk_y \tag{27–31}$$

合併式 (27–30) 與 (27–31)，整理後得

$$G'_y dE_y = 29k_ya[(\lambda_0 H_i + C_S T_i) - (\lambda_0 H + C_S T_y)]dZ \tag{27–32}$$

若令 E_i 代表空氣在接觸面處之熱含量，則

$$E_i = \lambda_0 H_i + C_S(T_i - T_0)$$

故式 (27–32) 可改寫為

$$G'_y dE_y = 29k_ya(E_i - E_y)dZ \tag{27–33}$$

或

$$\frac{dE_y}{E_i - E_y} = \frac{29k_ya}{G'_y}dZ \tag{27–33}$$

另由式 (27–17) 與 (27–18)，亦可導出 dE_y 與 dZ 之關係如下：

$$\frac{dE_y}{T_x - T_i} = \frac{h_xa}{G'_y}dZ \tag{27–34}$$

合併式 (27–33) 與 (27–34)，得

$$\frac{E_i - E_y}{T_i - T_x} = -\frac{h_x}{29k_y} = -\frac{h_xC_S}{h_y} \tag{27–35}$$

　　式 (27–23)、(27–24)、(27–25)、(27–33) 與 (27–34) 等乃調濕操作之能量與質量結算式，吾人可應用這些式積分，而估計接觸器所需之高度。

27-10　絕熱調濕器中空氣與水之接觸高度

如圖 27-10 所示，若考慮在絕熱下空氣與水之逆流增濕過程中，假如離去之空氣並非在飽和狀態，則吾人可應用上節中所推導出之諸式，計算接觸區之大小。假設於該絕熱增濕過程中，進入與離去之水溫皆相等，且等於絕熱飽和溫度 T_S，則 $T_{xa} = T_{xb} = T_i = T_x = T_S =$ 定值；又 $a_M = a_H$，而水之 C_L 等於 1.0。故式 (27-24) 可改寫為

$$\frac{dT_y}{T_S - T_y} = \frac{h_y a}{C_S G_y'} dZ \tag{27-37}$$

積分上式，並取平均濕氣比熱 $\overline{C}_S$，則

$$\int_{T_{yb}}^{T_{ya}} \frac{dT_y}{T_S - T_y} = \frac{h_y a}{\overline{C}_S G_y'} \int_0^{Z_T} dZ$$

即

$$\ln \frac{T_{yb} - T_S}{T_{ya} - T_S} = \frac{h_y a Z_T}{\overline{C}_S G_y'} = \frac{h_y a S Z_T}{\overline{C}_S G_y' S} = \frac{h_y a V_T}{\overline{C}_S V'} \tag{27-38}$$

式中　　$V_T = S Z_T$，為接觸器之體積

　　　　$V' = G_y' S$，為乾燥空氣之流率

故接觸段之高度為

$$Z_T = \frac{G_y' \overline{C}_S}{h_y a} \ln \frac{T_{yb} - T_S}{T_{ya} - T_S} \tag{27-39}$$

同理，由式 (27-25) 可得類似之結果

$$\ln \frac{H_S - H_b}{H_S - H_a} = \frac{29k_y a Z_T}{G'_y} = \frac{29k_y a V_T}{V'} \tag{27-40}$$

或

$$Z_T = \frac{G'_y}{29k_y a} \ln \frac{H_S - H_b}{H_S - H_a} \tag{27-41}$$

　　仿照前章所述之氣體吸收操作，若將一有質量或熱量輸送之過程劃分為許多個接觸區域，每一區域視為一**輸送單位 (transfer unit)**，每一輸送單位之高度稱為 HTU (height of transfer unit)，則全部接觸區之高度為

$$Z_T = N_t H_t \tag{27-42}$$

式中　　$N_t =$ 輸送單位之數目

　　　　$H_t =$ 每一輸送單位之高度

故若令

$$N_{tT_y} = \ln \frac{T_{yb} - T_S}{T_{ya} - T_S} \tag{27-43}$$

$$N_{tH} = \ln \frac{H_S - H_b}{H_S - H_a} \tag{27-44}$$

則由式 (27–39) 與 (27–41) 以及式 (27–42)～(27–44) 之定義

$$H_{tT_y} = \frac{G'_y \overline{C}_S}{h_y a}$$

$$H_{tH} = \frac{G'_y}{29k_y a}$$

　　同理，吾人亦可自式 (27–23) 及 (27–33)，導出另兩組 N_{tT_x} 與 H_{tT_x} 及 N_{tE} 與 H_{tE}，惟每一組中 N_t 與 H_t 之乘積必相等，即

$$Z_T = N_{tT_y}H_{tT_y} = N_{tH}H_{tH} = N_{tT_x}H_{tT_x} = N_{tE}H_{tE} \qquad (27\text{--}45)$$

例 27-2

某一程序需濕度百分數 20%，溫度 54.5°C，流率為每小時含 6 820 千克乾燥空氣之空氣，此空氣須經下列步驟處理而得：(1)將濕度百分數 20%，溫度 21°C 之空氣先加熱；(2)然後再絕熱增濕至某濕度；(3)最後再加熱至54.5°C。假設於一噴霧室進行的增濕過程中，離去空氣之溫度比絕熱飽和溫度高出 2.2°C，試問

　　(a)空氣離開增濕器時之溫度？

　　(b)於處理過程(1)中須預熱至多高之溫度？

　　(c)於過程(1)及過程(3)中所需之熱量若干？

　　(d)增濕器之接觸段體積若干？

　　　$h_y a = 1\,362$ 千卡／(小時)(公尺)^3(°C)

(解) 將問題中三步驟繪於濕度表中，如圖 27–11 所示。

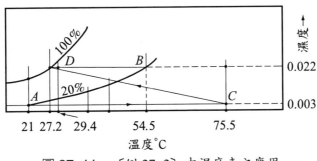

圖 27–11　〔例 27-2〕中濕度表之應用

(a)濕度百分數 20%，溫度 54.5°C 之空氣，其濕度為 0.022，離開增濕器後空氣之濕度並無變異，故可沿等濕度線 *BD* 去找比絕熱飽和溫度高2.2°C 之點，此點即為圖中之點 *D*，故知離開增濕器之溫度為 29.4°C。

(b)可先由點 D 繪絕熱飽和線，此線與由點 A 所引之等濕線交於點 C，即知處理過程(1)中，須預熱至 75.5°C。

(c)由圖 27–2 可找出該空氣之濕氣比熱為 0.241，離開增濕器之空氣的濕氣比熱為 0.250，因此：

於過程(1)中預熱所需之熱量為

$$(0.241)(6\,820)(75.5 - 21) = 89\,580 \text{ 千卡 / 小時}$$

於過程(3)中再熱所需之熱量為

$$(0.250)(6\,820)(54.5 - 29.4) = 42\,800 \text{ 千卡 / 小時}$$

故過程(1)及過程(3)共需之熱量為

$$89\,580 + 42\,800 = 132\,380 \text{ 千卡 / 小時}$$

(d)平均之濕氣比熱為

$$\overline{C}_S = \frac{0.241 + 0.250}{2} = 0.2455 \text{ 千卡 / （千克乾燥空氣）}(°C)$$

因增濕器係絕熱操作，故將已知值代入式 (27–38)，則

$$\ln\frac{75.5 - 27.2}{29.4 - 27.2} = \frac{1\,362 V_T}{0.2455 \times 6\,820}$$

故所需之接觸體積 $V_T = 3.8$ 立方公尺。

27–11 調濕方法

調濕雖分為增濕與減濕兩種，但其原理與裝置則一。今將調濕之方法及其所使用之裝置，闡述如下：

1. 增　濕

　　圖 27-12 所示為一**噴霧增濕器 (spray chamber)**，其操作途徑正如圖 27-11 中之 *ACDB* 路徑。空氣進入增濕器後，首先經過水蒸氣加熱圈而被預熱，即循圖 27-11 之 *AC* 線；次經絕熱增濕之噴霧室，即循圖 27-11 之 *CD* 線；再經折流板，以除去空氣中之水霧，然後經一加熱室，即循圖 27-11 之 *DB* 線；最後再經泵將該空氣送出。

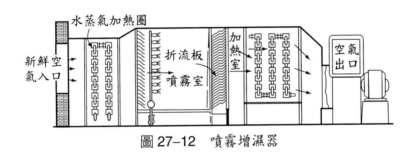

圖 27-12　噴霧增濕器

2. 減　濕

　　若空氣中之濕度過高時，須設法減低之；通常可令該空氣與冷水接觸，而冷水之溫度低於該氣體之露點。通常為使空氣中之水蒸氣因而析出，亦可應用圖 27-12 之噴霧室減濕，惟此時不用加熱器。除了噴霧法外，亦可用吸收法（乾燥劑）及冷卻法，以達到減濕之目的，詳見第 30 章乾燥。

27-12　涼水塔

　　使溫水變涼之裝置，稱為涼水塔，廣用於工廠中之冷卻操作。其法係令該溫水與未飽和之冷空氣接觸，水遂蒸發至空氣中，如此則不但使空氣潮濕，且因蒸發所帶走之潛熱而使溫水冷卻。涼水塔之設計原理，可參閱 27-8 至 27-10 諸節；至於涼水塔之種類，可分為：⑴**噴淋池** (spray pond)，⑵**自然通風式涼水塔**，⑶**機械通風式涼水塔** (mechanical draft cooling tower)，⑷**風吹式涼水塔** (atmospheric cooling tower) 等數類。分述如下：

1. 噴淋池

將溫水噴成無數之小水滴，使水與未飽和冷空氣之接觸面積增大，也加速冷卻之效果。此法所需之噴射壓力並不高，惟僅適用於一般小規模裝置。又因水與空氣接觸時，往往因橫向風之影響，而將濕氣帶走，使水量受到相當之損失。

2. 自然通風式涼水塔

如圖 27-13 所示，水由塔側進入後往下噴，當水經過中間填料處時，與由塔底進入之未飽和冷空氣接觸。填料之選擇與排列，須考慮接觸之效果，通常此塔即為噴淋池之改良型。此塔可減少水之損失，然其裝置費較高。

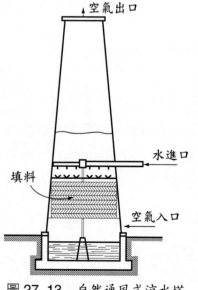

圖 27-13　自然通風式涼水塔

3. 機械通風式涼水塔

其異於自然通風式涼水塔者，僅其本身多裝一個風扇，以增加空氣進入之效果。該風扇裝於塔底者稱為**強制通風式 (forced draft)**，裝於塔頂者稱為**誘導通風式 (induced draft)**。然強制通風式往往有將附近之飽和空氣吸入之虞，而誘導通風式是將塔內之飽和空氣排於高空中，故誘導通風式較佳。

4. 風吹式涼水塔

前面三種涼水塔中，水流方向與空氣流動方向相反，而風吹式冷卻塔則不然。空氣在此塔中前後左右流動，與下降水流之方向相正交。如圖 27-14 所示，塔內分數十層，塔中有折流板，目的在增加水與空氣接觸之效果，風由塔側四面吹入，故其冷卻效力隨風力之大小而定。

熱水　　　　　　冷水

圖 27-14　風吹式涼水塔

風吹式涼水塔之操作量，每平方公尺塔基每分鐘僅可涼水 40～80 公升，而機械通風式涼水塔之操作量，則為每平方公尺每分鐘 2600 公升（2.6 平方公尺），故凡工廠用地狹小者，以使用後者為宜。

符號說明

符　號	定　義
A	液體之表面積，平方公尺
a	輸送面積，$(公尺)^2/(公尺)^3$
a_H	熱輸送面積，$(公尺)^2/(公尺)^3$
a_M	質量輸送面積，$(公尺)^2/(公尺)^3$
C_P	比熱，千卡$/$(千克)$(^\circ C)$
C_L	液體之比熱，千卡$/$(千克)$(^\circ C)$
C_S	濕氣比熱，千卡$/$(千克)$(^\circ C)$
E	熱含量，千卡$/$(千克)$(^\circ C)$
E_x, E_y	水、空氣之熱含量，千卡$/$(千克)$(^\circ C)$
G_x	水之通量，千克$/(公尺)^2$(小時)
G_y'	乾空氣之通量，千克$/(公尺)^2$(小時)
H	濕度，千克蒸汽$/$千克乾空氣
H_i	水與氣體接觸面之濕度，千克蒸汽$/$千克乾空氣
H_S	飽和濕度，千克蒸汽$/$千克乾空氣
H_t	輸送單位之高度，公尺
H_w	濕球溫度下之飽和濕度，千克蒸汽$/$千克乾空氣
H_P	濕度百分數
H_R	相對濕度
h	熱輸送係數，千卡$/$(小時)$(公尺)^2(^\circ C)$
h_x, h_y	液體、氣體之 h，千卡$/$(小時)$(公尺)^2(^\circ C)$
k_y	質量輸送係數，千克莫耳$/$(小時)$(公尺)^2$
M	分子量，千克
M_A, M_B	成分 A、B 之分子量，千克

N_A	液體之質量輸送速率，千克莫耳／小時
N_i	輸送單位之數目
p	壓力，大氣壓
p_A	液體之蒸氣壓，大氣壓
$\overline{p}_A$	蒸汽之分壓，大氣壓
q	液體之熱輸送率，千卡／小時
S	塔之截面積，平方公尺
T	溫度，℃ 或 K
T_i	氣體與液體接觸面之溫度，℃
T_S	絕熱飽和溫度，℃
T_w	濕球溫度，℃
T_x, T_y	液體、氣體之溫度，℃
T_0	基準溫度，℃
V_T	全部接觸區之體積，立方公尺
V'	乾燥氣體之流率，千克／小時
V_H	濕氣比容，(公尺)^3／千克乾空氣
y	空氣中水蒸氣之莫耳分率
y_i	液體與氣體接觸面上之 y 值
Z	自接觸塔底量起之距離，公尺
Z_T	接觸區域之全部高度，公尺
λ	水蒸發時之潛熱，千卡／千克
$\lambda_S, \lambda_w, \lambda_0$	水於 T_S、T_w 與 T_0 時之潛熱，千卡／千克
μ	黏度，千克／(小時)(公尺)

習　題

27-1　若 1 大氣壓下空氣之乾球溫度為 65.6°C，濕球溫度為 54.4°C，試求：

(1)濕度百分數；

(2)濕度；

(3)水蒸氣之莫耳分率；

(4)露點；

(5)若溫度降至 40.5°C，試求水蒸氣被冷凝之百分率；

(6)若將(5)之氣體加熱至 68.3°C，濕度百分數若干？所需之熱量多少？

27-2　根據氣象局報告，大氣壓力為 29.1 吋汞柱，溫度為 32.2°C，相對濕度為 80%，試求下列各項：

(1)莫耳濕度；

(2)濕度；

(3)濕度百分數；

(4)飽和溫度，或露點；

(5)若空氣加熱至 40.5°C，壓力不變，則莫耳濕度及露點為何？

(6)若空氣冷卻至 15.6°C，壓力不變，則莫耳濕度及飽和溫度為何？

27-3　在 71°C 下乾燥空氣（不含水蒸氣）中含四氯化碳蒸汽之相對濕度為 30%。今欲回收四氯化碳，使其濕度不超過 0.3，

(1)若壓力為 1 大氣壓，問溫度應降至幾度？

(2)此時四氯化碳之回收率若干？

四氯化碳之蒸氣壓與溫度之關係為

溫度，°C	0	10	50	75
壓力，毫米汞柱	30	56	320	700

27-4 將空氣吹過纖維醋酸，乃回收丙酮之一法。為了明瞭空氣—丙酮混合物之性質，程序控制部門需要一份空氣—丙酮系之濕度表。經調查研究後，所需之濕度範圍為自 0 至 6.0；溫度範圍為自 4.5 至 54.5°C。試在壓力為 1 大氣壓下，繪出下面部分之濕度表：

(1) 50% 及 100% 之濕度百分數線；

(2) 飽和體積與溫度之關係；

(3) 丙酮之潛熱與溫度之關係；

(4) 濕氣比熱與溫度之關係；

(5) 絕熱飽和溫度為 20 及 40°C 之絕熱冷卻線；

(6) 濕球溫度為 20 及 40°C 之濕球溫度線；

丙酮蒸汽之物性為：$C_p = 0.35$，$\dfrac{h_y}{M_B k_y} = 0.41$；其他如附表所示：

溫度 (°C)	蒸氣壓，p_A（毫米汞柱）	潛熱（焦耳／克）
0		564
10	115.6	
20	179.6	552
30	281.0	
40	420.1	536
50	620.1	
56.1	760.0	521
60	860.0	517
70	1 189.4	
80	1 611.0	495

27-5　在 1 大氣壓力下，使用一如圖 27-13 所示之填充冷卻塔，作一連串之試
　　　驗操作，而得如下之數據：

　　　填充段之高度，$Z_T = 1.83$ 公尺

　　　直徑為 $D = 0.35$ 公尺

　　　進入空氣之平均溫度，$T_{yb} = 37.8°C$

　　　離開空氣之平均溫度，$T_{ya} = 39.4°C$

　　　進入空氣之平均濕球溫度，$T_{wb} = 26.7°C$

　　　離開空氣之平均濕球溫度，$T_{wa} = 35.6°C$

　　　進入水之平均溫度，$T_{xa} = 46°C$

　　　離開水之平均溫度，$T_{xb} = 35°C$；潛熱為 $\lambda = 309$ 千卡／千克

　　　進入水之流率，$m_{xa} = 910$ 千克／小時

　　　進入空氣之體積流率，$V_{yb} = 13.6$（公尺）^{3}／分鐘

　　⑴試利用進入空氣之條件，由熱含量結算法，計算離開空氣之濕度，並
　　　將此結果與自濕度表讀出者比較；

　　⑵設水─空氣之界面溫度與水之整體溫度相同（即略去水相之熱輸送阻
　　　力），試計算塔頂及塔底之質量輸送驅動力 $(H_i - H)$，並使用平均值，
　　　以估計 $k_y a$。

28 蒸餾

　　混合液體之分離，乃化學工業中重要單元操作之一，而蒸餾為使達到此目的之最常用方法之一。當加熱於二成分液體混合物，使之達到沸點而產生蒸汽時，一般而言，蒸汽之濃度必與該混合液之濃度不同，此乃蒸餾之基本原理。

　　倘加熱於混合液中，結果僅混合液中之某一成分成蒸汽逸出，其餘成分均留於液相中，此操作稱為蒸發，已於第 18 章中討論過。由此可見蒸餾與蒸發之操作方法迥然不同。蒸餾之最簡單實例有煉油工程及蒸餾水之製備；而海水之濃縮（或淡化）及肥皂液中甘油之收回，則屬蒸發操作。

28-1　Dalton 定律

　　分壓乃最常用以表示氣體混合物中各成分間量之關係，混合氣體中成分 A 之分壓可定義如下：

$$\overline{p}_A = P y_A \tag{28-1}$$

上式稱為 Dalton 定律，式中

　　　　$\overline{p}_A$ = 成分 A 之分壓

　　　　y_A = 成分 A 之莫耳分率

　　　　P = 混合氣體之總壓

故多成分混合氣體中各成分之分壓，可仿照式 (28-1) 寫為

$$\overline{p}_B = P y_B;\ \overline{p_C} = P y_C;\ \cdots$$

　　倘將混合氣體中各成分之分壓相加，則得

$$\overline{p}_A + \overline{p}_B + \overline{p}_C + \cdots = P(y_A + y_B + y_C + \cdots)$$

因莫耳分率之和等於 1，故上式變為

$$\overline{p}_A + \overline{p}_B + \overline{p}_C + \cdots = P \tag{28-2}$$

須注意者，上面所得結果僅適用於理想氣體混合物。

28-2　蒸汽相與液體相之平衡

　　當已知成分之液相溶液，在定溫定壓下與其蒸汽成平衡時，由相律知，蒸

汽相之成分亦為一定，此時可藉式 (28–1) 求出蒸汽相中各成分之分壓。

　　一般而言，任一成分之分壓，乃溫度、壓力及液相濃度之函數。考慮與其蒸汽成平衡之二成分液相溶液時，倘已知其中一成分之莫耳分率 x_e，則另一成分之莫耳分率亦定矣! 故此時成分 A 之分壓可用下式表示

$$\overline{p}_A = \phi_1(P, T, x_e) \tag{28–3}$$

倘氣相可視為理想氣體，且壓力對液相之性質影響不大，則分壓與總壓無關。故在定溫下

$$\overline{p}_A = \phi_2(x_e) \tag{28–4}$$

　　若液相僅含單成分(即純液體)，則該成分之分壓等於其蒸氣壓，即 $\overline{p}_A = p_A$。上式中 $\overline{p}_A$ 與 x_e 之關係，慣以圖表示之；其法乃先分別分析蒸汽相及液相中之濃度，然後藉式 (28–1) 算出分壓。圖 28–1 示乙醚—丙酮系在 20°C 下成平衡時，分壓與莫耳分率之關係。

28–3　Henry 定律

　　當溶液之濃度甚為稀薄時，$\overline{p}_A$ 與 x_e 之關係幾乎為一直線，且通過原點。除電解質外，對於一般物質，此現象恆存在。例如圖 28–1 中 aa 範圍內，溶液中乙醚之莫耳分率與平衡蒸汽中乙醚之分壓成一直線關係，即

$$\overline{p}_A = H_A x_e \tag{28–5}$$

上式稱為 Henry 定律，式中 H_A 稱為 Henry 定律常數，其值因溫度及溶劑之不同而異。倘壓力之變化範圍甚大，則 H_A 值亦因壓力之改變而異。Henry 定律常數之值可由實驗測得，其單位與壓力同。

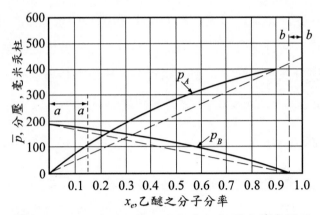

圖 28-1　20°C 下乙醚—丙酮系之分壓與濃度關係

28-4　Raoult 定律

　　當溶液幾乎為純液體 A 時，平衡氣相中成分 A 之分壓與液相中成分 A 之濃度亦成直線關係，且此直線通過原點，即

$$\overline{p}_A = mx_e \qquad\qquad (28\text{-}6)$$

式中 m 乃一比例常數，其值可由：$x_e = 1.0$ 時 $\overline{p}_A = p_A$ 之關係求出，即 $m = p_A$，故

$$\overline{p}_A = p_A x_e \qquad\qquad (28\text{-}7)$$

上式稱為 Raoult 定律，而圖 28-1 中之虛線，即代表此式，故圖 28-1 中 $\overline{p}_A$ 曲線之 bb 部分，滿足 Raoult 定律。

　　由圖 28-1 可知，$\overline{p}_B$ 曲線之兩端亦分別滿足 Henry 定律及 Raoult 定律，惟其分壓之分布情形，恰與成分 A 者相反。因此若濃度坐標上某範圍內 Henry 定律可適用於一成分，則在同一範圍內 Raoult 定律能適用於另一成分。

28-5　理想溶液

　　某些混合物在整個濃度範圍內遵循 Raoult 定律，這些混合物稱為**理想溶液** (ideal solution)。此時分壓與濃度成一直線關係，如圖 28-1 中之虛線。因此吾人知 Henry 定律亦必能適用於理想溶液，且此時 Henry 定律與 Raoult 定律說明同一定律，亦即 $p_A = H_A$。

　　事實上理想溶液不多，同位素混合物乃屬理想溶液；同型且大小相近之非極性分子所組成之混合物，頗接近理想溶液，例如苯、甲苯及二甲苯之混合溶液。極性物質，如水、酒精及電解質等之混合溶液，則與理想溶液之特性相差甚遠。倘二成分中之一成分遵循理想溶液定律，則另一成分亦然。

28-6　沸點—濃度圖

　　圖 28-2 說明定壓下沸點與濃度間之關係。設成分 A 之沸點為 T_A，成分 B 之沸點為 T_B，由圖知，液體 A 比液體 B 較具揮發性。圖中縱坐標表溫度，橫坐標表成分之濃度。該圖包含兩條曲線，此二曲線之兩端重合。上部曲線上任一點（如點 e）代表蒸汽在某溫度 (T_1) 下正要開始冷凝之平衡濃度 (y)，其第一滴冷凝液之濃度為 x；下部曲線上任一點（如點 d）代表液體在某溫度 (T_1) 下正要沸騰之平衡濃度 (x)，其第一顆蒸汽泡之成分濃度為 y。故上部曲線稱為**露點曲線** (dew-point curve)，下部曲線稱為**泡點曲線** (bubble-point curve)。水平線上任二點（如點 d 與 e），代表在某溫度 (T_1) 下飽和蒸汽與飽和液體之成分濃度。露點曲線以上諸點（如點 a），代表蒸汽混合物；氣泡點曲線以下諸點（如點 b），代表液體混合物；介於二曲線間之諸點（如點 c）則代表液體與蒸汽共存。

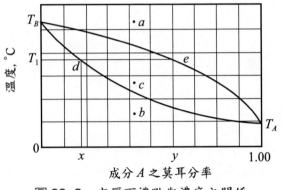

圖 28-2　定壓下沸點與濃度之關係

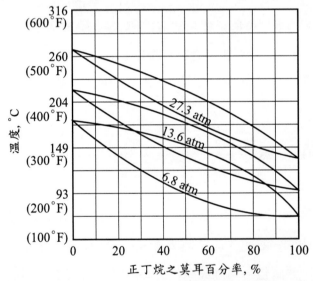

圖 28-3　壓力對正丁烷—正庚烷系沸點濃度圖之影響

設若莫耳分率為 x 之混合液體徐徐被加熱，則必在達到溫度 T_1 時開始沸騰，且最初生成之蒸汽其莫耳分率為 y。倘令混合液體繼續蒸發，則其莫耳分率不再為 x；因蒸汽必比液體含有較多之揮發性物質，故 d 點必沿氣泡點曲線向左上移動。

　　一般而言，沸點與成分濃度之關係圖，須由實驗之結果繪出，其圖形因總壓之不同而異。圖 28-3 說明正丁烷—正庚烷系在三種不同壓力下沸點與成分濃度之關係。

然若混合液體遵循 Raoult 定律，則沸點與成分濃度之關係圖，可自蒸氣壓計算而得，其計算式為

$$P = \overline{p}_A + \overline{p}_B = p_A x_e + p_B(1 - x_e) \tag{28-8}$$

$$y = \frac{p_A}{P} x_e \tag{28-9}$$

式 (28-9) 乃 Raoult 定律與 Dalton 定律之合併式。今舉一例，以說明沸點與濃度之關係。

例 28-1

苯與甲苯之蒸氣壓如表 28-1 所示。假設苯與甲苯之混合物遵循 Raoult 定律，試繪出 1 大氣壓下此系統之沸點─濃度圖。

表 28-1　苯與甲苯之蒸氣壓

溫度 °C	蒸氣壓，毫米汞柱	
	苯	甲苯
80.1	760	
85	877	345
90	1 016	405
95	1 168	475
100	1 344	557
105	1 532	645
110	1 748	743
110.6	1 800	760

(解) 吾人可將表 28-1 之數據代入式 (28-8)，以算出每一沸點下混合液體之濃度。當沸點為 85°C 時，苯之蒸氣壓為 $p_A = 877$，甲苯之蒸氣壓為 $p_B = 345$，總壓為 $P = 760$ 毫米汞柱。將這些值代入式 (28-8)，得

$$760 = 877 x_e + 345(1 - x_e)$$

$$\therefore x_e = 0.780$$

再應用式 (28-9)

$$y_e = \frac{877}{760}(0.780) = 0.900$$

仿此算出另五組數據，然後將結果列於表 28-2，並繪成圖 28-4。

表 28-2　〔例 28-1〕之沸點濃度曲線

溫　度 °C	苯之莫耳分率	
	液體 x_e	蒸氣 y_e
85	0.780	0.900
90	0.581	0.777
95	0.411	0.632
100	0.258	0.456
105	0.130	0.261
110	0.017	0.039

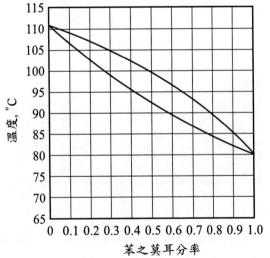

圖 28-4　1 大氣壓下苯—甲苯系之沸點濃度圖

28-7　蒸汽與液體之濃度平衡圖

倘於沸點—濃度圖中任繪一水平線，此水平線與二曲線相交之點，即代表在該溫度下蒸汽與液體成平衡之成分濃度。若以液體成分 (x) 為橫坐標，蒸汽成分 (y) 為縱坐標繪圖，則得氣相與液相之濃度平衡圖。故濃度平衡圖可自沸點濃度圖繪成。若混合液遵循 Raoult 定律，則可應用式 (28–8) 及 (28–9) 算出 x_e 與 y_e 之關係，然後繪圖。

圖 28–5 示用〔例 28–1〕之結果繪成之苯—甲苯系之平衡圖。

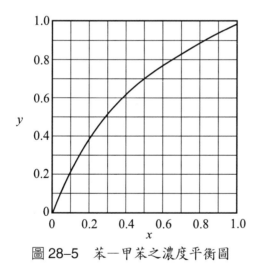

圖 28–5　苯—甲苯之濃度平衡圖

28-8　共沸點混合液

許多溶液雖不遵循 Raoult 定律，但其沸點濃度曲線與濃度平衡曲線分別與圖 28–4 及 28–5 相似，即沸點濃度曲線成弓形，濃度平衡曲線則成向下之彎線，露點及氣泡點皆介於兩純成分之沸點間，而且與液體成平衡之蒸汽中，比液體含有較多之成分 *A*。

另外尚有些重要溶液，其沸點濃度曲線及濃度平衡曲線與圖 28–4 及 28–5 中者截然不同。圖 28–6 (a)及 28–6 (b)分別表兩個此類溶液之沸點一濃度圖，圖中左邊者乃氯仿與丙酮之沸點濃度曲線，右邊則為苯及乙醇之沸點曲線。圖 28–6 (a)中莫耳分率為 x_a 處之沸點 T_b，乃各種混合比例下之最高沸點，且比純成分之沸點高；圖 28–6 (b)中莫耳分率為 x_a 處之沸點 T_b，乃各種混合比例下之最低沸點，且比純成分之沸點低。

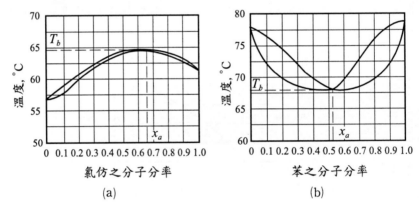

圖 28–6　共沸點混合物之沸點濃度曲線：(a)氯仿一丙酮系；(b)苯一乙醇系

此種有最高或最低沸點之混合物，稱為**共沸點混合物**（azeotropies 或 constant-boiling mixtures），其中以有最低沸點之共沸混合物為較常見。在共沸點處露點曲線與氣泡點曲線相接觸，且有共同之水平切線。因此由共沸混合物生成之蒸汽，其濃度與共沸混合液相同，故在該壓力下無法藉蒸餾方法將共沸混合物中之成分分離。倘總壓改變，則共沸點亦改變，或消失，故大氣壓下之共沸點混合物，可應用加壓或真空蒸餾法，使其達到分離之目的。另外亦有加入第三成分的蒸餾法，以破壞其共沸點。

氯仿一丙酮及苯一乙醇之濃度平衡曲線，分別見圖 28–7 (a)及 28–7 (b)。在共沸點時，濃度平衡曲線與對角線 $(x = y)$ 相交。

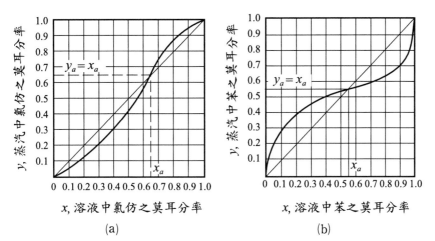

圖 28-7　共沸點混合物之濃度平衡曲線：(a)氯仿—丙酮系；(b)苯—乙醇系

28-9　相對揮發度

　　倘蒸汽與液體成平衡，則成分 A（揮發性較高者）對成分 B 之相對揮發度可定義如下：

$$\alpha_{AB} = \frac{\dfrac{y_A}{x_A}}{\dfrac{y_B}{x_B}} \tag{28-10}$$

考慮二成分混合物時，$y_B = 1 - y_A$，$x_B = 1 - x_A$，則上式變為

$$\alpha_{AB} = \left(\frac{y_A}{1 - y_A} \right)\left(\frac{1 - x_A}{x_A} \right) \tag{28-11}$$

故蒸汽與液體之濃度平衡曲線可寫成

$$y_A = \frac{\alpha_{AB} x_A}{1 + (\alpha_{AB} - 1)x_A} \tag{28-12}$$

或

$$x_A = \frac{y_A}{\alpha_{AB} - (\alpha_{AB} - 1)y_A} \tag{28-13}$$

若液相遵循 Raoult 定律，氣相遵循 Dalton 定律，則

$$y_A = \frac{p_A x_A}{P}, \; 1 - y_A = \frac{p_B(1 - x_A)}{P}$$

將此關係代入式 (28-11)，得以蒸氣壓表示之相對揮發度

$$\alpha_{AB} = \frac{p_A}{p_B} \tag{28-14}$$

須注意者，混合液之相對揮發度等於 1 時，此液體即為前節所述之共沸點混合液，其蒸餾效果為零；混合液之相對揮發度離 1 愈遠（大於 1 或小於 1），則蒸餾效果愈佳。

28-10 熱含量－濃度圖

討論吸收與蒸餾問題時，須考慮混合物之潛熱，混合熱 (heat of mixing) 及比熱。對二成分混合物而言，這些量及平衡數據，均可用**熱含量－濃度圖** (enthalpy-concentration diagram) 表示。

圖 28-8 示 10 大氣壓下氨－水系之熱含量濃度圖。圖中橫坐標表氨（揮發性較水大）之質量分率 (x 或 y)，縱坐標表每磅混合物之熱含量 (H)，而以 0°C (32°F) 及 1 大氣壓之純水為計算熱含量值之標準狀態。因定壓下每磅飽和蒸氣或飽和液體之熱含量 H，僅為濃度 y 或 x 之函數，故圖中飽和蒸氣曲線乃由 H 與 y 之關係繪成，飽和液體曲線則由 H 與 x 之關係繪成。位於飽和蒸氣曲線以上諸點表過熱蒸氣，飽和液體曲線以下諸點表未達沸點之液體；介於二曲線中諸

點，表飽和蒸氣與飽和液體共存之混合物。

連接飽和液體與飽和蒸汽之諸直線，表定溫度下液相與氣相平衡，這些線稱為**樑線** (tie line)。樑線之兩端分別表達到平衡之飽和蒸汽及飽和液體，其濃度分別為 y_e 及 x_e。倘自樑線與飽和蒸汽曲線相交之點繪一水平線，再自樑線與飽和液體曲線相交之點繪一垂直線，則此二直線必交於一點。仿此，則自每一樑線必可繪出一點，將這些點連接，則繪成所謂補助線，故吾人可藉補助線繪出其他更多的樑線。另加之樑線亦可用**內插法** (method of interpolation) 繪出，惟所得之結果較不準確。另外，苯—甲苯系與乙醇—水系之熱含量濃度圖，分別見圖 28–14 與附錄 M。

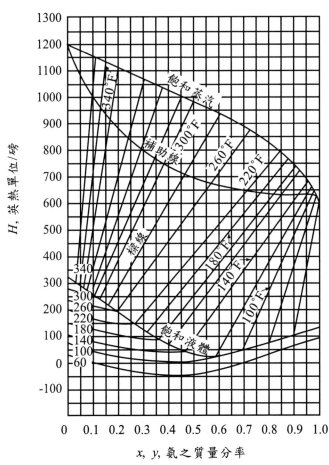

圖 28–8　10 大氣壓下氨—水系之熱含量成分圖

28-11　蒸餾之方法

　　蒸餾之方法有二：倘令液體沸騰所產生之蒸汽與液體分離,即不使蒸汽之冷凝液全部或部分再次回流入蒸餾器中,此法稱為**簡單蒸餾** (simple distillation)；若將蒸餾器逸出之蒸汽冷凝成液體,然後令一部分回流注入蒸餾器中,使之與上升之蒸汽成逆向接觸者,稱為**精餾** (rectification) 或**分餾** (fractionation)。

　　簡單蒸餾可分為兩種不同之方式：若令沸騰中所產生之蒸汽隨時立即與液體分離,不再與沸騰中之液體接觸,此法稱為**微分蒸餾** (differential distillation),此時所收集之蒸汽,其濃度隨時間而改變,實驗室之蒸餾操作多屬此類；然若令沸騰所產生之蒸汽與沸騰液體充分接觸,使達到平衡後始移去蒸汽,此法稱為**平衡蒸餾** (equilibrium distillation)。此法適用於多成分混合物之分離,乃提煉石油之舊法。

28-12　微分蒸餾

　　進行微分蒸餾時,蒸發所得之蒸汽迅即與沸騰之液體分開,然後冷凝之。今設有 L_0 莫耳之混合液體置於一蒸餾器中,混合物含有成分 A 與 B,成分 A 之莫耳分率為 x_0。當進行微分蒸餾至某時刻時,蒸餾器尚存有 L 莫耳之混合物,此時器中成分 A 之莫耳分率為 x,此刻生成之蒸汽中成分 A 之莫耳分率為 y。若再令微量液體 dL 蒸發,則液體中成分 A 之濃度自 x 減為 $(x-dx)$。由質量守恆定律：

$$\left\{\begin{array}{l}\text{蒸發器中現有}\\\text{成分 } A \text{ 之含量}\end{array}\right\} - \left\{\begin{array}{l}\text{瞬間後蒸發器中}\\\text{成分 } A \text{ 之含量}\end{array}\right\} = \left\{\begin{array}{l}\text{瞬間內生成蒸汽}\\\text{中成分 } A \text{ 之含量}\end{array}\right\}$$

則

$$xL - (x - dx)(L - dL) = ydL$$

因 $dxdL$ 項極小，故不予考慮。整理上式得

$$\frac{dL}{L} = \frac{dx}{y - x}$$

若停止蒸餾時蒸餾器中尚餘混合物 L_1 莫耳，此時器中成分 A 之莫耳分率為 x，則積分上式得

$$\int_{L_1}^{L_0} \frac{dL}{L} = \ln \frac{L_0}{L_1} = \int_{x_1}^{x_0} \frac{dx}{y - x} \tag{28-15}$$

上式稱為 Rayleigh 方程式。倘已知 x 與 y 之關係，則可藉圖積分法或數值分析法計算式 (28–15)。

　　若微分蒸餾過程中之每一階段皆近乎平衡狀態，且整個過程中 α_{AB} 值幾乎不變，則此類問題可用下法求出。設某時刻器內含有 a 莫耳之成分 A 與 b 莫耳之成分 B，即 $L = a + b$。在瞬間內，有 da 莫耳之成分 A 與 db 莫耳之成分 B 變成蒸汽，即 $dL = da + db$。應用 Dalton 定律，則蒸汽之成分為

$$y_A = \frac{da}{da + db}, \, y_B = \frac{db}{da + db}$$

若不計蒸出之微量液體，則液體之成分為

$$x_A = \frac{a}{a + b}, \, x_B = \frac{b}{a + b}$$

將上面四式代入式 (28–11)，整理後得

$$\frac{da}{a} = \alpha_{AB} \frac{db}{b}$$

設最初器中成分 A 之含量為 a_0 莫耳，成分 B 之含量為 b_0 莫耳；停止蒸餾時，器

中尚餘 a_1 莫耳之成分 A 及 b_1 莫耳之成分 B。積分上式，得

$$\int_{a_1}^{a_0} \frac{da}{a} = \int_{b_1}^{b_0} \alpha_{AB} \frac{db}{b} \tag{28-16}$$

因考慮 α_{AB} 為定值者，故上式變為

$$\frac{a_0}{a_1} = \left(\frac{b_0}{b_1} \right)^{\alpha_{AB}} \tag{28-17}$$

28-13　平衡蒸餾

　　倘不迅即移去所產生之蒸汽，而令之與飽和液體充分接觸，俟達到平衡後始移去並冷凝，此法稱為平衡蒸餾。

　　設有一二成分混合液體，其成分為 A 與 B，其中成分 A 之揮發度較大。蒸餾器中原置 L_0 莫耳之該種混合液體，此時成分 A 之莫耳分率為 x_0。假定進行平衡蒸餾後有 V 莫耳之液體變成蒸汽，亦即尚有 $(L_0 - V)$ 莫耳之液體遺留於器中，此時器中成分 A 之莫耳分率為 x，蒸汽中成分 A 之莫耳分率為 y。由質量守恆定律知：器中成分 A 之原莫耳數，必等於蒸餾後器中成分 A 之莫耳數與蒸汽中成分 A 之莫耳數之和，即

$$L_0 x_0 = Vy + (L_0 - V)x \tag{28-18}$$

式中 x 與 y 為未知，其值可聯用上式及平衡曲線解得。其解法一般係將式 (28-18) 繪於平衡圖中，而式 (28-18) 與平衡曲線之交點，即為其解。若系統之相對揮發度為已知且定值，則平衡關係亦可引用式 (28-12) 或 (28-13)。

例 28-2

今擬在 1 大氣壓下自苯 (B)、甲苯 (T) 及二甲苯 (X) 之等莫耳混合液體中，以蒸餾法收回 95% 之苯。設蒸餾過程中所引起之溫度變化影響 α_{AB} 值不大，故 α_{AB} 可取算術平均值。初期之蒸餾溫度約為 100℃，最後之蒸餾溫度約為 130℃ (稍比二甲苯之沸點低)。在此二端點之溫度時，苯對甲苯之相對揮發度分別為 2.40 及 2.17，其平均值為 2.29；甲苯對二甲苯之相對揮發度分別為 2.35 及 2.15，其平均值為 2.25。在下面三種不同之蒸餾方法下，試分別求**餾出物** (distillate) 及**餾餘物** (residue) 之成分。

(1)平衡蒸餾；

(2)微分蒸餾；

(3)微分蒸餾，但其餾出物分兩批，等量收集。

(解) (1)採用平衡蒸餾時可應用式 (28-10) 解出，此時相對揮發度之定義式可改寫為

$$\alpha_{BT} = \frac{\dfrac{y_B}{x_B}}{\dfrac{y_T}{x_T}} = \frac{\dfrac{V_B}{L_B}}{\dfrac{V_T}{L_T}}$$

即

$$\frac{V_B}{V_T} = \frac{\alpha_{BT} L_B}{L_T} \quad\text{...} ①$$

式中 V_B 及 V_T 分別表蒸汽中苯及甲苯之莫耳數，L_B 及 L_T 則分別表液體中苯及甲苯之莫耳數。若取 100 莫耳之混合液體為基準，則

$$V_B = \frac{100}{3} \times 0.95 = 31.67 \text{ 莫耳}$$

$$\therefore L_B = \frac{100}{3} - 31.67 = 1.67 \text{ 莫耳}$$

因

$$V_T + L_T = \frac{100}{3} = 33.3 \text{ 莫耳}$$

$$\alpha_{BT} = 2.29$$

將這些值代入式①，得

$$\frac{31.67}{V_T} = 2.29 \left(\frac{1.67}{33.33 - V_T} \right)$$

解之，得 $V_T = 29.73$ 莫耳，故 $L_T = 3.60$ 莫耳。同理

$$\frac{V_T}{V_X} = \alpha_{TX} \frac{L_T}{L_X}$$

$$\frac{29.73}{V_X} = 2.25 \left(\frac{3.60}{33.33 - V_X} \right)$$

解之，得 $V_X = 26.14$ 及 $L_X = 7.19$。今將所得之結果列成下表：

成　分	餾出物		餾餘物	
	莫耳數	莫耳百分率	莫耳數	莫耳百分率
苯 (B)	31.67	36.2	1.67	13.4
甲苯 (T)	29.73	33.9	3.60	28.9
二甲苯 (X)	26.14	29.9	7.19	57.7
總和	87.54	100.0	12.46	100.0

(2)採用微分蒸餾時，可應用式 (28-17)，此時式 (28-17) 可改寫為

$$\left(\frac{L_{B_0}}{L_{B_1}}\right)^{\frac{1}{\alpha_{BT}}} = \frac{L_{T_0}}{L_{T_1}}$$

故

$$\left(\frac{33.33}{1.67}\right)^{\frac{1}{2.29}} = \frac{33.33}{L_{T_1}}$$

解之，得 $L_{T_1} = 9.03$。同理

$$\left(\frac{33.33}{9.03}\right)^{\frac{1}{2.25}} = \frac{33.33}{L_{X_1}}$$

解之，得 $L_{X_1} = 18.65$。今將所得之結果列成下表

成　分	餾出物		餾餘物	
	莫耳數	莫耳百分率	莫耳數	莫耳百分率
苯 (B)	31.67	44.9	1.67	5.68
甲苯 (T)	24.30	34.4	9.03	30.80
二甲苯 (X)	14.68	20.7	18.65	63.52
總　和	70.65	100.0	29.35	100.00

(3)若採用微分蒸餾，但餾出物分兩批等量收集，則第一批共收集

$\frac{70.65}{2} = 35.3$ 莫耳蒸汽，亦即第一批蒸汽收集完時，器中還存餾餘物

$100 - 35.3 = 64.7$ 莫耳之液體。若以數學式表示，則

$$L_{B_1}^I + L_{T_1}^I + L_{X_1}^I = 64.7$$

又

$$\left(\frac{33.33}{L_{B_1}^I}\right)^{\frac{1}{2.29}} = \frac{33.33}{L_{T_1}^I}$$

且 $$\left(\frac{33.33}{L_{T_1}^I}\right)^{\frac{1}{2.25}} = \frac{33.33}{L_{X_1}^I}$$

解上面三式，得

$$L_{B_1}^I = 13.93,\ L_{T_1}^I = 22.73,\ L_{X_1}^I = 22.03$$

第一批餾出物中各成分之莫耳數，可用 33.33 分別減去上面三值而得。
第二批餾出物中各成分之莫耳數，可用(2)中所得者減去第一批所得者。
今將所得之結果列成下表：

成　分	第一批餾出物		第二批餾出物		餾餘物	
	莫耳數	莫耳百分率	莫耳數	莫耳百分率	莫耳數	莫耳百分率
苯 (B)	19.40	55.0	12.27	34.7	1.67	5.68
甲苯 (T)	10.60	30.0	13.70	38.8	9.03	30.80
二甲苯 (X)	5.30	15.0	9.38	26.5	18.65	63.52
總　　和	35.3	100.0	35.35	100.0	29.35	100.0

採用平衡蒸餾以回收 95% 之苯時，需蒸出 88% 之原液；然採用微分蒸餾時，只需蒸出 71%，因此採用後者所得餾出物中，苯之濃度較大，且所耗費之能源較少。須注意者，由簡單蒸餾方法（即(1)與(2)）所得餾出物中，苯之濃度不大。方法(3)為分離度之方法，即先蒸出 35.5% 之原液，此時餾出物中含 55% 之苯；然後再蒸出另 35.5% 之原液，並與第一批分開。第二批餾出物之濃度與原液相近，若將之置於蒸餾器中再次進行蒸餾，則又可得含苯較濃之餾出物。故(3)中之方法較(1)或(2)為佳，惟此時所需之裝置費及操作費較高。

28-14　多成分之急驟蒸餾

　　平衡蒸餾方法對二成分混合物之分離，不具重要性，其主要用於煤油工程中多成分混合物之分離。進行此項操作時，混合液體先在加壓下加熱，至達到相當溫度時，始移去壓力，則液體變為過熱，於是促使部分液體迅速汽化，而達到蒸餾之目的，此種程序稱為**急驟蒸餾** (flash distillation)。過熱液體汽化過程中，蒸汽與液體間幾乎成平衡。

　　多成分急驟蒸餾操作時，每成分之物料結算為

$$L_0(x_i)_0 = Vy_i + Lx_i \tag{28-19}$$

其平衡關係為

$$y_i = Kx_i \tag{28-20}$$

一般而言，平衡常數為一實驗值。若為理想溶液，則因

$$y_i P = x_i\, p_i \tag{28-21}$$

故　　$y_i = \left(\dfrac{p_i}{P}\right)x_i$

即　　$K = \dfrac{p_i}{P}$ 　　　　　　　　　　　　　　$(28-22)$

式中 P 與 p_i 分別表總壓及成分 i 之蒸氣壓。

　　將式 (28-20) 代入式 (28-19) 以消去 x_i，整理後得

$$y_i = \frac{(x_i)_0}{V + \dfrac{L}{L_0}} = \frac{L_0}{V}\left[\frac{K(x_i)_0}{K + \dfrac{L}{V}}\right] \tag{28-23}$$

則

$$\sum y_i = 1 = \frac{L_0}{V}\sum\left[\frac{K(x_i)_0}{K + \frac{L}{V}}\right] \tag{28-24}$$

同理可得

$$\sum x_i = 1 = \frac{L_0}{V}\sum\left[\frac{(x_i)_0}{K + \frac{L}{V}}\right] \tag{28-25}$$

例 28-3

天然氣中含 CH_4 43 莫耳 %，C_2H_6 20 莫耳 %，C_3H_8 19 莫耳 %。今將壓力及溫度調整，使各成分之平衡常數變為：$C_1 = 25$, $C_2 = 3.6$, $C_3 = 1.08$, $C_4 = 0.40$, $C_5 = 0.125$, $C_6 = 0.019$，問此時冷凝液之量若干? 濃度如何?

(解) 假設 $\frac{L}{L_0} = 0.07$，即 $\frac{V}{L} = \frac{L_0}{L} - 1 = 13.29$，然後應用式 (28-25)，可得下面結果：

成分	$(x_i)_0$	K	$\left(\frac{V}{L}\right)K + 1$	$\dfrac{(x_i)_0}{\left(\frac{V}{L}\right)K + 1}$	$x_i = \dfrac{\left(\frac{L_0}{L}\right)(x_i)_0}{\left(\frac{V}{L}\right)K + 1}$
甲烷	0.43	25	333	0.00129	0.018
乙烷	0.20	3.6	48.8	0.00409	0.058
丙烷	0.19	1.08	15.4	0.0124	0.177
丁烷	0.11	0.40	6.32	0.0174	0.249
戊烷	0.05	0.125	2.66	0.0188	0.269
己烷	0.02	0.019	1.25	0.0160	0.228
總和	1.00				0.999

因 $\sum x_i = 0.999 \approx 1$，故 $\dfrac{L}{L_0} = 0.07$ 之假設正確。由上面之結果知：每 100 莫

耳之進料可得 7 莫耳之冷凝液，其濃度如上表最右列所示。

若 $\sum x_i$ 不等於 1，則須重新假設 $\dfrac{L}{L_0}$ 之值，至符合為止。

28-15 精　餾

　　精餾乃最常用以分離混合物之方法，其裝置如圖 28-9 所示。主要部分為：
(a)蒸餾器 (still)，或稱重沸器 (reboiler)，用以產生蒸汽；(b)精餾塔 (rectifying
column)，或稱分餾塔 (fractionating column)，其用途乃使上升之蒸汽與下降之
液體在塔中互相接觸；(c)冷凝器 (condenser)，用以冷凝由塔頂逸出之蒸汽，使
之成為液體；(d)回流分配器 (reflux divider)，用以分配回流之量，並使回流入塔
中；(e)冷卻器 (cooler)，用以冷卻產品。

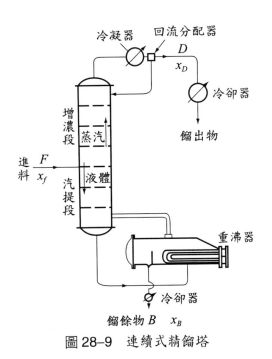

圖 28-9　連續式精餾塔

　　當液流沿塔中下降時，高沸點成分逐漸增濃；而汽流沿塔中上升時，低沸點成分亦逐漸增濃，蓋因此塔能使蒸汽與液體充分接觸，結果汽流使液體中之低沸點成分蒸發，液流則使蒸汽中之高沸點成分冷凝。

　　精餾時，進料常自塔之中部進入。以進料位置為準，可將塔分成上下二部：上部稱為**精餾段 (rectifying section)** 或稱**增濃段 (enriching section)**，此段之功用在使低沸點成分（較易揮發之成分）向上逐漸增加；下部稱為**氣提段 (stripping section)**，此段之功用在使高沸點成分向下逐漸增加。

28–16　精餾塔之構造

　　精餾塔之外形如圓柱，塔內有平行板多個，或塔內充以填料，以使液體與蒸汽充分接觸，因而產生熱量及質量輸送，而達到分離混合物之目的。精餾塔內部之構造，常見者有**平板塔 (plate column)** 及**填充塔 (packed column)**；平板塔又可分為**泡罩塔 (bubble-cap column)** 及**篩板塔 (sieve-plate column)**。今分別討論如下：

1. 泡罩塔

　　泡罩塔之構造如圖 28–10 (a)所示，塔中有平行板多個，將塔分成多段。每板上有許多煙囪，煙囪上蓋以鐘形罩，罩之邊緣作鋸齒形或小孔形。蒸汽自板底通過煙囪，然後沿罩折向鋸齒形或小孔形之邊緣成氣泡逸出，而與板上之液體接觸，故此罩稱為泡罩。泡罩之構造見圖 28–10 (b)。操作時板上積有一層液體，因賴**下降管 (down-pipe)** 之調節，液體之深度適足以淹沒罩邊緣之小孔。液體自上板之下降管流下，然後橫向流過板面，再沿下降管流入下板。板上流體之流動方式不一，亦有圓轉而過者：(c)，亦有自中央流向四方者：(d)，其情形見圖 28–11。

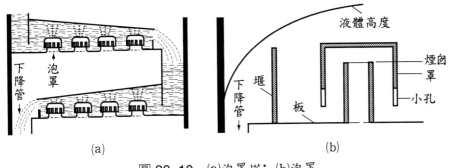

圖 28–10 (a)泡罩塔; (b)泡罩

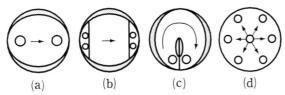

圖 28–11 板上流體之各種流動方式

2. 篩板塔

近年來精餾塔之設計多採用有孔之板者，孔之直徑通常約為 $\frac{3}{16}$ 至 $\frac{1}{4}$ 吋，稱為篩板。篩板塔之構造如圖 28–12，板上有無數小孔，小孔之總面積約為板面之 7～10%。蒸汽自板下通過小孔而上，板上之液體因受蒸汽之壓力而不致瀉下。篩板之構造較泡罩板簡單，故價格便宜，效率亦佳，為其優點。惟蒸汽速度之調節不易，蓋若蒸汽之速度過小，則板上液體易於瀉下；若蒸汽之速度過大，則上方之液體不易流下，以致蒸汽與液體無充分接觸之機會，為其缺點。

3. 填充塔

為使精餾之效率提高，應使塔中蒸汽與液體能充分接觸。吾人若於塔中放置一些填充物，則可提高接觸面積而增加蒸汽與液體之接觸機會。常用之填料有玻璃、瓷器或鐵，其形狀不一。關於填充塔之詳細構造，已於吸收及氣提一章中討論。

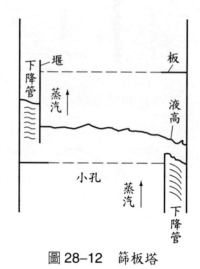

圖 28-12　篩板塔

28-17　精餾塔之能量與質量結算

今有一精餾塔，其熱量及質量之流程如圖 28-13 所示。設在恆壓下每小時注入 F 千克之 A 及 B 混合物，結果得餾出物 D 千克／小時，得餾餘物 B 千克／小時。成分 A 在進料、塔頂產品（餾出物），及塔底產品（餾餘物）中之質量分率分別為 x_F, x_D 及 x_B；溫度分別為 t_F, t_D 及 t_B；熱含量則分別為 h_F, h_D 及 h_B。穩態下單位時間內輸入之物量，必等於輸出之量，即

$$F = D + B \tag{28-26}$$

$$Fx_F = Dx_D + Bx_B \tag{28-27}$$

自上面二式可解得

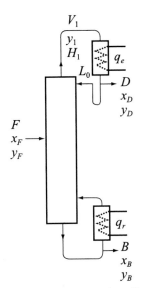

圖 28-13　精餾塔之物料及能量結算

$$D = \frac{F(x_F - x_B)}{x_D - x_B} \qquad (28\text{-}28)$$

$$B = \frac{F(x_D - x_F)}{x_D - x_B} \qquad (28\text{-}29)$$

設無熱量損失，則由能量結算

$$Fx_F + q_r = Dh_D + Bh_B + q_C \qquad (28\text{-}30)$$

式中　　q_r = 重沸器加進之熱量輸送率，千卡／小時

　　　　q_C = 冷凝器移去之熱量輸送率，千卡／小時

　若僅就冷凝器作物料及能量結算，則

$$V_1 = L_0 + D \qquad (28\text{-}31)$$

$$V_1 y = L_0 x_0 + D x_D \qquad (28\text{-}32)$$

$$V_1 H = q_C + L_0 h_0 + D h_D \qquad (28\text{-}33)$$

倘進入冷凝器之蒸汽全被冷凝，則由圖 28-13 知，$y_1 = x_0 = x_D$ 及 $h_0 = h_D$，故式

(28–31) 及 (28–32) 僅代表一式。由式 (28–33) 得

$$q_C = V_1 H_1 - (L_0 + D)h_D \tag{28–34}$$

將式 (28–31) 或 (28–32) 代入上式，整理後得

$$q_C = (L_0 + D)(H_1 - h_D) \tag{28–35}$$

以 D 除上式之兩邊，則

$$\frac{q_C}{D} = \left(\frac{L_0}{D} + 1\right)(H_1 - h_D)$$
$$= (R_D + 1)(H_1 - h_D) \tag{28–36}$$

式中 L_0 表每小時回流液之千克數，故 $R_D = \dfrac{L_0}{D}$，稱為**回流比** (reflux ratio)。

　　由上面之結果知: 若已知進料之量，以及各物流之濃度，則餾出物及餾餘物之量可用式 (28–28) 及 (28–29) 算出。倘操作時之回流比一經選定，則由式 (28–36)可知冷凝每小時所需移去之熱量，最後由式 (28–30) 可計算重沸器每小時所需加進之熱量。

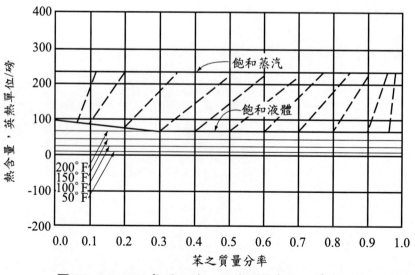

圖 28–14　1 大氣壓下苯—甲苯之熱含量—濃度圖

例 28-4

今有一連續式精餾塔，在 1 大氣壓下每小時需分餾 13 640 千克之苯－甲苯混合物。進料中苯之質量分率為 0.40，餾出物中苯之質量分率為 0.97，餾餘物中甲苯之質量分率為 0.98。回流比為 3.5，進料為飽和液體，回流之溫度為 38°C，試計算：

(1)每小時塔頂餾出物及塔底餾餘物之千克數；

(2)冷凝器之負荷及重沸器中熱能之輸入率。

(解) (1)由式 (28-28)

$$D = \frac{(13\,640)(0.40 - 0.02)}{0.97 - 0.02} = 5\,456 \text{ 千克 / 小時}$$

$$B = F - D = 13\,640 - 5\,456 = 8\,184 \text{ 千克 / 小時}$$

(2)由圖 28-14 之熱含量－濃度圖，查得苯－甲苯混合物之熱含量如下：

$$h_F = 73.5 \text{ 英熱單位 / 磅} = 40.8 \text{ 千卡 / 千克}$$

$$h_0 = h_D = 28.7 \text{ 英熱單位 / 磅} = 15.9 \text{ 千卡 / 千克}$$

$$H_1 = 232 \text{ 英熱單位 / 磅} = 128.6 \text{ 千卡 / 千克}$$

自重沸器流出之液體為飽和液體，故 $h_B = 86.6$ 英熱單位 / 磅 $= 48$ 千卡 / 千克。將這些值代入式 (28-36)，得

$$\frac{q_C}{D} = (3.5 + 1)(128.6 - 15.9) = 507.2 \text{ 千卡 / （千克）（小時）}$$

故冷凝器之負荷為

$$q_C = (5\,456)(507) = 2\,766\,200 \text{ 千卡 / 小時}$$

再應用式 (28–30)，得重沸器所應輸入之熱流率為

$$q_r = (5\,456)(15.9) + (8\,184)(48) + 2\,766\,200 - (13\,640)(40.8)$$
$$= 2\,689\,270 \text{ 千卡／小時}$$

28–18　板式精餾塔中之理想板數目

　　若蒸汽與液體在板上達到平衡後始離開，則稱該板為理想板。事實上板式精餾塔中無一為理想板者，亦即蒸汽在未與液體成平衡時，即離開板。然為方便計，吾人計算精餾塔之板數時，皆先假設蒸汽與液體成平衡，故可藉平衡曲線算出所需之理想板數目，然後再依經驗所知之板效率，估計實際所需之板數。

　　決定理想板數目之方法有計算法及圖解法兩種。採用計算法時，須逐板一一計算；即先對某一板根據物料及能量結算列出方程式組，並聯用平衡數據及熱含量圖，解出進入及離開此板諸物流之流率、濃度及熱含量，然後藉所得之值，繼續計算下一板。若所需之板數甚多時，不宜採用計算法，蓋因其計算手續繁雜且耗時甚多。圖解法乃將物料及能量結算式繪於平衡圖或熱含量圖中，然後圖解之。圖解法較計算法簡單方便且省時，所需之板數甚多時，更具特效。圖解法又可分為 McCabe-Thiele 法及 Ponchon 法兩種。採用 Ponchon 法所得之結果較精確，且又能直接自圖上讀出冷凝器所移去之熱量及重沸器所加入之熱量。McCabe-Thiele 法雖不及 Ponchon 法準確且有雙效結果（質量結算及熱量結算），但因解題手續方便，所以也常被採用。

28–19　逐板計算法

　　逐板計算法之步驟，乃由已知之**端點條件** (terminal conditions)，逐板一一計算。如圖 28–15 所示，設回流之流率 (L_0)、濃度 (x_D) 及熱含量 (h_D) 為已知，

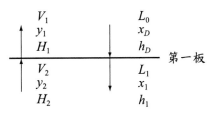

圖 28-15　板上之諸物流

蒸汽進入冷凝器之流率 (V_1)、濃度 (y_1) 及熱含量 (H_1) 亦為已知，則吾人可自第一板（頂板）開始計算。若對第一板作物料及能量結算，則

$$L_0 + V_2 = L_1 + V_1 \tag{28-37}$$

$$L_0 x_D + V_2 y_2 = L_1 x_1 + V_1 y_1 \tag{28-38}$$

$$L_0 h_D + V_2 H_2 = L_1 h_1 + V_1 H_1 \tag{28-39}$$

式中 x 及 y 皆表成分 A 之濃度分率。式中共有六個未知數 $(L_1, V_2, x_1, y_2, h_1$ 及 $H_2)$，若僅靠三個方程式，無法獲得其解。因 y_1 為已知，故吾人可自平衡圖獲知 x_1，更由熱含量圖找出 h_1。再者，y_2 與 H_2 之關係可自熱含量圖查出，因此實際之未知數僅剩下 L_1, V_2 及 y_2（或 H_2）三個，故式 (28-37) 至 (28-39) 可聯立解出。仿此繼續計算第二板，第三板，……至所需之答案獲得為止。

28-20　McCabe-Thiele 圖解法

McCabe-Thiele 法乃最常用以決定精餾塔理想板數之方法，該法假設每板上之氣流及液流之莫耳數為定值，於是由物料結算所得之**操作線** (operating curve) 為一直線，若將之繪於平衡圖，則可聯合平衡曲線以圖解法決定理想板數。

1.定莫耳數物流

圖 28-16 示精餾塔中第 n 板上諸物流之流動情形:莫耳分率為 y_{n+1} 之蒸汽,以每小時 V_{n+1} 莫耳之流率,自第 $(n+1)$ 板上升至第 n 板;莫耳分率為 y_n 之蒸汽,以每小時 V_n 莫耳之流率,自第 n 板上升至第 $(n-1)$ 板;莫耳分率為 x_{n-1} 之液體,以每小時 L_{n-1} 莫耳之流率,自第 $(n-1)$ 板下降至第 n 板;莫耳分率為 x_n 之液體,以每小時 L_n 莫耳之流率,離開第 n 板。

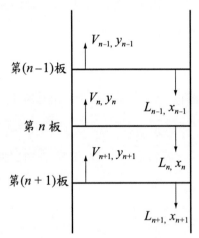

圖 28-16 板上之諸物流

倘對第 n 板作物料總結算,則

$$V_{n+1} + L_{n-1} = V_n + L_n \tag{28-40}$$

對第 n 板作成分 A 之物料結算,則

$$V_{n+1}y_{n+1} + L_{n-1}x_{n-1} = V_n y_n + L_n x_n \tag{28-41}$$

對第 n 板作能量總結算,則

$$V_{n+1}\lambda_{n+1} + V_{n+1}C_{V,n+1}(T_{n+1} - T_n) + L_{n-1}C_{L,n-1}(T_{n-1} - T_n) = V_n\lambda_n - \Delta H_m + R$$

$$(28\text{--}42)$$

式中 ΔH_m 表溶液之混合熱，R 表精餾塔之熱量損失，λ 表潛熱，C_V 與 C_L 分別表蒸汽與液體之熱容量，T 表板之溫度，並以 T_n 為基準溫度（或稱能量參考溫度，物流在此溫度下之顯熱設為零）。倘熱量損失可略而不計，且潛熱項遠比其他各項重要（相鄰板之溫度差甚小），則式 (28–42) 簡化為

$$V_{n+1}\lambda_{n+1} = V_n\lambda_n \tag{28--43}$$

Trouton 氏曾指出：對於一些相似化合物，其莫耳汽化潛熱除以沸點絕對溫度之值幾乎為一定。因此，若相鄰兩板之溫度差不大，則由 Trouton 定律知

$$\lambda_{n+1} = \lambda_n \tag{28--44}$$

故由式 (28–43) 得

$$V_{n+1} = V_n \tag{28--45}$$

再由式 (28–40) 得

$$L_{n-1} = L_n \tag{28--46}$$

吾人更可推廣為

$$V_1 = V_2 = V_3 = \cdots = V_n = V \tag{28--47}$$

$$L_1 = L_2 = L_3 = \cdots = L_n = L \tag{28--48}$$

故每板上之氣流莫耳數相等，液流莫耳數亦相等。

2.精餾段

　　對進料板以上部分之計算，可根據圖 28–17 分別作物料總結算及成分 A 之物料結算，其結果為

$$V_{n+1} = L_n + D \qquad\qquad (28\text{–}49)$$

$$V_{n+1}y_{n+1} = L_n x_n + D x_D \qquad\qquad (28\text{–}50)$$

自上面二式消去 V_{n+1}，並應用式 (28–47) 及 (28–48)，整理後得

$$y_{n+1} = \frac{L}{L+D}x_n + \frac{D}{L+D}x_D \qquad\qquad (28\text{–}51)$$

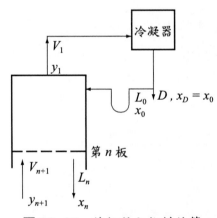

圖 28–17　精餾段之物料結算

上式中曾引用式 (28–48) 而將 L_n 寫成 L。式 (28–51) 乃一直線，其斜率為 $\dfrac{L}{L+D}$，y 坐標之截距為 $\dfrac{Dx_D}{L+D}$。此直線稱為**上部操作線** (upper operating line, U. O. L.)，係代表增濃段之物料結算式，其與平衡圖中之 45° 線 ($y = x$) 相交於點 (x_D, x_D)，蓋因若以 $y_{n+1} = x_n$ 代入式 (28–51)，得 $y_{n+1} = x_n = x_D$，故得證。

　　其實式 (28–51) 乃表進料以上任二板間汽流與液流之濃度關係，故實用上

均不記 y 與 x 之注腳，即

$$y = \frac{L}{L+D}x + \frac{D}{L+D}x_D \tag{28-52}$$

　　進行以圖解法決定精餾段之理想板數目時，因假設自同一板上離開之蒸汽及液體成平衡，故汽流與液流間之莫耳分率關係，可自圖上之平衡曲線 (E.L.) 獲得。因此理想板之數目，可交替應用平衡曲線及上部操作線作圖決定。其繪圖步驟如圖 28-18 所示；水平線表板（或板數），垂直線則表兩板間之變化；1，2，3，4 ……則表理想板數。

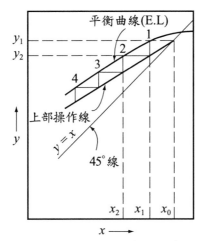

圖 28-18　精餾段板數之圖解法

3.回流比： $R_D = \dfrac{L_0}{D}$

　　精餾之與簡單蒸餾不同者，乃因其有回流而提高分餾效率，因此回流比（回流之大小）影響精餾操作甚鉅。因液體有時以飽和液體回流，有時以過冷液體回流，故若式 (28-52) 中欲引入回流比時，將會有不同之表示式，今分別敘述如下：

(1)回流為飽和液體時:

若回流為飽和液體, 則 $L = L_0$, $V = V_1 = D + L_0$, $R_D = \dfrac{L_0}{D} = \dfrac{L}{D} = \dfrac{\dfrac{L}{V}}{1 - \dfrac{L}{V}}$, 式

(28–52) 可改寫為

$$y = \frac{R_D}{R_D + 1}x + \frac{x_D}{R_D + 1} \tag{28–53}$$

(2)回流為過冷液體時

若回流為過冷液體, 而欲使每千克莫耳回流變為飽和液體時, 將導致 β 千克莫耳蒸汽冷凝, 則

$$L = (1 + \beta)L_0 \tag{28–54}$$

$$V = V_1 + \beta L_0 \tag{28–55}$$

又因

$$V_1 = D + L_0 \tag{28–56}$$

$$V = (1 + \beta)L_0 + D \tag{28–57}$$

故上部操作線可改寫為

$$y = \frac{(1 + \beta)R_D}{(1 + \beta)R_D + 1}x + \frac{x_D}{(1 + \beta)R_D + 1} \tag{28–58}$$

須注意者, 上部操作線, 式 (28–52), (28–53) 及 (28–58), 皆過圖 28–18 中之點 (x_D, x_D)。

4.氣提段

氣提段之操作線，可仿照精餾段部分導出。根據圖 28-19 作物料結算，則

$$\overline{L}_m = \overline{V}_{m+1} + B \tag{28-59}$$

$$\overline{L}_m x_m = \overline{V}_{m+1} y_{m+1} + B x_B \tag{28-60}$$

消去上面二式中之 $\overline{V}_{m+1}$，並去掉注腳，得下部操作線 (lower operating line, L. O. L.) 之方程式為

$$y = \frac{\overline{L}}{\overline{L} - B} x - \frac{B x_B}{\overline{L} - B} \tag{28-61}$$

上式亦為一直線，其斜率為 $\dfrac{\overline{L}}{\overline{L} - B}$，$y$ 軸之截距為 $\dfrac{-B x_B}{\overline{L} - B}$。下部操作線與平衡圖之 45° 線 ($y = x$) 相交於點 ($x_B$, x_B)。蓋因若以 $y = x$ 代入式 (28-61)，則得 $y = x = x_B$，故得證。

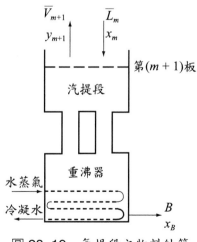

圖 28-19　氣提段之物料結算

5.進料板

進料板上由於新料之引入，汽流與液流之量均將改變。令

$$q = \frac{\text{使 1 莫耳進料變為飽和蒸汽所需之熱量}}{\text{1 莫耳進料之潛熱}} \tag{28-62}$$

故當進料之溫度低於其沸點時，$q > 1$；進料為飽和液體時，$q = 1$；進料為液體與蒸汽之混合物時，$1 > q > 0$；進料為飽和蒸汽時，$q = 0$；而當進料為過熱蒸汽時，$q < 0$。

由上面之定義知

$$\bar{L} = L + qF \tag{28-63}$$

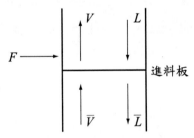

圖 28-20　進料板上之諸物流

參照圖 28-20 作進料板之物料結算，得

$$L + F + \bar{V} = \bar{L} + V \tag{28-64}$$

若自上面二式消去 $\bar{L}$，得

$$\bar{V} = F(q - 1) + V \tag{28-65}$$

將式 (28-63) 代入式 (28-61)，可得一較實用之下部操作線

$$y = \frac{L + qF}{L + qF - B}x - \frac{Bx_B}{L + qF - B} \tag{28-66}$$

上部操作線與下部操作線之交點軌跡，可合併式 (28-52) 與 (28-66) 以消去 L 而得

$$D(x_D - y) = qF(x - y) + B(y - x_B) \tag{28-67}$$

對整個精餾塔作物料結算，得

$$F = B + D \tag{28-68}$$

$$Fx_F = Bx_B + Dx_D \tag{28-69}$$

將式 (28-68) 及 (28-69) 代入式 (28-67) 以消去 B 及 Bx_B，最後得二操作線之交點軌跡方程式為

$$y = \frac{q}{q-1}x - \frac{x_F}{q-1} \tag{28-70}$$

交點軌跡方程式亦為一直線，其斜率為 $\frac{q}{q-1}$，與 45° 線之交點為 (x_F, x_F)。倘進料之濃度及條件為一定，則式 (28-70) 即可繪出。式 (28-70) 亦稱為 q 線。下部操作線除可自式 (28-66) 繪出外，亦可連接點 (x_B, x_B) 及 q 線與上部操作線之交點繪出。進行氣提段之作圖時，應以下部操作線取代上部操作線。

例 28-5

今擬設計一精餾塔，以分離苯與甲苯之混合物。進料之速率為每小時 13 640 千克，內含質量百分率 40% 之苯；餾出物含質量百分率 97% 之苯的飽和液體；餾餘物含質量百分率 98% 之甲苯。設每 3.5 千克莫耳回流得 1 千克莫耳餾出物，苯及甲苯之莫耳汽化熱（潛熱）為 7675 千卡／千克莫耳。

(1)試計算每小時餾出物及餾餘物之千克莫耳數；

(2)試決定理想板之數目及進料板之位置；

(a)進料為飽和液體，

(b)進料為 18.7°C 之液體，其熱容量為 0.44 千卡／(千克)(K)，

(c)進料含三分之二之蒸汽及三分之一之液體；

(3)倘用錶壓為 1034 毫米汞柱之水蒸氣加熱，則每小時需水蒸氣若干？
設無熱量損失，且回流為飽和液體；

(4)倘冷卻水進入及流出冷凝器之溫度分別為 27°C 及 66°C，試計算所
需之冷卻水。

(解) (1)苯及甲苯之分子量分別為 78 及 92，故可將各物流中苯之濃度以莫耳
分率表示如下：

$$x_F = \frac{\dfrac{40}{78}}{\dfrac{40}{78} + \dfrac{60}{92}} = 0.440$$

$$x_D = \frac{\dfrac{97}{78}}{\dfrac{97}{78} + \dfrac{3}{92}} = 0.974$$

$$x_B = \frac{\dfrac{2}{78}}{\dfrac{2}{78} + \dfrac{98}{92}} = 0.0235$$

進料之平均分子量為

$$M_F = \frac{100}{\dfrac{40}{78} + \dfrac{60}{92}} = 85.8$$

故進料之莫耳流率為 $F = \dfrac{13\,640}{85.8} = 159$ 千克／小時。由式 (28-28)

$$D = \frac{159(0.440 - 0.0235)}{0.974 - 0.0235} = 69.7 \text{ 千克莫耳／小時}$$

⑵理想板之數目及進料之位置，可用 McCabe-Thiele 圖解法分別求出
　　如下：

　　⒜如圖 28–21 所示，於平衡圖中分別自 x_D, x_F 及 x_B 處繪垂直線交於
　　　45° 線。因 $q=1$，故 q 線之斜率為 ∞，則 q 線為通過 x_F 之垂直線。
　　　精餾段操作線在 y 軸之截距為

$$\frac{x_D}{R_D+1} = \frac{0.974}{3.5+1} = 0.216$$

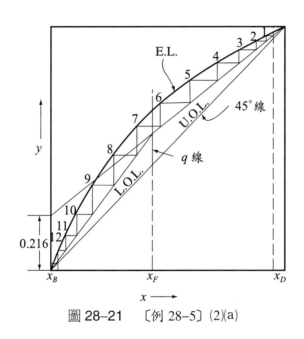

圖 28–21 〔例 28–5〕⑵⒜

　　故精餾段之操作線，可連結點 (0, 0.216) 與 (0.974, 0.974) 繪直線而
　　得。連點 (0.0235, 0.0235) 及精餾段操作線 (U. O. L.) 與 q 線之交點
　　而成之直線，即為氣提段之操作線 (L. O. L.)。
　　自點 (0.974, 0.974) 在二操作線與平衡曲線間，依水平及垂直交替繪
　　連結直線，則繪到第十二條水平直線始達到點 (0.0235, 0.0235)。因
　　重沸器可視為一理想板，故共需 11 (= 12 – 1) 個理想板。由圖 28–21
　　知，進料需自第 6.3 理想板（自塔頂數起）注入。

(b)步驟與(2)(a)中相同，然因 q 線之斜率不同，故 q 線及氣提段之操作線均須重繪。因為此時進料之溫度為 18.7°C，而由圖 28-4 知其沸點為 94°C，則由式 (28-62)

$$q = \frac{(85.8)(0.44)(94 - 18.7) + 7\,675}{7\,675} = 1.37$$

故 q 線之斜率為

$$\frac{q}{q-1} = \frac{1.37}{1.37-1} = 3.7$$

仿照(2)(a)之步驟，由圖 28-22 知，此時需 1 重沸器及 10 個理想板，且進料自第 5 個理想板（自塔頂數起）引入。

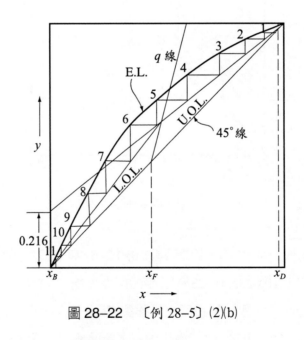

圖 28-22　〔例 28-5〕 (2)(b)

(c)因進料中含 $\frac{2}{3}$ 之蒸汽及 $\frac{1}{3}$ 之液體，即 $q = \frac{1}{3}$，故 q 線之斜率為

$$\frac{q}{q-1} = \frac{\dfrac{1}{3}}{\dfrac{1}{3}-1} = -0.5$$

仿照(2)(a)之步驟，由圖 28–23 知，此時需 1 重沸器及 12 個理想板，而進料之位置為第六個理想板。

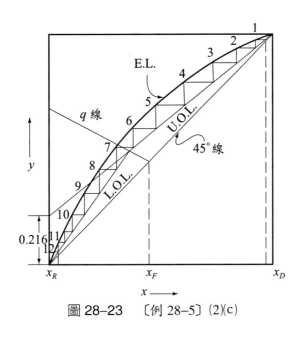

圖 28–23　〔例 28–5〕(2)(c)

(3)因每 3.5 千克莫耳回流得 1 千克莫耳餾出物，故精餾段中之蒸汽流率為餾出物之 4.5 倍，即

$$V = 4.5D = (4.5)(69.7) = 313.7 \text{ 千克莫耳／小時}$$

則氣提段之蒸汽流率可由式 (28–65) 算出

$$\overline{V} = 159(q-1) + 313.7$$

由蒸汽表可查得表壓力為 1 034 毫米汞柱（20 磅力／平方吋）之水蒸氣冷凝時，每千克可放出 520.6 千克之熱量。又因混合物之汽化熱為

7 675千卡／千克莫耳，故每小時需加入重沸器之水蒸氣千克數為

$$m_S = \frac{7\,675}{520.6}\overline{V} = \frac{7\,675}{520.6}(154.7 + 159q)$$

其結果可列成下表：

情　形	q	m_S, 千克／小時
(3)(a)	1	4 625
(3)(b)	1.37	5 492
(3)(c)	0.333	3 061

⑷冷卻水之需要量為

$$m_C = \frac{7\,675V}{66-27} = \frac{(7\,675)(313.7)}{39}$$
$$= 61\,735 \text{ 千克／小時}$$

6. 全回流及最小回流比

蒸餾塔之操作中有二極端條件，即全回流（最少板數）及最小回流比（無窮板數）。若以 45° 線代表精餾段及氣提段之操作線，則所得之板數為最少，此時 R_D 為無窮大，即冷凝而成之液體悉數重返精餾塔中，而無產品輸出，稱為總回流 (total reflux)。

若操作線通過 q 線與平衡曲線之交點，或與平衡曲線相切（如乙醇—水系），則所得之板數為無窮大，此時之回流比稱為最小回流比 (minimum reflux ratio)。為求最小回流比，可令在此種情形下之精餾段操作線，在 y 軸之截距等於 $\frac{x_D}{R_{Dm}+1}$，或其斜率等於 $\frac{R_{Dm}}{R_{Dm}+1}$，然後解出 R_{Dm}。

7. 最適回流比

當回流比增加，則所需之板數減少，故設備費用亦減低。但當回流比增至某值時，其板數雖小，然欲維持相同之產量之情形下，塔中之物流速率應加大，因此塔之直徑亦相當大，此時設備費亦隨回流比之增加而緩慢增加，其情形見圖 28-24。

惟在產量保持一定之情形下，回流比之增加，乃導致水蒸氣及冷水用量之增加，而提高操作費，如圖 28-24 所示。若將設備費及操作費相加，則得總費用與回流比之關係。由圖 28-24 知，有一回流比可使總費用為最小，此回流比稱為**最適回流比** (optimum reflux ratio)。一般精餾塔操作之回流比，以採用最小回流比之 1.2 至 1.8 倍為最普遍。

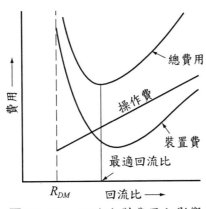

圖 28-24　回流比對費用之影響

須注意者, McCabe-Thiele 圖解法係基於定莫耳數物流之假設，因此操作線以直線繪出，故應用 McCabe-Thiele 法時，物流及濃度應取莫耳單位。

28-21　Ponchon 圖解法

另一計算精餾塔之方法為 Ponchon 圖解法。應用此法時，混合物勿遵循 Trouton 定律，亦即勿須假設每板上汽流及液流之莫耳數皆為定值，因此計算時除可採用莫耳單位外，亦可採用質量單位。本法之另外優點為，能自圖中直接求重沸器所需之熱量及冷凝器所應放出之熱量，蓋因此法係在熱含量－濃度圖上作圖；亦可根據式 (28–76), (28–77), (28–78) 及 (28–84)，在圖中作物料結算。

1. 精餾段

對進料板以上部分之計算，可根據圖 28–25 分別作物料總結算、成分 A（較易揮發之成分）之物料結算及能量總結算，其結果為

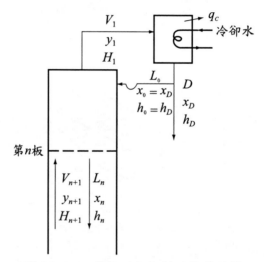

圖 28–25　精餾塔之物料及能量結算

$$V_{n+1} = L_n + D \tag{28–71}$$

$$V_{n+1}y_{n+1} = L_nx_n + Dx_D \tag{28–72}$$

$$V_{n+1}H_{n+1} = L_nh_n + Dh_D + q_C \tag{28–73}$$

將式 (28–71) 代入式 (28–72) 及 (28–73)，整理後得

$$L_n(y_{n+1} - x_n) = D(x_D - y_{n+1}) \tag{28–74}$$

$$L_n(H_{n+1} - h_n) = D\left(h_D + \frac{q_C}{D} - H_{n+1}\right) \tag{28-75}$$

合併上面二式, 得

$$\frac{D}{L_n} = \frac{y_{n+1} - x_n}{x_D - y_{n+1}} = \frac{H_{n+1} - h_n}{\left(h_D + \dfrac{q_C}{D}\right) - H_{n+1}} \tag{28-76}$$

點 $D'\left(x_D, h_D + \dfrac{q_C}{D}\right)$ 稱為**上部參考點** (upper reference point)。

倘將物流 V_{n+1}, L_n 及 D 依其熱含量及濃度繪於熱含量－濃度圖上, 並將點 D' 繪於 $\left(x_D, h_D + \dfrac{q_C}{D}\right)$ 上, 則由圖 28–26 中之二相似三角形及式 (28–76) 知, 點 V_{n+1}, L_n 及 D' 在一直線上。故自 D' 點繪直線交於飽和蒸汽及飽和液體曲線之諸線段, 乃精餾段之操作線, 相當於 McCabe-Thiele 法之上部操作線; 介於飽和蒸汽及飽和液體間之諸樑線的兩端, 則相當於 McCabe-Thiele 法之平衡曲線。因此交替應用諸樑線及通過 V_{n+1}, L_n 及 D' 三點之諸操作線, 即可將精餾段中各板上各物流之濃度及熱含量繪於圖上。

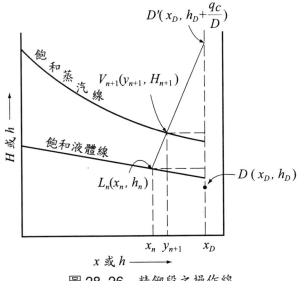

圖 28–26　精餾段之操作線

　　由式 (28–71) 至 (28–73) 推導，或由圖 28–26 中二相似三角形之關係，皆又可得下面關係式：

$$\frac{V_{n+1}}{L_n} = \frac{x_D - x_n}{x_D - y_{n+1}} = \frac{\left(h_D + \dfrac{q_C}{D}\right) - h_n}{\left(h_D + \dfrac{q_C}{D}\right) - H_{n+1}} \tag{28–77}$$

$$\frac{V_{n+1}}{D} = \frac{x_D - x_n}{y_{n+1} - x_n} = \frac{\left(h_D + \dfrac{q_C}{D}\right) - h_n}{H_{n+1} - h_n} \tag{28–78}$$

2. 氣提段

　　對進料板以下部分之計算，可根據圖 28–27 分別作物料總結算、成分 A 之物料結算及能量總結算，其結果為

$$\overline{L}_m = \overline{V}_{m+1} + B \tag{28–79}$$

$$\overline{V}_{m+1} y_{m+1} = \overline{L}_m x_m - B x_B \tag{28–80}$$

$$\overline{V}_{m+1} H_{m+1} = \overline{L}_m h_m - B h_B + q_C \tag{28–81}$$

將式 (28–79) 代入式 (28–80) 及 (28–81) 以消去 $\overline{L}_m$，得

$$\overline{V}_{m+1}(y_{m+1} - x_m) = B(x_m - x_B) \tag{28–82}$$

$$\overline{V}_{m+1}(H_{m+1} - h_m) = B\left[h_m - \left(h_B - \frac{q_r}{B}\right)\right] \tag{28–83}$$

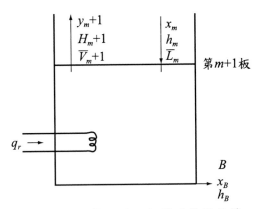

圖 28-27　氣提段之物料及能量結算

合併上面二式，得

$$\frac{B}{\overline{V}_{m+1}} = \frac{y_{m+1} - x_m}{x_m - x_B} = \frac{H_{m+1} - h_m}{h_m - \left(h_B - \dfrac{q_r}{B}\right)} \tag{28-84}$$

點 $B'\left(x_B, h_B - \dfrac{q_r}{B}\right)$ 稱為**下部參考點** (lower reference point)。讀者當可自圖 28-28及式 (28-84) 證明，B'、$\overline{L}_m$ 及 $\overline{V}_{m+1}$ 在同一直線上。通過 B'、$\overline{L}_m$ 及 $\overline{V}_{m+1}$ 三點之諸直線，相當於 McCabe-Thiele 法中之下部操作線，故交替應用諸操作線及樣線，即可將氣提段中各板上諸物流之濃度及熱含量繪於圖上。

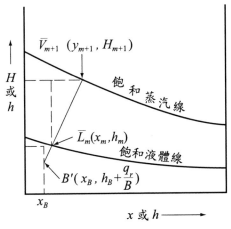

圖 28-28　氣提段之操作線

3. 進料板

進料點 F 與點 D' 及 B' 間之關係，可根據圖 28-29 分別作物料總結算，成分 A 之物料結算及熱含量結算求得

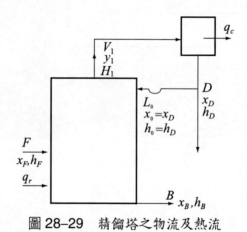

圖 28-29　精餾塔之物流及熱流

$$F = D + B \tag{28-85}$$

$$Fx_F = Dx_D + Bx_B \tag{28-86}$$

$$Fh_F + q_r = Dh_D + Bh_B + q_C \tag{28-87}$$

將式 (28-85) 代入式 (28-86) 及 (28-87) 以消去 F，得

$$B(x_F - x_B) = D(x_D - x_F) \tag{28-88}$$

$$B\left[h_F - \left(h_B - \frac{q_r}{B}\right)\right] = D\left(h_D + \frac{q_C}{D} - h_F\right) \tag{28-89}$$

合併上面二式，得

$$\frac{B}{D} = \frac{x_D - x_F}{x_F - x_B} = \frac{\left(h_D + \dfrac{q_C}{D}\right) - h_F}{h_F - \left(h_B - \dfrac{q_r}{B}\right)} \tag{28-90}$$

由圖 28-30 中之相似三角形及式 (28-90) 之關係，吾人知點 F 必與點 D' $\left(x_D, h_D + \dfrac{q_C}{D}\right)$ 及點 $B'\left(x_B, h_B - \dfrac{q_r}{B}\right)$ 同在一直線上。

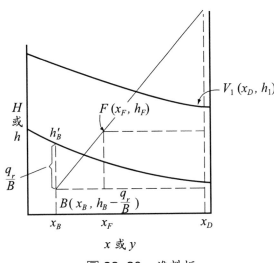

圖 28-30　進料板

4. 回流比

因 $\dfrac{q_C}{D}$ 值乃受回流比之影響，故上部參考點之位置與回流比有關。今仿前作圖 28-29 中冷凝器之質量及能量結算：

$$V_1 = L_0 + D \tag{28-91}$$

$$V_1 y_1 = L_0 x_0 + D x_D \tag{28-92}$$

$$V_1 H_1 = L_0 h_0 + D h_D + q_C \tag{28-93}$$

若使用**全冷凝器** (total condenser)，即

$$y_1 = x_0 = x_D, h_0 = h_D$$

則式 (28–91) 與 (28–92) 同一式。將式 (28–91) 代入式 (28–93)，得

$$R_D = \frac{L_0}{D} = \frac{\left(h_D + \dfrac{q_C}{D}\right) - H_1}{H_1 - h_D} \tag{28–94}$$

故圖 28–30 中點 D' 之坐標若以回流比表示，則為 $[x_D, H_1 + R_D(H_1 - h_D)]$。

例 28-6

續作〔例 28–4〕

(1)試計算所需之理想板數及進料位置。

(2)每小時需冷卻水若干？若進入及流出冷凝器之水溫分別為 27°C 及 49°C。

(3)重沸器每小時需 2542 毫米汞柱之蒸汽若干？

(解) (1)由〔例 28–4〕及附圖知：

$$x_D = 0.97, x_F = 0.40, x_B = 0.02$$

$h_D = 15.9$ 千卡／千克（28.7 英熱單位／磅）

$h_F = 40.8$ 千卡／千克（73.5 英熱單位／磅）

$h_B = 48$ 千卡／千克（86.6 英熱單位／磅）

$$h_D + \frac{q_C}{D} = 15.9 + 507.2 = 523.1 \text{ 千卡／千克（944 英熱單位／磅）}$$

故於圖 28–31 中可繪出 $D(x_D, h_D), F(x_F, h_F), B(x_B, h_B)$ 及 $D'\left(x_D, h_D + \dfrac{q_C}{D}\right)$ 等四點。連接 D' 及 F 二點，其延長線與 $x = x_B$ 線相交之點為

$B'\left(x_B,\ h_B-\dfrac{q_r}{B}\right)$。

理想板數目之圖解，自塔頂或塔底為起點計算均可。圖 28–31 乃自塔頂計算。因 $V_1(y_1, H_1)$ 必在飽和蒸氣上，且 $y_1 = x_D$，故自 (x_D, h_D) 點畫一垂直線，與飽和蒸氣線相交之點必為 V_1，然後自點 V_1 循樑線求點 $L_1(x_1, h_1)$，此點再與 D' 點連結，與飽和蒸氣線相交於 $V_2(y_2, H_2)$。循此步驟，俟樑線通過進料板後，即以 B' 代 D'，繼續作圖。計算所得之理想板數目為 11，而進料係自第五理想板引入。因重沸器可視為 1 理想板，故實際所需之理想板數目為 10。

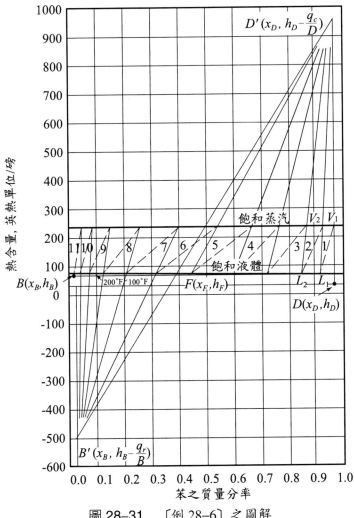

圖 28–31　〔例 28–6〕之圖解

(2)由〔例 28–4〕得 $q_C = 2\,766\,200$ 千卡／小時，故冷卻用水之量為

$$m_C = \frac{2\,766\,200}{49 - 27} = 125\,736 \text{ 千卡／小時}$$

(3)由〔例 28–4〕得 $q_r = 2\,689\,270$ 千卡／小時，又由水蒸氣表查得飽和水蒸氣在 $2\,542$ 毫米汞柱（49.7 磅力／立方吋）下之潛熱為 512 千卡／千克，故若假設重沸器中水蒸氣冷凝後係成飽和液體而流出，則水蒸氣之消耗量為

$$m_S = \frac{2\,689\,270}{512} = 5\,252 \text{ 千克／小時}$$

5. 全回流及最小回流比

全回流及最小回流比之定義已見於 28–20 節 McCabe-Thiele 圖解法中。回流比愈大時，由式 (28–94) 知 D' 點之位置愈高。若塔頂餾出物 D 為零，則回流比 $\dfrac{L_0}{D}$ 為無窮大，稱為全回流；此時如圖 28–32 所示，所有操作線皆成垂直線，故所需之板數最少，然無產品輸出。

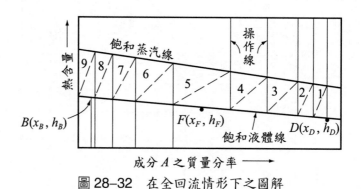

圖 28–32　在全回流情形下之圖解

若點 D' 之位置愈低，則回流比愈小。倘 D' 點之位置在圖 28–33 中低於 p

點時，則操作線無法跨過相對之樑線，故所需之板數為無窮多。吾人稱需要無限板數時之最大回流比為最小回流比 (R_{Dm})。最小回流比之決定，見圖 28–33。若過點 $F(x_F, h_F)$ 之樑線交 $\overline{Dn}$ 延長線於點 p，則

$$R_{Dm} = \left(\frac{L_0}{D}\right)_{\min} = \frac{\overline{pn}}{\overline{nD}}$$

圖 28–33 中之虛線為樑線及其延長線。

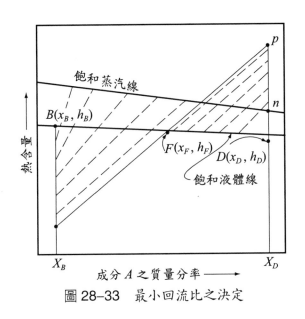

圖 28–33　最小回流比之決定

28–22　多成分精餾

在定溫定壓下若二成分混合液中某一成分之濃度為已知，則由相律知，與其平衡之蒸汽的濃度亦定矣！因此液相與氣相之平衡曲線得以繪出。McCabe-Thiele 圖解法即藉此已知之平衡數據，估計精餾塔中所需之理想板數。三成分以上混合物之平衡條件較複雜，對最簡單之理想系統而言，在定壓下須知液相

中之二成分濃度，始能定出液相及氣相之濃度。以實驗方法定出多成分之平衡條件，乃基於下面兩個特性。一些化學性相似之混合物，雖在溫度及濃度變化相當大之範圍內，其相對揮發度幾乎不變。另一特性為：於石油工業中，碳化氫或烴之混合體，乃遵循 $y_i = Kx_i$ 之關係，其中平衡常數 K 乃溫度與壓力之函數。

Lewis 及 Matheson 二氏提出一種計算多成分精餾中理想板數目之方法。若已知某板上液體之濃度，則與板上液體成平衡之蒸汽的濃度，可由各成分之蒸氣壓或相對揮發度計算而得。至於上一板或下一板上之液體濃度，則可藉操作線方程式求得。循此由塔底依序逐板計算，最後可算出每一板上液相及氣相之濃度，以及所需之板數及進料之位置。今將此方法敘述如下：

設一多成分混合物含成分 A、B、C、D ……，液相之莫耳分率分別為 x_A、x_B、x_C、x_D ……，平衡氣相之莫耳分率分別為 y_A、y_B、y_C、y_D ……。則

$$y_A + y_B + y_C + y_D + \cdots = 1$$

及

$$\frac{y_A}{y_A} + \frac{y_B}{y_A} + \frac{y_C}{y_A} + \frac{y_D}{y_A} + \cdots = \frac{1}{y_A}$$

應用式 (28–10) 相對揮發度之定義，則上式變為

$$\alpha_{AA}\frac{x_A}{x_A} + \alpha_{BA}\frac{x_B}{x_A} + \alpha_{CA}\frac{x_C}{x_A} + \alpha_{DA}\frac{x_D}{x_A} + \cdots = \frac{1}{y_A}$$

或寫為

$$\sum_i (\alpha_{iA}x_i) = \frac{x_A}{y_A}$$

即

$$y_A = \frac{x_A}{\sum_i (\alpha_{iA}x_i)}$$

同理可證

$$y_B = \frac{x_B}{\sum_i (\alpha_{iB} x_i)}; \; y_C = \frac{x_C}{\sum_i (\alpha_{iC} x_i)}; \; y_D = \frac{x_D}{\sum_i (\alpha_{iD} x_i)}; \; \cdots$$

故對所有成分而言

$$y_j = \frac{x_j}{\sum_i (\alpha_{ij} x_i)}; \; i, j = A, B, C, D, \cdots \tag{28-95}$$

故平衡蒸汽之濃度可藉同一板上液體濃度及相對揮發度由式 (28-95) 計算而得；至於上一板之液體濃度及下一板之蒸汽濃度，可藉前節所推介之操作線方程式逐板計算；如此最後即能算出整個多成分精餾中各物流之濃度及所需要之理想板數。詳細計算步驟將於〔例 28-7〕中詳細補充說明。

　　須注意者，式 (28-95) 中，若 $i = j$，則 $\alpha_{ji} = 1$，即

$$\alpha_{AA} = \alpha_{BB} = \alpha_{CC} = \alpha_{DD} = \cdots = 1$$

又 $\alpha_{ij} = \dfrac{1}{\alpha_{ji}}$。

例 28-7

一硝基甲苯異構物中含鄰 (ortho-)、間 (meta-)、及對 (para-) 硝基甲苯之莫耳分率分別為 0.6，0.04 及 0.36。今擬用一連續式精餾塔，在塔中溫度為 137°C 及重沸器中壓力為 45 毫米汞柱下精餾，使塔頂產物及塔底產物中分別含 0.98 及 0.125 莫耳分率之鄰異構物。若回流為飽和液體，而回流比為 5，而進料為飽和液體，問所需之理想板數目應若干？又產物之濃度為何？溫度在 110°C 至 140°C 間，異構物間之相對揮發度分別為：$\alpha_{oo} = \alpha_{mm} = \alpha_{pp} = 1$；$\alpha_{om} = \dfrac{1}{\alpha_{mo}} = 1.466$；$\alpha_{mp} = \dfrac{1}{\alpha_{pm}} = 1.16$；$\alpha_{po} = \dfrac{1}{\alpha_{op}} = 0.588$。

(解) 塔頂及塔底之產率及產品濃度,可藉物料結算計算如下:設進料流率為每小時 100 千克莫耳,而以 $x_{D,o}$ 及 $x_{B,o}$ 分別表鄰 (ortho-) 異構物在餾出物及餾餘物中之莫耳分率, 則

$$100 = D + B$$

$$100(0.6) = Dx_{D,o} + Bx_{B,o}$$

或

$$60 = (100 - B)(0.98) + 0.125B$$

故得

$$D = 55.56 \text{ 千克莫耳 / 小時; } B = 44.44 \text{ 千克莫耳 / 小時}$$

餾出物及餾餘物之產率既得, 則由下面之物料結算, 可得其他成分在產物中之濃度:

$$4 = 55.56x_{D,m} + 44.44x_{B,m}$$

$$36 = 55.56x_{D,p} + 44.44x_{B,p}$$

$$1 = 0.98 + x_{D,m} + x_{D,p}$$

$$1 = 0.125 + x_{B,m} + x_{B,p}$$

聯立解上面四方程式, 得

$$x_{D,m} = 0.006, x_{D,p} = 0.014, x_{B,m} = 0.083, x_{B,p} = 0.792$$

最後將上面所得之結果整理成下表:

成 分	進 料		餾出物		餾餘物	
	莫耳數	莫耳分率	莫耳數	莫耳分率	莫耳數	莫耳分率
鄰 (o)	60	0.6	54.44	0.98	5.56	12.5
間 (m)	4	0.04	0.33	0.006	3.67	8.3
對 (p)	36	0.36	0.79	0.014	35.21	79.2
	100	1.00	55.56	1.00	44.44	100

由 28–20 節中知，塔中各板之液體莫耳流率可視為定值，蒸汽莫耳流率亦然。因回流為飽和液體而回流比為 5，則精餾段之物流流率為

$$L_n = L_0 = 5D = 277.8 \text{ 千克莫耳／小時}$$

$$V_n = L_n + D = 6D = 333.4 \text{ 千克莫耳／小時}$$

又因進料亦為飽和液體，則氣提段之物流莫耳流率為

$$\bar{L}_m = L_n + F = 277.8 + 100 = 377.8 \text{ 千克莫耳／小時}$$

$$\bar{V}_m = \bar{L}_m - B = 377.8 - 44.44 = 333.4 \text{ 千克莫耳／小時}$$

板數自塔頂或塔底計算均可，若板數自塔底數起（須注意者，於前節二成分精餾問題中，吾人計算板數時係選自塔頂數起，然該處當然亦可改選自塔底數起），則氣提段之操作線可由式 (28–60) 改寫為（因此處自塔底數起，故原式之 y_{m+1} 應改為 y_m，x_m 應改為 x_{m+1}）

$$y_m = \frac{\bar{L}_m}{\bar{V}_m} x_{m+1} - \frac{B}{\bar{V}_m} x_B \tag{28–96}$$

若以 $y_{m,o}$、$y_{m,m}$ 及 $y_{m,p}$ 分別表氣提段第 m 板上之蒸汽中，鄰 (o)、間 (m) 及對 (p) 異構物之莫耳分率，則

$$y_{m,o} = \frac{377.8}{333.4} x_{(m+1),o} - \frac{44.44}{333.4}(0.125)$$

$$= 1.133x_{(m+1),o} - 0.0166 \quad \text{①}$$

$$y_{m,m} = 1.133x_{(m+1),m} - 0.011 \quad \text{②}$$

$$y_{m,p} = 1.133x_{(m+1),m} - 0.105 \quad \text{③}$$

同理，因板數自塔底數起，故精餾段之操作線可由式 (28-50) 改寫為

$$y_n = \frac{L_n}{V_n}x_{n+1} + \frac{D}{V_m}x_D \tag{28-97}$$

若以 $y_{n,o}$、$y_{n,m}$ 及 $y_{n,p}$ 分別表精餾段之蒸汽中，鄰 (o)、間 (m) 及對 (p) 異構物之莫耳分率，則

$$y_{n,o} = \frac{277.8}{333.4}x_{(n+1),o} + \frac{55.56}{333.4}(0.98)$$

$$= 0.833x_{(n+1),o} + 0.163 \quad \text{④}$$

$$y_{n,m} = 0.833x_{(n+1),m} + 0.001 \quad \text{⑤}$$

$$y_{n,p} = 0.833x_{(n+1),p} + 0.002 \quad \text{⑥}$$

因已知餾餘物之濃度，而重沸器可視為一理想板，故自重沸器第零板上升之蒸汽濃度 ($y_{r,o}$、$y_{r,m}$ 及 $y_{r,p}$)，可應用式 (28-95) 計算而得。對鄰 (o) 異構物而言

$$y_{r,o} = \frac{x_{B,o}}{\alpha_{oo}x_{B,o} + \alpha_{mo}x_{B,m} + \alpha_{po}x_{B,p}}$$

$$= \frac{0.125}{(1)(0.125) + \left(\frac{1}{1.466}\right)(0.083) + (0.588)(0.792)} = 0.191$$

將 $y_{r,o}$ 代入式(1)，得自第一板流入重沸器液流中鄰異構物之莫耳分率

$$0.191 = 1.133x_{1,o} - 0.0166, \therefore x_{1,o} = 0.183$$

仿此可算出 $x_{1,m}$ 及 $x_{1,p}$。如此交替應用式 (28–95) 之平衡關係及式 (28–96)與 (28–97) 之操作線，吾人可逐板算出每一板上液流及氣流之濃度，其結果見後面附表。由表上知進料須自第七理想板（自塔底數起）引入。須注意者，計算氣提段（進料表以下）時所用之操作線為式 (28–96)；計算精餾塔（進料板以上）時所用之操作線為式 (28–97)。

因第十六板之蒸汽中含鄰異構物之莫耳分率與題意所要求者一致 (0.98)，而間及對異構物之莫耳分率亦甚接近，故此操作共需十六個理想板。又因每一板上液流及氣流之莫耳分率之和均接近 1，此表示所有的計算結果甚為準確；若任一板上物流之莫耳分率和不很接近於 1，則須重新驗算，至達到符合為止。

成　分	進料板以下之物流濃度						
	x_r	αx_r	y_r	x_1	αx_1	y_1	x_2
鄰 (o)	0.125	0.211	0.191	0.183	0.308	0.270	0.253
間 (m)	0.083	0.096	0.088	0.088	0.102	0.090	0.089
對 (p)	0.792	0.792	0.721	0.729	0.729	0.640	0.658
	1	1.099	1	1	1.139	1	1

	αx_2	y_2	x_3	αx_3	y_3	x_4	αx_4
鄰 (o)	0.430	0.357	0.330	0.561	0.450	0.411	0.698
間 (m)	0.103	0.086	0.086	0.100	0.080	0.080	0.093
對 (p)	0.658	0.557	0.584	0.584	0.420	0.509	0.509
	1.191	1	1	1.245	1	1	1.300

	y_4	x_5	αx_5	y_5	x_6	αx_6	y_6
鄰 (o)	0.537	0.488	0.830	0.613	0.556	0.944	0.674
間 (m)	0.071	0.072	0.083	0.061	0.063	0.073	0.052
對 (p)	0.392	0.440	0.440	0.326	0.381	0.381	0.274
	1	1	1.353	1	1	1.398	1

成 分	進料板以上之物流成分						
	x_7	αx_7	y_7	x_8	αx_8	y_8	x_9
鄰 (o)	0.609	1.035	0.721	0.669	1.136	0.770	0.728
間 (m)	0.055	0.064	0.044	0.051	0.059	0.040	0.047
對 (p)	0.336	0.336	0.235	0.280	0.280	0.190	0.225
	1	1.435	1	1	1.475	1	1

	αx_9	y_9	x_{10}	αx_{10}	y_{10}	x_{11}	αx_{11}
鄰 (o)	1.238	0.816	0.782	1.330	0.856	0.832	1.415
間 (m)	0.054	0.035	0.041	0.047	0.030	0.035	0.040
對 (p)	0.225	0.149	0.177	0.177	0.114	0.133	0.133
	1.517	1	1	1.554	1	1	1.588

	y_{11}	x_{12}	αx_{12}	y_{12}	x_{13}	αx_{13}	y_{13}
鄰 (o)	0.891	0.874	1.485	0.920	0.907	1.542	0.940
間 (m)	0.025	0.029	0.033	0.020	0.023	0.027	0.017
對 (p)	0.084	0.097	0.097	0.060	0.070	0.070	0.043
	1	1	1.615	1	1	1.639	1

28-23　板之效率

當板上蒸汽與液體達到平衡時，稱該板為**理想板 (ideal plate)**。實際上除塔底之重沸器可視為理想板外，塔中各板皆不可能為理想板。精餾工程上真實板與理想板間之差距，慣以板之效率表示之。板效率有三種不同之定義：

1.總效率

總效率 (over-all efficiency) 乃考慮整個蒸餾塔而作之定義，其定義為

$$\eta_0 = \frac{理想板之數目 -1 (重沸器)}{實際所需之板數} \tag{28-98}$$

例如某精餾塔中有板 10 個，根據計算所需之理想板數為 7，則

$$\eta_0 = \frac{7-1}{10} = 60\%$$

2. Murphree 效率

Murphree 效率僅考慮單一板；若令 η_M 表 Murphree 效率，則其定義為

$$\eta_M = \frac{y_n - y_{n+1}}{y_n^* - y_{n+1}} \tag{28-99}$$

式中　　y_n = 離開第 n 板之真實蒸氣濃度

y_{n+1} = 進入第 n 板之真實蒸氣濃度

y_n^* = 與離開第 n 板之液體成平衡之蒸氣濃度

3. 局部效率

局部效率乃考慮某板上特定位置而作之定義，其定義為

$$\eta' = \frac{y_n' - y_{n+1}'}{y_{n,e}' - y_{n+1}'} \tag{28-100}$$

式中　　y_n' = 離開第 n 板上某位置之真實蒸氣濃度

y_{n+1}' = 進入第 n 板上同位置之真實蒸氣濃度

$y_{n,e}'$ = 與第 n 板上同位置之液體成平衡之蒸氣濃度

28-24 精餾塔之設計

設計一平板式精餾塔時，若操作條件及所需之板數已定，則尚需解決之問題有二：一為塔之直徑，另一為板與板間之距離（或塔之高度）。自板上產生之蒸汽，一般均夾帶些細料液體，稱為霧末。若令霧末隨蒸汽升至上板，則其效應相當於令下板之部分液體與上板之液體混合，而影響板之效率。倘使板與板間之距離增大，則可避免此現象；惟使板與板間之距離增大，無異增高塔之高度；塔之高度增高，則提高設備費。故板與板間之距離，實有權衡之必要。

塔之直徑亦須適當，若塔之直徑過小，則蒸汽之速度過大而使液體無法下降，結果液體必充滿塔中，終自塔頂溢出，此現象稱為**溢流 (flooding)**。但若塔之直徑過大，則蒸汽之速度過小，結果蒸汽不能深入板上液體層，或液體自篩孔板流下，以致蒸汽與液體之接觸不完全，此現象稱為**不穩定 (unstable)**，故塔之直徑亦有權衡之必要。

事實上板間距離與塔之直徑間，有相互關係存在。若其中之一已定，則另一亦定矣！然二者間之關係有甚多不同之組合，每一組合又有不同之購置費，故吾人進行設計時，須取其最經濟之一組合。今舉一範例以說明之：今欲每小時精餾 20 立方公尺之異丁烷及正丁烷混合物，使餾出物含 95% 之異丁烷，餾餘物含 95% 之正丁烷，而進料中含 55% 之異丁烷，以致精餾塔所需之實際板數為 53。進行設計板間距離及塔之直徑時，發現有下面數組可行之設計，以及每組所需之購置費：

板間距離（厘米）	塔之直徑（公尺）	購置費（美元）
32.8	4.57	385 000
34.3	3.66	260 000
36.6	3.05	185 000
38.9	2.65	145 000
50.8	2.29	125 000
63.5	2.13	115 000
76.2	2.06	120 000
88.9	2.01	125 000

由上表知，此時最適宜之板間距離為 63.5 厘米，其對應之最適當直徑為 2.13 公尺。

填充塔之高度計算，可仿照平板塔者先算出等於**相當 1 理想板之高度** (height equivalent of a theoretical plate, H. E. T. P.)，然後填充塔之高度可用理想板數乘以 H. E. T. P. 而得。然因填充塔中之質量輸送問題較複雜，因此一般 H. E. T. P. 係由實驗式計算。

28-25　共沸點蒸餾與萃取蒸餾

有些二成分混合物在某狀況（溫度、壓力及濃度）下，其相對揮發度等於 1；因此蒸餾後產生之蒸汽與液體具有相同之濃度，如式 (28-10) 之定義所示，而無法以普通蒸餾方法分離，此混合物稱為共沸點混合物。95% 酒精(含 5% 水)在 1 大氣壓下蒸餾時，即為共沸點混合液蒸餾之一實例。以蒸餾法分離共沸點混合液時，有下面兩種改良法：

1.蒸餾與其他分離方法之聯用

此法乃先以蒸餾法進行，俟混合液接近共沸點時，則改用其他方法分離，至混合液之濃度通過共沸點（例如酒精水溶液之 95% 濃度）後，再繼續用蒸餾法分離。此時與蒸餾法聯用之分離方法有：萃取法 (extraction)、結晶法 (crystallization) 及吸收法 (absorption) 等。

2.相對揮發度之改變

若能使混合液之相對揮發度改變（即令相對揮發度不等於 1），則仍能用蒸餾法分離。改變相對揮發度之方法有二：一為改變總壓，另一為加入第三成分。改變總壓之方法，又可分為加壓與真空兩種。至於加入第三成分之方法有如：加甘油於酒精與水之混合液後，水之蒸氣壓隨而降低，分餾之結果，酒精自塔頂餾出，而甘油、水及酒精等所生之共沸點混合液則自塔底排出，此操作稱為萃取蒸餾。

28-26　水蒸氣蒸餾

某些混合液其沸點甚高，或溫度在沸點以下即行分解，故不宜採用普通蒸餾法分離。惟若該混合液與水不互溶（例如有機溶液），則通蒸汽於此混合液中，可增加其蒸氣壓而降低沸點。例如苯胺在 1 大氣壓下之沸點雖高達 184°C，惟若注入水蒸氣，則在 98°C 時混合液即行沸騰。

28-27　批式蒸餾

本章前面所討論之簡單蒸餾，一般係採批式操作；後面所討論之精餾（有回流之蒸餾），皆屬連續操作，即以定速率連續引入進料，同時亦以定速率連續卸出產品。惟一些化工程序中亦有採批式精餾者，操作時先將整批進料引入沸騰器後加熱，於是產生蒸汽而通過精餾塔，遂與液體接觸後逸出塔外，如圖 28–34 所示。

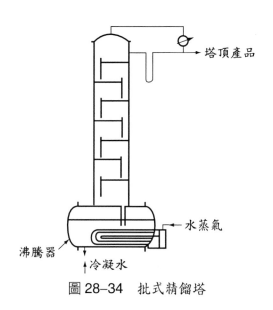

圖 28–34　批式精餾塔

如同連續式精餾塔一樣，批式精餾操作中，塔頂產物之濃度與沸騰器中之濃度、塔之板數及回流比有關。因塔頂產品中含揮發性較高之成分比沸騰器內之液體中多，因此隨著操作之進行，沸騰器內液體中揮發性較高之成分濃度漸漸減低，於是塔頂產品中此成分之濃度亦隨之漸漸降低。因此吾人若欲獲得恆濃度 (constant concentration) 之塔頂產品，應隨時適當調節操作中之回流比。

28–28　側流與多處進料之精餾

連續精餾操作中產品除自塔頂及塔底卸出外，亦可另由塔中任何處卸出。如圖 28–35 中之 S_1、S_2 及 S_3，稱為側流 (side streams)。至於進料之引入，亦有分量由多處送入者，如圖 28–35 中之 F_1 與 F_2。無論操作方法為何，理想板數目之計算，不外乎依據質量結算、能量結算及平衡關係，分段求得。

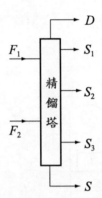

圖 28-35　側流與多處進料之精餾

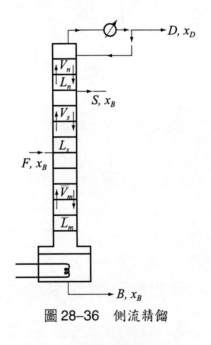

圖 28-36　側流精餾

　　今舉一簡例如圖 28-36 所示，說明如何以 McCabe-Thiele 圖解法計算理想板之數目。因圖中有一側流存在，因此塔中共可分成三段不同之操作情況，而每一段之操作線可各作質量結算獲得如下：

$$y_{n+1} = \frac{L_n}{V_n}x_n + \frac{Dx_D}{V_n} \tag{28-101}$$

$$y_{s+1} = \frac{L_s}{V_s}x_{s+1} + \frac{Sx_s + Dx_D}{V_s} \qquad (28\text{--}102)$$

$$y_{m+1} = \frac{\overline{L}_m}{\overline{V}_m}x_m - \frac{Bx_B}{\overline{V}_m} \qquad (28\text{--}103)$$

須注意者，式 (28–101) 與 (28–103) 分別為無側流時增濃段與氣提段之操作線。此處吾人亦假設每段中各物流之莫耳流率不變，因此三操作線皆為直線。式 (28–101) 與 (28–103) 之繪法如前，至於式 (28–102) 之繪法，除斜率為 $\frac{L_s}{V_s}$ 外，此線尚交式 (28–101) 於 $x = x_s$ 及交 45° 線於

$$x = \frac{Sx_s + Dx_D}{S + D}$$

結果如圖 28–37 所示，讀者試自證之。

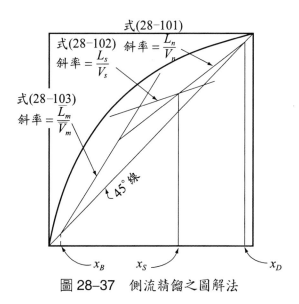

圖 28-37　側流精餾之圖解法

符號說明

符　號	定　義
A	較易揮發之成分
B	餾餘物之流率，千克莫耳／小時，或千克／小時
B'	下部參考點，其在熱含量濃度圖上之坐標為 $\left(x_B, h_B - \dfrac{q_r}{B} \right)$
C	熱容量，千卡／（千克）（℃）
D	餾出物之流率，千克莫耳／小時，或千克／小時
D'	上部參考點，其在熱含量濃度圖上之坐標為 $\left(x_D, h_D + \dfrac{q_c}{D} \right)$
F	進料流率，千克莫耳／小時，或千克／小時
H	蒸汽之熱含量，千卡／千克
H_A	Henry 常數，大氣壓
h	液體之熱含量，千卡／千克
K	平衡常數
L	精餾段之液體流率，或簡單蒸餾中之混合液，千克莫耳／小時，或千克／小時
L_0	精餾塔中之回流，千克莫耳／小時，或千克／小時；或簡單蒸餾中原始混合液之量，千克莫耳，或千克
$\overline{L}$	氣提段之液體流率，千克莫耳／小時，或千克／小時
m_c	單位時間冷凝所需之水，千克／小時
m_s	單位時間重沸器所需之水蒸氣，千克／小時
p	蒸氣壓，大氣壓
$\overline{p}$	分壓，大氣壓
P	總壓，大氣壓
q	使 1 莫耳進料變為飽和蒸汽所需之熱量，與 1 莫耳進料的潛熱之比

q_c	冷凝器中取出之熱流率，千卡／小時
q_r	重沸器中加入之熱流率，千卡／小時
R	精餾塔中之熱量損失，千卡／小時
R_D	回流比，$\dfrac{L_0}{D}$
R_{Dm}	最小回流比，$\left(\dfrac{L_0}{D}\right)_{min}$
S	側流之流率，千克莫耳／小時，或千克／小時
T	溫度，°C
V	精餾段之蒸汽流率，千克莫耳／小時，或千克／小時
$\overline{V}$	氣提段之蒸汽流率，千克莫耳／小時，或千克／小時
x	液流之質量或莫耳分率
y	汽流之質量或莫耳分率
α_{AB}	相對揮發度
ΔH_m	溶液之混合熱，千卡／小時
η	板效率
λ	汽化熱，千卡／千克

習　題

28-1　一精餾塔 (rectifying column) 內有 16 個實際板，板效率為 50%。進料含 38 莫耳 % 之成分 A 及 62 莫耳 % 之成分 B，係飽和蒸汽，而自塔底輸入，故塔底勿須安置重沸器。塔頂產品為飽和液體，內含 80 莫耳 % 之成分 A；塔底產品含 30 莫耳 % 之成分 A。除塔頂與塔底外，塔間某處亦卸出物流 S。回流比為 10.9，相對揮發度為 1.5，試以 McCabe-Thiele 法求：

(1)物流 S 之濃度 x_S；

(2)塔間卸出物流處之上下物流比，即 $\dfrac{L}{V}$ 與 $\dfrac{\overline{L}}{\overline{V}}$；

(3)塔間何處卸出物流 S（自塔頂數起）？

28-2 一精餾塔在 1 大氣壓下操作，如圖 28-38 所示。進料為飽和蒸汽，內含 0.4 莫耳分率乙醇及 0.6 莫耳分率之水。因進料係蒸汽且自塔底輸入，故塔底不必安置重沸器。塔頂與塔底產品皆為飽和液體，其中乙醇之濃度分別為 0.76 及 0.15 莫耳分率。試求：

(1) $\dfrac{V}{L}$；

(2)回流比；

(3)理想板數。

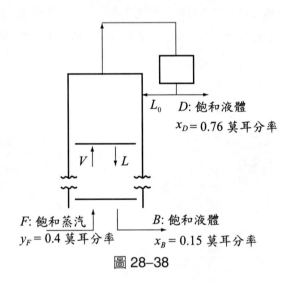

圖 28-38

28-3 一精餾塔在 1 大氣壓下操作，蒸出物為 45.6°C (114°F) 含乙醇 0.9 質量分率之水溶液；底部產品含 0.01 質量分率乙醇。進料含乙醇 0.352 質量分率，溫度為 84°C (183.4°F)，流率為每小時 996 千克。回流物之溫度為 45.6°C，回流率為每小時 1 171 千克。試用 Ponchon 法求下列各項：

(1)倘重沸器可視為 1 理想板，其餘各板之總共效率為 70%，問需幾個實際板？

(2)重沸器與冷凝器中之熱輸送率若干？

(3)自重沸器返回精餾塔之蒸汽速率及濃度為何？

(4)進料應自第幾板引入？假設精餾段與氣提段之板效率相同。

28–4　一精餾塔在 3.4 大氣壓 (50 psia) 下操作。進料含 32.1 莫耳 % 正丁烷及 67.9 莫耳 % 正戊烷之飽和液體，每小時輸入 45.45 千克莫耳。每小時需自塔頂冷凝器移去 2.52×10^5 千卡之熱，自冷凝器卸出之產品及回流皆為飽和液體，而塔頂之產率為每小時 13.64 千克莫耳，內含正丁烷 88.5 莫耳 %。試用 McCabe-Thiele 法求出：

(1)回流比；

(2)進料板上下各物流之流率 $(L, V, \overline{L}, \overline{V})$；

(3)塔底產品之濃度；

(4)理想板數目。

進料之蒸發潛熱為 4 725 千卡／千克莫耳，而以正丁烷莫耳分率表示之平衡數據如下：

x	1	0.725	0.568	0.439	0.321	0.207	0.108	0
y	1	0.885	0.785	0.681	0.553	0.397	0.232	0

28–5　有一液體含 30 莫耳 % 之甲苯、40 莫耳 % 之乙基苯及 30 莫耳 % 之水，在 0.5 大氣壓下進行急驟蒸餾。此類物質之蒸氣壓如附表。假設乙基苯與甲苯混合物遵循 Raoult 定律，而碳氫化合物完全不溶於水，試計算剛開始蒸餾時液相與蒸汽相之溫度及濃度。

溫度	蒸氣壓（毫米汞柱）		
(°C)	乙基苯	甲苯	水
60	78.6	139.5	149.4
70	113.0	202.4	233.7
80	160.0	289.4	355.1
90	223.1	404.6	525.8
100	307.0	557.2	760.0

28-6 一精餾塔在 1 大氣壓下操作，塔中每小時輸入 100 千克莫耳進料，其中含 25 莫耳 % 之飽和蒸汽及 75 莫耳 % 之飽和液體，且含 40 莫耳 % 之乙醇及 60 莫耳 % 之水。塔頂產品自冷凝器以飽和液體狀態輸出，內含 80 莫耳 % 之乙醇。塔底產品亦為飽和液體，內含 5 莫耳 % 之乙醇。若回流比為最小回流比之 1.5 倍，試以 McCabe-Thiele 法配合附錄M中之熱含量—濃度圖，求：

(1)最小回流比；

(2)進料板上下各物流之速率；

(3)重沸器及冷凝器之負荷；

(4)所需之理想板數目；

(5)所需之最少理想板數目。

28-7 含甲醇 30 莫耳 % 之水溶液，在沸點下每小時以 1000 千克莫耳之流率輸入一精餾塔。塔頂產品為含甲醇 90 莫耳 % 之飽和液體，塔底產品含甲醇 10 莫耳 %。回流比為最小回流比之 2 倍。試採 McCabe-Thiele 法解下面問題：

(1)求所需理想板數目及進料板上下各物流之流率；

(2)按上述方法延續操作數月後，冷凝器中每小時有 900 千克之水滲漏，惟自冷凝器輸出之回流及塔頂產品仍為飽和液體，且回流比亦保持為 2。自重沸器返回塔中之蒸汽速率亦相同，試求塔中物流速率及產品之濃度。設 x 與 y 分別表液相與氣相中甲醇之莫耳分率，則平衡數據為

x	0.046	0.094	0.157	0.217	0.321	0.425	0.534	0.632	0.727
y	0.267	0.402	0.533	0.602	0.680	0.745	0.791	0.829	0.883

28-8 一精餾塔之進料為含 20 莫耳 % A 與 80 莫耳 % B 之飽和蒸汽, 塔頂產品流率為每小時 200 千克莫耳, 其中含 90 莫耳 % A, 塔底產品含 15 莫耳 % B。進料係自塔底進入, 且為飽和蒸汽, 故塔中勿須安置重沸器。為防止塔中產生過剩之蒸汽, 自底部數起第三與第四板間, 每小時卸出 400 千克莫耳之蒸汽, 此蒸汽經完全冷凝成飽和液體後, 再送回第五板, 如附圖所示。若板效率為 100%, 試以 McCabe-Thiele 法解下面問題:

(1)進料及塔底產品流率;

(2)塔中各段之蒸汽與液體流率;

(3)塔間卸料之濃度;

(4)所需之板數。

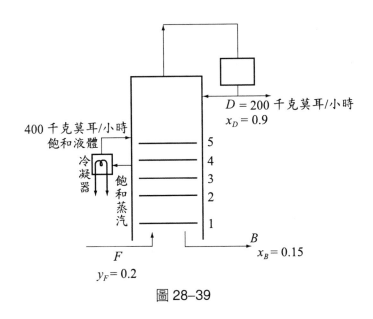

圖 28-39

平衡數據如下 (成分 A 之莫耳分率):

x	0.1	0.2	0.3	0.4	0.5	0.6	0.7	0.8	0.9
y	0.163	0.305	0.428	0.538	0.636	0.723	0.803	0.875	0.940

28-9 每小時 4545 千克之氨水溶液 (內含 0.3 質量分率之氨)，自高壓 (熱含量為 166 千卡／千克)，突然減壓為 17 大氣壓，以進行急驟蒸餾。餘留之液體經加熱後，再引入第二分離器，在 2 大氣壓下進行第二次之急驟蒸餾，其流程如附圖所示。倘加熱器之負荷為每小時 24 000 千卡，試求兩蒸汽流及液流之量及濃度。

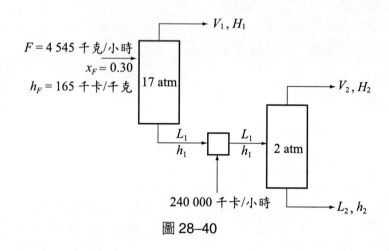

圖 28-40

28-10 一實驗用之連續式精餾塔含六個平衡板，流至第一板之回流物溫度為 38℃，用間接水蒸氣加熱。進料含 0.4 質量分率乙醇之水溶液，分兩處加入；全量之 40% 加入第二板上，60% 加於第五板上。進料溫度為 54.5℃，整個塔係在 1 大氣壓下操作，回流比為 2。塔頂產率與塔底產率相同，問塔頂及塔底流出物之濃度各為若干? 試用 Ponchon 法作題。

29 萃 取

　　凡用溶劑自固體或液體中提出某一成分之操作，稱為**萃取** (extraction)。萃取可分為兩類：若自固體中提出溶質時，稱為固體之**萃取** (solid extraction)，或稱**滲提** (leaching)；若自液體中提出溶質時，則稱為**液體之萃取** (liquid extraction)。液體之萃取中所選用之溶劑，須與被萃取之溶液不互溶，或僅微溶；如兩者可完全混合，則不能達到萃取之目的。

　　固體之萃取在工業上頗具重要性，例如氧化銅礦石中之銅，即以稀硫酸為溶劑予以萃取。大豆中之油、甜菜中之糖及魚肝中之肝油等，皆可應用此法提取。液體之萃取用途甚廣，如稀醋酸液中醋酸之回收，植物油中不飽和物之分離等。

29-1　萃取之步驟

　　固體萃取時，先使固體與溶劑相接觸，俾可溶物溶於溶劑中，然後將溶液與殘留固體分離，固體物並加以洗滌。液體萃取時，其基本步驟與固體之萃取相同，即先使溶劑與溶液充分接觸，俾溶液中之溶質進入溶劑中，然後將兩液相分離。萃取之全部過程尚包括他種操作，如溶質與溶劑之分離，以便回收溶劑。此項操作一般係採蒸餾或蒸發兩法。蒸餾法已於第 28 章中討論過，蒸發法則已見於第二冊第 18 章。

29-2　萃取之方法

　　萃取之方法有四，今分別說明於下：

1. 簡單單級接觸

　　此乃最簡單之萃取方法，其法係將被處理之物質一次與溶劑完全接觸後分開，實驗室或小規模操作多採用此法。工業上則嫌此法所收回之溶質太少，故並不普遍被採用。

2. 共流多級接觸

　　此法係將溶劑分為若干部分，依次萃取被處理之物質。此法與前法不同之處為：如以洗潔精洗濯污手為例，則前法係全量（洗潔精）洗一次，本法則係分量洗多次。雖然本法可增進可溶物之收回量，但其缺點為所得溶液濃度極稀，故僅適用於不必收回溶質之操作。

3. 連續單級接觸

　　如將所處理之物質與溶劑，以定流率連續引入一單級萃取器，同時又以定流率自該萃取器連續卸出分離物，此操作稱為連續單級接觸。

4. 連續逆流多級接觸

　　如欲同時獲得高濃度之溶液及高度之溶質回收量，可採用逆流多級接觸式萃取組，其流程如圖 29-9 所示。

29-3　溶劑之選擇

　　萃取操作中溶劑之選擇非常重要，選擇溶劑時應注意下列各項：

(1)高溶解性──若溶解性高，則溶劑之循環速率可以降低。

(2)富選擇性──即所使用之溶劑僅對某溶質有高溶解性，而溶液中之其他成分很難或根本不溶於此溶劑。

(3)低揮發性──如此不但可降低溶劑之揮發損失，且可避免燃燒或爆炸之危險。

(4)有再生性──容易與溶質分離，以利於循環使用。

(5)價格便宜。

(6)無毒性及無腐蝕性。

(7)低黏性──輸送容易而降低操作費。

29-4 萃取器之種類

萃取設備之形式，因處理物料之不同而異。今依物料之分類，介紹各種萃取器如下：

1. 粗大固體之滲提

粗大固體物料之萃取，多在開口桶進行。桶之底部乃一多孔之濾板，固體物料置於此濾板上，溶劑自桶之頂部注入，經過固體物料時提出可溶之成分而變成溶液，然後穿過濾板流出，不可溶之固體則仍殘留於濾板上。因粗大固體物料間之孔隙頗多，溶劑甚易透過固體層，故僅重力即能使固體與溶劑達到接觸之目的。

僅令溶劑通過固體一次，此種滲提所得溶液之濃度不大，為能獲得較濃溶液以減低蒸發或蒸餾時之操作費，則需串聯數個滲提桶。Shank 萃取組係用上述滲提桶數個組合而成。操作時採逆流方式，即將清水自第一桶注入，遂與近於提盡之物料相遇，然後依次注入第 2 桶、第 3 桶……，至最後一桶時該液已近於飽和，其與剛輸入之新物料相遇。俟滲提完畢後，始將舊料移去，重裝新料。Shank 萃取組最初用於蘇打灰之萃取。

2. 中型固體之滲提

自植物中提取可溶物質之操作，屬於中型固體之滲提。中型固體物料間之孔隙不大，溶劑之滲透較難，故萃取所需之時間較長。植物或其他中型固體之滲提設備，常用者有**擴散滲提組** (diffusion battery) 及**籃式萃取器** (basket extractor) 兩種。植物浸漬於溶劑中時，溶質賴擴散作用，自細胞中央透過細胞壁或微細管，終至植物之表面而溶於溶劑中。圖 29-1 示由多個擴散滲提器所組成之擴散滲提組，其裝置與 Shank 萃取組相似，惟擴散滲提組中各器皆密閉，且操作時係賴泵使溶液產生循環；以上兩點乃異於 Shank 萃取組之處。

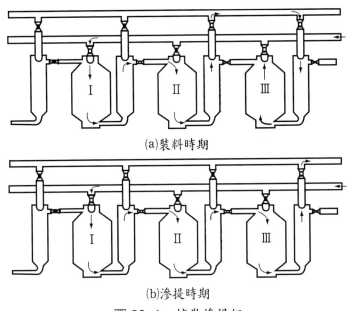

(a)裝料時期

(b)滲提時期

圖 29-1　擴散滲提組

　　為使滲提之速度加快，通常於每一滲提室旁裝一加熱管，以提高溶液之溫度。籃式萃取器為 Bollman 氏所首創，應用時先將植物子或其他中型固體壓榨，使大部分之油質流出，然後將殘餘之渣餅置於籃式萃取器中，並注入溶劑，以萃取其殘餘之油分。籃式萃取器之構造如圖 29-2 所示，器內有籃子多個，繫於鏈上，並賴鏈輪之轉動，籃群即上下旋轉。操作時由 A 槽獲得之溶液濃度不大，稱為半濃液。故需賴泵將其送至半濃液桶，然後自頂部淋於剛裝新鮮物料之籃中，於是成為濃液而收集於 B 槽中。濃液經過濾後即送至貯槽；當裝有幾近提盡物料之籃上升至頂端時，即自動倒置，將殘渣傾倒於料斗中，最後賴螺旋運輸機送至乾燥室。故籃式萃取器係連續操作裝置，其操作包括逆流（籃上升時）與順流（籃下降時）兩部分。全逆流操作之效率必更高，但對此種裝置而言，採取全逆流操作，似無可能。

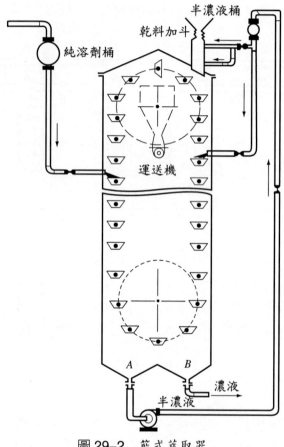

圖 29-2　籃式萃取器

3.細小固體之萃取

　　固體之萃取速率，隨固體與液體間接觸面積之增加而加大。對定量物料而言，固體顆粒愈細，則表面積愈大，故較硬固體之萃取，多先將物料磨成 200 網目以下細粒，然後與溶劑置於攪拌器中進行萃取操作。最常用之攪拌器為 Dorr 攪拌器，見圖 29-3；其殼為一平底桶，桶中 A 為一空心軸，其上下兩端各設迴轉臂，壓縮空氣自 A 軸下端噴射，而使細粒及液體之混合物在 A 軸中上升，然後自迴轉臂 B 底面小孔均勻噴濺於器中液面上。俟細粒自液面沈降至桶底時，可溶物質即被溶解。桶之內壁裝有蒸汽管數圈，用以加溫桶內之溶液，以增加溶解度。

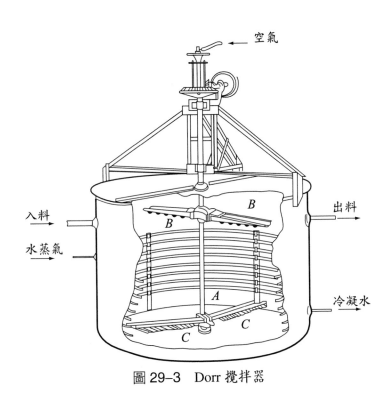

圖 29-3　Dorr 攪拌器

4.液體之萃取

　　液體混合物之分離，亦可仿照固體之萃取加入適當之溶劑，以提取可溶物質。然所用溶劑須與原液不互溶或僅微溶，始能達到分離之目的。自碘之水溶液中萃取碘，乃液體萃取之一例，其法係加適量之三氯甲烷於水溶液中，則因碘易溶於三氯甲烷，故大部分之碘遂由水相移入三氯甲烷。液體萃取之應用，尚有以苛性鈉萃取汽油中之硫化物，及呋喃醛精煉植物油等。

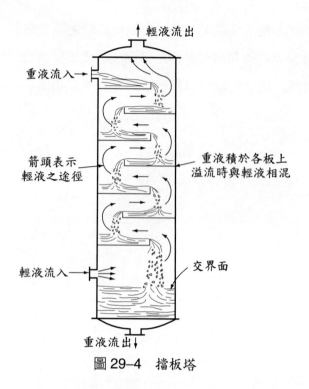

圖 29–4　擋板塔

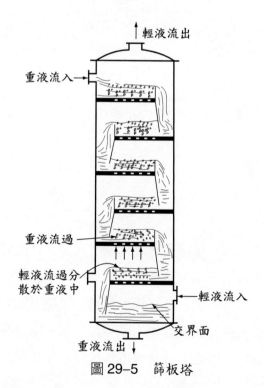

圖 29–5　篩板塔

　　液體之萃取多在萃取塔中進行，塔中重液賴重力自塔頂下降，輕液則藉機械力自塔底上升，於是輕重兩液成逆流方向接觸，而達到萃取之目的。常用之液體萃取器有如圖 29–4 之**擋板塔** (baffle plate tower) 及圖 29–5 之篩板塔，以及另外還有填充塔及**噴淋塔** (spray tower)。

29–5　固體萃取之計算方法

　　固體與液體接觸後分離，若分離後之溶液濃度與固體上所附著之溶液濃度相同，則稱此項接觸為**理想級** (ideal stage)。須注意者，萃取中之理想級與蒸餾中所定義之理想板（級）完全不同；即此處所指之理想級，非固體內溶質與溶劑內溶質濃度成平衡或飽和之謂。因理想級常不易獲得，吾人稱實際所需之級數與理想級數目之比，為**總合級效率** (overall stage efficiency)。倘總合級效率由經驗可知，或可估計而得，則實際級數可應用下面定義計算：

$$實際所需之級數 = \frac{理想級數目}{總合級效率}$$

　　總合級效率與各級中固液相間之接觸時間有關，接觸時間愈久，則效率愈高。總合級效率亦與萃取器之負荷量有關，負荷愈重，則效率反而降低；至於實際之效率若干，以及其與接觸時間及負荷量之關係，僅能以實驗決定之。

　　計算固體萃取所需之理想級數目之前，吾人慣作下面之假設：

1. 整個系統可視為下列三成分所組成

　(1)惰性固體──不溶於溶劑之所有固體成分；
　(2)溶質──可溶於溶劑之成分，或為固體，或為液體；
　(3)溶劑──可溶解溶質之液體，但不能溶解惰性固體，或對惰性固體已成
　　　飽和狀態。

2.溶質與溶劑不起化學反應

　　理想級數目之計算係依據：物料結算、溶液附著於固體表面之量的實驗數據，以及理想級之定義。計算時先求得兩端物流之量及其濃度，然後自任一端依次計算每一理想級物流之量及濃度，直至最後一理想級之物流流率與濃度，適合末端所要求之條件為止。如此算得之理想級數目除以總合級效率，即得實際所需之級數。計算之先，須知每單位質量惰性固體所含溶液之量，此量通常為溶液濃度之函數；溶液濃度愈濃，則附著於固體上之溶液亦愈多，其關係須以實驗決定之。

　　進行固體萃取之計算時，吾人慣用下面符號：

L: 底流物 (underflow) 之流率，即每單位時間內離開一理想級之固體及附著其上溶液之總質量；L_0 表進入第一級之流率，$L_1, L_2, \cdots, L_n$ 則分別表離開第一級，第二級，……，第 n 級之流率。

V: 溢流物 (overflow) 之流率，即每單位時間內離開一理想級之溶液質量。$V_1, V_2, \cdots, V_n$ 分別表離開第一級，第二級，……，第 n 級之流率；V_{n+1} 則表進入第 n 級之流率。

x: 底流物之濃度分率；x_A, x_C 及 x_S 分別表溶質、惰性物質及溶劑之濃度分率。

y: 溢流物之濃度分率；y_A, y_C 及 y_S 分別表溶質、惰性物質及溶劑之濃度分率。

X: 底流物之質量比率；X_A 及 X_S 分別表物流中溶質及溶劑與惰性物質之質量比。若尚有註腳，則其意義與 L 及 V 所定義者同。

Y: 溢流物之質量比率；其定義與上同。

例 29-1

今擬用乙醚為溶劑，以連續逆流多次接觸萃取法提煉魚肝中之魚肝油。顆狀肝粒上所附著之溶液數量，已由實驗測得，其結果見附表：

$y_A = \dfrac{\text{含油千克數}}{\text{千克溶液中}}$	$\dfrac{\text{附著之溶液千克數}}{\text{千克淨肝上}}$
0.00	0.205
0.10	0.242
0.20	0.286
0.30	0.339
0.40	0.405
0.50	0.489
0.60	0.600
0.65	0.672
0.70	0.765
0.72	0.810

新鮮魚肝油之質量分率為 0.257，如欲萃取原有油量之 95%，並使最後所得溶液中含油之質量分率為 0.70，試計算：

(1)每小時 1000 千克新鮮魚肝油進料所需不含油之乙醚千克數；

(2)理想級之數目；

(3)實際所需之級數，總合級效率為 70%。

(解) (1)操作之流程圖如下：

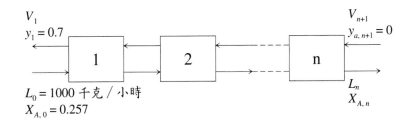

新鮮魚肝油之含油量為

$$L_0 x_{A,0} = (1\,000)(0.257) = 257 \text{ 千克 } / \text{ 小時}$$

無油之魚肝量為

$$1\,000 - 257 = 743 \text{ 千克 } / \text{ 小時}$$

萃取後尚留於魚肝內之油量為

$$L_n x_{A,n} = 257(1 - 0.95) = 12.85 \text{ 千克 } / \text{ 小時}$$

故萃取後魚肝內之油與無油肝之質量比應為

$$X_{A,n} = \frac{12.85}{743} = 0.0173$$

因

$$\left(\frac{\text{油}}{\text{溶液}}\right)\left(\frac{\text{溶液}}{\text{無油肝}}\right) = \frac{\text{油}}{\text{無油肝}} = X_A$$

$$\frac{\text{溶液}}{\text{無油肝}} - \frac{\text{油}}{\text{無油肝}} = \frac{\text{乙醚}}{\text{無油肝}} = X_S$$

故配合已知之實驗數據,可求得下面結果:

X_A	0.000	0.0242	0.0572
X_S	0.205	0.218	0.229

若將 X_A 與 X_S 之關係繪成曲線圖,則可得 $X_{A,n} = 0.173$ 時,$X_{S,n} = 0.215$,故萃取後附著於魚肝上之乙醚有

$$(743)(0.215) = 159.8 \text{ 千克 } / \text{ 小時}$$

因此離開第 n 級之底流物之量為

$$L_n = 743 + 12.85 + 159.8 = 915.65 \text{ 千克／小時}$$

離開第一級之溢流物中所含之油量，為進入第 n 級之新魚肝內所含油之量的 95%，即

$$(257)(0.95) = 244.2 \text{ 千克／小時}$$

因該溶液含油 70%，故離開第一級之溢流物之量為

$$V_1 = \frac{244.2}{0.7} = 349 \text{ 千克／小時}$$

由萃取器之物料總結算式

$$L_0 + V_{n+1} = L_n + V_1$$

可算出每小時輸入 1 000 千克新鮮魚肝進料所需不含油之乙醚量為

$$V_{n+1} = 915.65 + 349 - 1 000 = 264.65 \text{ 千克／小時}$$

⑵物流 L_1 中除無油魚肝外，淨油肝上尚附著含油 0.7 質量分率之溶液。由附表知，L_1 中每千克無油魚肝含 0.765 千克溶液，故 L_1 中之溶液量為

$$(743)(0.765) = 568 \text{ 千克／小時}$$

L_1 中之油量為

$$(568)(0.7) = 396 \text{ 千克／小時}$$

L_1 中之乙醚量為

$$568 - 396 = 172 \text{ 千克／小時}$$

故 L_1 之總量為

$$L_1 = 568 + 743 = 1\,311\ 千克 / 小時$$

由第一級之物料總結算

$$L_0 + V_2 = L_1 + V_1$$

故

$$V_2 = 1\,311 + 349 - 1\,000 = 660\ 千克 / 小時$$

由第一級之油量結算

$$L_0 x_{A,0} + V_2 y_{A,2} = L_1 x_{A,1} + V_1 y_{A,1}$$

故 V_2 中油之質量分率為

$$y_{A,2} = \frac{396 + 244.2 - 257}{660} = 0.58$$

第 2 至第 n 級物流及其濃度，可仿照第 1 級之計算方法，逐級一一計算，其結果見下表。

	L_n							V_{n+1}				
	質量，千克				濃度，莫耳分率			質量，千克			濃度，莫耳分率	
n	L_n	溶液	$L_n x_{A,n}$	$L_n x_{S,n}$	$x_{A,n}$	$x_{S,n}$	$x_{C,n}$	V_{n+1}	$V_{n+1} \times y_{A,n+1}$	$V_{n+1} \times y_{S,n+1}$	$y_{A,n+1}$	$y_{S,n+1}$
0	1 000	257	257	0	0.257	0.000	0.743	349	244	105	0.700	0.300
1	1 311	568	396	172	0.302	0.131	0.567	660	383	277	0.580	0.420
2	1 170	427	248	179	0.212	0.153	0.635	519	235	284	0.453	0.547
3	1 075	332	150	182	0.140	0.169	0.691	424	137	287	0.324	0.676
4	1 007	264	85.5	178.5	0.085	0.177	0.738	356	72.5	283.5	0.204	0.796
5	955	212	42.4	169.6	0.044	0.178	0.778	304	29.4	274.6	0.097	0.903
6	920	177	17.1	159.9	0.0186	0.174	0.807	269	4.1	264.9	0.0152	0.985
7	896	156	2.4	153.6	0.0026	0.171	0.826	245				

由表中知，離開第六理想級物流 L_6 中含魚肝油 17.1 千克／小時；離開第七理想級物流 L_7 中則含魚肝油 2.4 千克／小時。然本題之要求為 12.85 千克／小時，故若總合級效率為百分之百，則需採用七個理想級，此時所得魚肝油之含量已比要求者低。

⑶總合級效率為 70% 時，若採用六個理想級，則實際之級數為 $\dfrac{6}{0.7} = 8.6$；若採用七個理想級，則實際之級數為 $\dfrac{7}{0.7} = 10$。因所需理想級數略大於 6 而小於 7，故採用 9 個實際級數，應為適當之估計。

29-6　固體萃取之圖解法

按照上節方法，連續應用物料結算及平衡數據，雖可解決固體萃取問題；然若所需理想級數甚多，則需經過繁雜之計算手續。圖解法不僅能簡化計算，且使誤差減少，故常被採用。圖解法與算術計算法之原理相同，惟前者係將平衡數據及物料結算表示於圖上。

1. 物流之坐標

今設有一物流（或物量）F，被分為二物流（或物量）V 及 L；或物流 V 及 L 合成一物流 F，則

$$F = V + L \tag{29-1}$$

若僅考慮某一成分，則

$$Fx_F = Vy + Lx \tag{29-2}$$

合併上面二式以消去 F，得

$$x_F = \frac{Vy + Lx}{V + L} \tag{29-3}$$

故對溶質 A 而言

$$x_{A,F} = \frac{Vy_A + Lx_A}{V + L} \tag{29-4}$$

對溶劑 S 言，則

$$x_{S,F} = \frac{Vy_S + Lx_S}{V + L} \tag{29-5}$$

　　諸物流之濃度可於如圖 29-6 之直角三角形上表示出來。設以橫坐標表物流中溶質之質量分率（x_A 或 y_A），縱坐標表物流中溶劑之質量分率（x_S 或 y_S）；因三成分混合物中若有二成分之質量分率為已知，則第三成分之質量分率亦定，故圖上每一點均代表不同濃度之混合物。

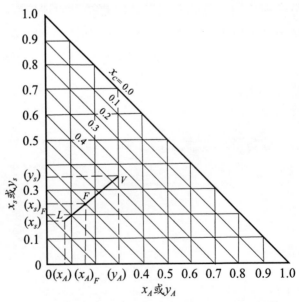

圖 29-6　以直角三角形坐標表示物料結算

圖 29-6 中連點 $L(x_A, x_S)$ 與點 $F(x_{A,F}, x_{S,F})$ 所成直線之斜率為

$$\frac{x_{S,F} - x_S}{x_{A,F} - x_A}$$

連點 $L(x_A, x_S)$ 與點 $V(y_A, y_S)$ 所成直線之斜率則為

$$\frac{y_S - x_S}{y_A - x_A}$$

若物流 F 乃由物流 L 及物流 V 合併而成，或物流 F 分成 L 及 V 二物流，於是應用式 (29-4) 與 (29-5)，得

$$\frac{x_{S,F} - x_S}{x_{A,F} - x_A} = \frac{y_S - x_S}{y_A - x_A}$$

故 L，F 及 V 三點共線。

因物流 V 與 L 合成物流 F，或物流 F 分成物流 V 與 L，故點 F 必介於點 L 與 V 之間。至於 L，F 與 V 三點間之距離，視 L 及 V 量而定。由式 (29-3)

$$V(x_F - y) = L(x - x_F)$$

故

$$\frac{V}{L} = \frac{x - x_F}{x_F - y} = \frac{x_A - x_{A,F}}{x_{A,F} - y_A} = \frac{x_S - x_{S,F}}{x_{S,F} - y_S} \tag{29-6}$$

因此點 L 與 F 間之距離，與點 F 與 V 間之距離比，等於物流量 V 與 L 之比；即 L 與 V 兩點距點 F 間之直線距離，為物流量 L 與 V 之反比。

同理可證

$$\frac{V}{F} = \frac{x_F - x}{y - x} \tag{29-7}$$

及

$$\frac{L}{F} = \frac{y - x_F}{y - x} \tag{29-8}$$

討論固體萃取時，除溶質 A 及溶劑 S 外，尚有惰性固體 C，故

$$x_A + x_S + x_C = 1$$

或寫成

$$x_S = -x_A + (1 - x_C) \tag{29-9}$$

故若 x_C 為定值，則式 (29-9) 表一直線，其斜率為 -1，而縱軸及橫軸之截距均為 $(1 - x_C)$。因此與圖 29-6 中直角三角形斜邊平行之諸線（$x_C = 0.1, 0.2, \cdots$），皆代表惰性固體之質量分率為定值之混合物。

圖 29-6 中三角形內之坐標，可表示任何實際濃度之混合物或純物。斜邊表 $x_C = 0$，即表含溶質 A 及溶劑 S 而不含惰性固體之混合物；橫軸表 $x_A = 0$，即表僅含惰性固體及溶劑之混合物；縱軸表 $x_S = 0$，即表僅含惰性固體與溶質之混合物；至於三個頂點：$x_A = 1.0$、$x_S = 1.0$ 與 $x_C = 1.0$（點 O），則分別表純溶質、純溶劑與純惰性固體。

2.加成點與減出點

圖 29-6 中點 F 稱為**加成點** (additional point)，乃表由物流 L 與 V 所合成新物流之量及濃度。任何二物流相加，均可得一加成點，其加成後之量及濃度，可應用式 (29-6)，或 (29-7)，或 (29-8)，一一逐次加成即得。反之，混合物 F 亦可減出 V 而得 L，或減出 L 而得 V，吾人稱代表此減出物流之量及濃度之點為**減出點**（difference point, Δ）。

由前節知，物流之加成點或減出點，皆與代表此二物流之點共線；其中加成點恆在所加二物流點所繪之線段內，且靠近數量較大者；減出點則在線段外，且靠近數量較大之物流點之側。其坐標及量之關係，可應用式 (29-6)，(29-7) 及 (29-8) 定出。

3. 底流物之軌跡

　　單位惰性固體所含溶液之量，可於三角坐標中繪曲線表示之。圖 29–7 中之 *EG* 曲線，即表惰性固體與其所含溶液所成混合物之濃度軌跡，吾人稱之為**底流率濃度軌跡** (locus of underflow composition)。點 L_2 之坐標 x_2，代表底流物 L_2 之濃度；點 V_2 之坐標 y_2，代表底流物 L_2 所含溶液之濃度。須注意者，本章中所討論者，皆屬於理想級之萃取，亦即底流物所含溶液之濃度，與自同一級離開之溢流物之濃度相同。底流物可視由惰性固體及溶液所加成，而點 L_2 即為點 O（純惰性固體）及 V_2 之加成點，故由式 (29–6) 知，單位質量惰性固體所含溶液之量為 $\dfrac{\overline{OL_2}}{\overline{L_2V_2}}$；若底流物為 L_1，則其中單位質量惰性固體所含溶液之量為 $\dfrac{\overline{OL_1}}{\overline{L_1V_1}}$。*EG* 曲線一經繪出，若離開某萃取級之溶液濃度 (y) 為已知，則底流物所含溶液之濃度 (x) 亦決定矣！其決定法為自濃度坐標為 y 之點 V（直角三角形斜邊上之點）與點 O 繪一直線，此直線與 *EG* 曲線相交之點，即表濃度坐標為 x 之 L。

　　如惰性固體與其所帶溶液之量有一定之比例，則底流物濃度軌跡為直線 EG'，其與縱坐標軸之交點為 E，此點乃表不含溶質時之極限情形。若以 k 表單位質量惰性固體所含溶液之質量，則 $x_S + x_A = kx_C$，而代表此底流物軌跡之直線方程式，可將此關係代入式 (29–9) 後整理而得

$$x_S = \frac{k}{k+1} - x_A \tag{29-10}$$

　　若單位質量惰性固體所帶溶劑之量為一定，以 K 表示，則 $x_S = Kx_C$，此時底流物之軌跡亦為一直線，其可將此關係代入式 (29–9)，整理而得

$$x_S = \frac{K}{K+1}(1-x) \tag{29-11}$$

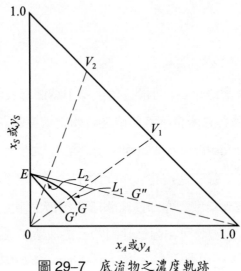

圖 29-7　底流物之濃度軌跡

上式即為圖上之 EG'' 虛線。圖 29-7 示上述三種不同情況下之底流物軌跡。

29-7　連續逆流式多級接觸固體萃取之圖解法

圖 29-8 示 n 個理想級之連續逆流式多級接觸固體萃取操作之流程圖。在穩定狀態下，整個系統之物料總結算式如下：

$$L_0 + V_{n+1} = L_n + V_1 \tag{29-12}$$

對某成分而言

$$L_0 x_0 + V_{n+1} y_{n+1} = L_n x_n + V_1 y_1 \tag{29-13}$$

如對每一理想級作物料總結算，則可寫出向右方向之**淨流** (net flow) 如下：

$$\Delta = L_0 - V_1 = L_1 - V_2 = L_2 - V_3 = \cdots = L_n - V_{n+1} \tag{29-14}$$

就成分 A 而言

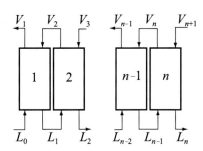

圖 29-8　連續逆流式多級接觸固體萃取操作

$$\Delta(x_A)_\Delta = L_0 x_{A,0} - V_1 y_{A,1} = L_1 x_{A,1} - V_2 y_{A,2} = \cdots$$

$$= L_n x_{A,n} - V_{n+1} y_{A,n+1} \tag{29-15}$$

以式 (29-14) 除 (29-15)，得

$$(x_A)_\Delta = \frac{L_0 x_{A,0} - V_1 y_{A,1}}{L_0 - V_1}$$

$$= \frac{L_1 x_{A,1} - V_2 y_{A,2}}{L_1 - V_2}$$

$$= \cdots = \frac{L_n x_{A,n} - V_{n+1} y_{A,n+1}}{L_n - V_{n+1}} \tag{29-16}$$

同理，

$$(x_S)_\Delta = \frac{L_0 x_{S,0} - V_1 y_{S,1}}{L_0 - V_1} = \cdots = \frac{L_n x_{S,n} - V_{n+1} y_{S,n+1}}{L_n - V_{n+1}} \tag{29-17}$$

$$(x_C)_\Delta = \frac{L_0 x_{C,0} - V_1 y_{C,1}}{L_0 - V_1} = \cdots = \frac{L_n x_{C,n} - V_{n+1} y_{C,n+1}}{L_n - V_{n+1}} \tag{29-18}$$

由上面之結果知，若任一末端兩物流之質量及濃度為已知，則可算得 $(x_A)_\Delta$, $(x_S)_\Delta$ 及 $(x_C)_\Delta$，於是減出點 Δ 之位置亦隨之而定。一般而言，因固體萃取之減出點代表淨流率，卻不代表任何真實物流，其之被推目的主要是為了計算方便，故其坐標位置往往位於三角形之外，此時此淨流之某一成分的質量分率為負，而另

一成分之質量分率大於1，這些乃非實際物流之質量分率。

　　如兩端物流之濃度均知，則物流間之相對物流量及所需之理想級數目，即可用圖 29-9 中之圖解法求出。因兩物流及其減出點共線，因此減出點 Δ 位於 L_0 與 V_1 兩點之連線上，同時亦在 L_n 與 V_{n+1} 兩點之連線上，故 $\overline{L_0 V_1}$ 及 $\overline{L_n V_{n+1}}$ 兩線之交點，即為減出點 Δ 之位置。因 Δ 同時亦為每一級端點兩物流之減出點，故 $\overline{L_1 V_2}, \overline{L_2 V_3}, \cdots\cdots$ 及 $\overline{L_{n-1} V_n}$ 諸線亦必通過 Δ 點。

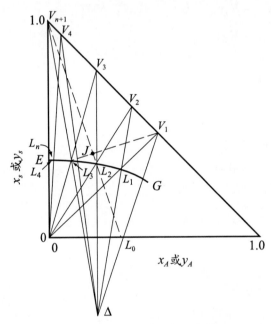

圖 29-9　連續逆流式多級接觸固體萃取之圖解法

　　求理想級數目之圖解法，可自系統兩端之任一端開始。若自第一級開始作圖，離開第一級之底流物 L_1 其濃度為 x_1，而 L_1 應在 EG 曲線上，且亦應在 $\overline{V_1 O}$ 線上，故由此二線之交點，即可求出 L_1。自第二理想級流向第一理想級之溢流物 V_2，應在直角三角形之斜邊上，且亦應在減出點 Δ 與 L_1 之連線上，故延長 Δ 與 L_1 直線至三角形之斜邊，即可求得 V_2。仿此，V_2 與 O 之連線與 EG 之交點為 L_2，Δ 與 L_2 之連線與斜邊之交點為 V_3。如此繼續作圖，直至最後得出之底流物溶質濃度，等於或小於所需溶質濃度 $(x_{A,n})$ 為止，而所需理想級數目，即等於點 O 與斜邊連結線之數目。如圖 29-9 所示為例，三理想級尚嫌不足，四理想級則已超過，故所需之理想級為 3.4。因實際操作時理想級不易獲得，故須知級之效率，始能估計實際所需之級數。

例 29-2

以圖解法重作〔例 29-1〕。

(解) 底流物濃度軌跡可用計算法求出，附表乃計算之結果：第一及第二行為原有之實驗數據；第三行為第一及第二行之乘積；第四行為第二行與第三行之差；第五行為第二行加 1，此乃表底流物之總質量；第六、七兩行分別為第三、四兩行被第五行除後所得之值，此即為底流物之濃度。將第六與第七行之值繪於直角三角形坐標上，即可定出底流物濃度之軌跡位置，其結果見附圖。

實驗數據		底流物濃度				
		每千克不含油之魚肝			質量分率	
每千克溶液含油千克數 y_A	每千克不含油之魚肝含溶液之千克數	油千克數 X_A	乙醚千克數 X_S	底流總質量 L 千克數	油 x_A	乙醚 x_S
0.00	0.205	0.0000	0.205	1.205	0.0000	0.1700
0.10	0.242	0.0242	0.218	1.242	0.0195	0.1753
0.20	0.286	0.0572	0.229	1.286	0.0435	0.1781
0.30	0.339	0.1017	0.237	1.339	0.0759	0.1770
0.40	0.405	0.1620	0.243	1.405	0.1152	0.1730
0.50	0.489	0.244	0.245	1.489	0.1642	0.1645
0.60	0.600	0.360	0.240	1.600	0.225	0.1500
0.65	0.672	0.437	0.235	1.672	0.261	0.1405
0.70	0.765	0.536	0.229	1.765	0.303	0.1298
0.72	0.810	0.583	0.227	1.810	0.322	0.1253

本題已指定四個極端物流（量及濃度）中之三個：即一為進入系統內之新魚肝 L_0，一為進入系統內之新鮮溶劑 V_{n+1}，一為離開系統之濃溶液 V_1；則萃取後離開系統之魚肝量 L_n 及濃度 x_n，可由物料結算計算而得。因欲萃取之油量為肝內含油之 95%，則對每小時 1000 千克新魚肝而言，萃取後之魚肝中尚剩之油量為 $(1\,000 \times 0.257)(1 - 0.95) = 12.85$ 千克／小時。又因每 1000 千克新魚肝中含無油之魚肝有 743 千克，故油對無含溶劑但含油之魚肝之質量分率為

$$\frac{12.85}{12.85 + 743} = 0.017$$

此乃圖 29–10 中之 P 點 $(x_A = 0.017,\ x_S = 0)$。萃取後離開系統之魚肝上，因含有乙醚，故其實際濃度應在 P 點與 $x_S = 1.0$ 點之連線上，同時亦在底流物軌跡線 EG 上，而此兩線之交點即為 L_n。由圖讀得之 L_n 點坐標，即為萃取後固體出料之濃度：

乙醚之質量分率 $= 0.173$

油之質量分率 $= 0.013$

無油固體之質量分率 $= 0.814\ (= 1 - 0.173 - 0.013)$

故對每小時 1000 千克新鮮魚肝而言，萃取後底流物出料之流率為

$$\frac{743}{0.814} = 913 \text{ 千克／小時}$$

乙醚需要量可由物料結算求得。直線 $\overline{L_0 V_{n+1}}$ 與 $\overline{L_n V_1}$ 之交點 J 即為 L_0 與 V_{n+1} 之加成點，故每小時 1000 克新鮮魚肝進料所需乙醚每小時之千克數為 $\dfrac{\overline{L_n J}}{\overline{J V_{n+1}}}$。由圖 29–10 求得其值為 0.26。

圖中求理想級數目，係自出料濃液一端開始作圖。由圖上可知，用 6 個

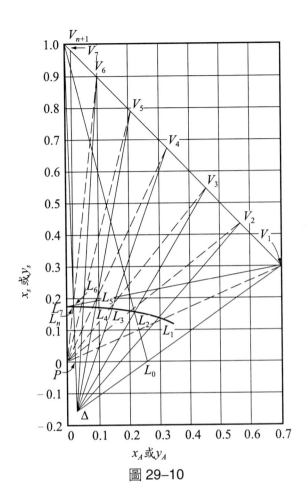

圖 29-10

理想級尚嫌不足，用 7 個理想級則已超過。若設所需之理想級數為 6.3，而總效率為 70%，則實際所需之萃取級數應為 $\frac{6.3}{0.7} = 9$。

29-8 液體之萃取

　　液體萃取與固體萃取之基本步驟相同，即包括兩相之接觸及兩相之分開。惟因液相與液相之分離較固相與液相之分離難，故液體之萃取操作中，除須用混合器外，尚須分離器。另外，固相—液相萃取時所得之溢流物中僅含二成分，液相—液相萃取時所得之溢流物中則含三成分。同時，液相—液相萃取中無相當於固相—液相萃取時之惰性物質存在。

　　液體之萃取，廣用於下面幾種情形：

　　⑴各成分之揮發度不大；

　　⑵各成分之揮發度大體相等；

　　⑶各成分不能耐受蒸餾所需之高溫；

　　⑷所需收回之成分，其揮發度不大，且在溶液中之含量不高。

29-9　三成分系統之平衡圖

　　根據相律，凡三成分系統之兩相達平衡時，有三個自由度 (degree of free-dom)。倘溫度及壓力指定後，則僅有一個自由度。若再指定任一相之濃度，則此系統之平衡條件隨之完全決定，此時另一相之濃度亦定矣！

　　包括三成分 A、C 及 S 之系統，可視為三個二成分系統，即 A 與 C，C 與 S，以及 S 與 A 所組成。三相圖之最普通者為：兩個二成分系統中之成分可完全混合，另第三個二成分系統中之成分，則僅為有限度之互溶。圖 29-11 及 29-12 分別為二苯乙烷，廿二碳烷及糠醛之成分在 45°C 及 1 大氣壓下之等邊三角形及直角三角形圖。

　　45°C 時，二苯乙烷與廿二碳烷可完全互溶，二苯乙烷與糠醛亦可完全互溶，惟廿二碳烷與糠醛僅能部分互溶。因此可視二苯乙烷分布於兩液相間，一相主要為廿二碳烷，另一相主要為糠醛。但因廿二碳烷與糠醛為部分互溶，故每相皆有此三成分之存在。

　　圖 29-11 及 29-12 之三角形內任何一點，皆代表此三成分之一混合物。曲線 MPQ 分三角形為 I 與 II 兩個區域，MPQ 稱為溶解度曲線，區域 I 內各點表平衡狀態下之混合物為單一之液相，區域 II 內之點則表平衡狀態下應為兩液相共存之混合物，$\overline{HI}$, $\overline{FG}$ 與 $\overline{MQ}$ 為連線溶解度曲線上兩點之線段，係代表此兩相

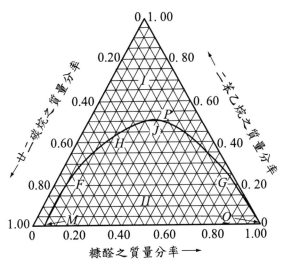

圖 29–11　1 大氣壓及 45°C 下二苯乙烷、廿二碳烷及糠醛系之等邊三角形相圖

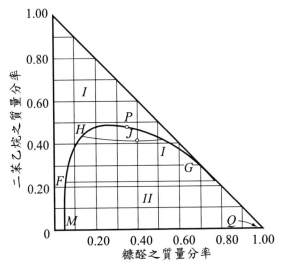

圖 29–12　1 大氣壓及 45°C 下二苯乙烷、廿二碳烷及糠醛系之直角三角形相圖

達液液平衡，連結之線段稱為槓線。兩相區域內之 J 點，代表平衡時兩液相之總濃度，而此兩相之濃度分別為 H 及 J 之坐標。

當總混合物中二苯乙烷之含量增加時，槓線長度逐漸變短，終於趨近於一點，如圖中之點 P，此點稱為臨界點。此時槓線之長度為零，而兩平衡液相之濃度相同。

除非壓力甚高，否則壓力對液相平衡之影響不大，可略而不計。然溫度對平衡之影響則極為重要，蓋因溫度可改變相圖之型式；倘若型式不變，亦會使兩區域之面積改變。圖 29-13 示溫度對液相平衡之影響，由圖可見，溫度愈高，則兩相區域之面積愈小。

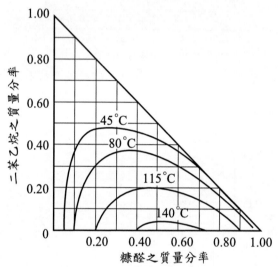

圖 29-13　1 大氣壓下二苯乙烷、廿二碳烷及糠醛系在不同溫度下之相圖

29-10　連續逆流式多級接觸液體萃取之圖解法

任何液體萃取問題，皆可應用固體萃取之算術方法，重複用物料結算及平衡關係式解出。又因算術計算法遠不及圖解法實用，故擬不在此贅述。

進行液體萃取之計算時，吾人慣用下面符號：

L　萃餘相 (raffinate phase) 之流率，其主要成分為 C；

V　萃取相 (extract phase) 之流率，其主要成分為 S；

x 物流 L 之成分質量分率；

y 物流 V 之成分質量分率。

物料結算式之代表法、加成點與減出點之概念，及以三角坐標之應用，皆與固體萃取操作完全相同。連續逆流式多級接觸液體萃取操作之流程見圖 29-14。圖中 V_{n+1} 表新溶劑，L_0 表進料，V_1 表最後萃取物，L_n 表最後萃餘物。

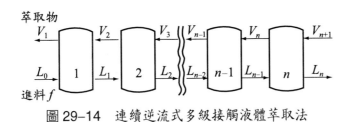

圖 29-14　連續逆流式多級接觸液體萃取法

物料總結算為

$$L_0 + V_{n+1} = L_n + V_1 \tag{29-19}$$

任一成分之物料結算為

$$L_0 x_0 + V_{n+1} y_{n+1} = L_n x_n + V_1 y_1 \tag{29-20}$$

對成分 A 而言

$$L_0 x_{A,0} + V_{n+1} y_{A,n+1} = L_n x_{A,n} + V_1 y_{A,1} \tag{29-21}$$

減出點之物量及濃度分別為

$$\Delta = L_0 - V_1 = L_1 - V_2 = \cdots = L_n - V_{n+1} \tag{29-22}$$

$$x_\Delta = \frac{L_0 x_0 - V_1 y_1}{L_0 - V_1} = \frac{L_1 x_1 - V_2 y_2}{L_1 - V_2}$$

$$= \cdots = \frac{L_n x_n - V_{n+1} y_{n+1}}{L_n - V_{n+1}}$$

(29–23)

圖解法之作圖手續，亦與固體萃取操作相同。

例 29-3

今擬於 45°C 下，於一連續逆流多級接觸萃取器組中，以糠醛萃取一混合液中之二苯乙烷。混合液之濃度為 0.8 質量分率之廿二碳烷及 0.2 質量分率之二苯乙烷。若進入系統之溶劑中含 0.005 質量分率之二苯乙烷，其餘全為糠醛；離開系統之萃餘液中含 0.01 質量分率之二苯乙烷，試求：

　　(1)使用之溶劑流率對進料之比為 1.66 時，所需萃取之平衡級數；

　　(2)如所用平衡級數為 3，溶劑質量與進料之比應如何？

平衡圖上溶解度曲線之各點位置如下表：

糠醛之質量分率	二苯乙烷之質量分率	廿二碳烷之質量分率
0.040	0.000	0.960
0.050	0.110	0.840
0.070	0.260	0.670
0.100	0.375	0.525
0.200	0.474	0.326
0.300	0.487	0.213
0.400	0.468	0.132
0.500	0.423	0.077
0.600	0.356	0.044
0.700	0.274	0.026
0.800	0.185	0.015
0.900	0.090	0.010
0.993	0.000	0.007

又決定三樑線之三對平衡濃度為

廿二碳烷相之濃度質量分率			糠醛相之濃度質量分率		
糠醛 x_S	二苯乙烷 x_A	廿二碳烷 x_C	糠醛 y_S	二苯乙烷 y_A	廿二碳烷 y_C
0.048	0.100	0.852	0.891	0.098	0.011
0.065	0.245	0.690	0.736	0.242	0.022
0.133	0.426	0.439	0.523	0.409	0.068

(解) 先用題目給之數據，將溶解度曲線繪於直角三角形之平衡圖上，其結果如圖 29–15 所示；因已知進料物流中之濃度：

$$x_{A,0} = 0.2, \; x_{C,0} = 0.8, \; x_{S,0} = 0.0$$

及溶劑物流中之濃度：

$$y_{A,n+1} = 0.005, \; y_{C,n+1} = 0.00, \; y_{S,n+1} = 0.995$$

故直角三角形坐標圖上 L_0 與 V_{n+1} 兩點之位置即可定出，如圖 29–15 所示。另者，點 L_n 應在萃餘相軌跡上，而其濃度為 $x_{A,n} = 0.01$，故點 L_n 亦可定矣。

(1)連結點 L_0 與 V_{n+1} 成一直線，並在該線上取點 J，使

$$\frac{\overline{L_0 J}}{\overline{J V_{n+1}}} = 1.66 = \frac{溶劑流率}{進料流率}$$

再連結 L_n 與 J 成直線，並延長之，使之交平衡曲線於 V_1，於是萃取物之濃度為

$$y_{A,1} = 0.1015, \; y_{C,1} = 0.013, \; y_{S,1} = 0.882$$

連結 L_1 與 V_1 及 L_n 與 V_{n+1} 成二直線，延長此二直線所得之交點，即可定出圖中之減出點 Δ。

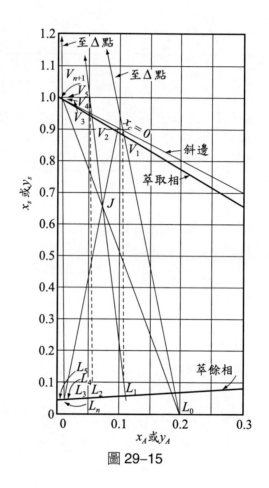

圖 29–15

由已知樑線之平衡濃度關係，可繪成圖 29–16。由此圖可知二苯乙烷在二平衡液相中之質量分率關係。故當 $y_{A,1} = 0.1015$ 時，$x_{A,1} = 0.104$。

於本題圖解法之用圖中，連結點 L_1 與 Δ 成一直線，其與平衡曲線所交之點為 V_2，故得 $y_{A,2} = 0.051$，此乃離開第 2 級萃取物之濃度。如此繼續交替應用物料結算與平衡關係，依次得每一級之 L 及 x_A，直至 $x_{A,n}$ 值等於或小於 0.01 為止。由圖知共需 4.6 個理想級。今將各級中兩相平衡之濃度列於下表：

平衡級	二苯乙烷之質量分率	
	萃取相，y_A	萃餘相，x_A
1	0.1015	0.104
2	0.051	0.053
3	0.027	0.028
4	0.013	0.0135
5	0.0075	0.0080

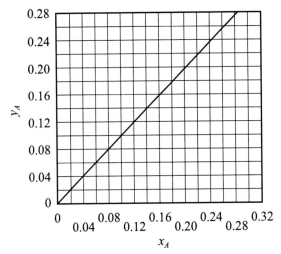

圖 29-16　45°C 下二苯乙烷在糠醛與廿二碳烷間之平衡分布

⑵若溶劑與進料之流率比改變，則所需平衡級數亦不同。溶劑與進料流率之比既定，則所需平衡級數可仿照⑴計算。然若先指定平衡級之數目，而欲求應當使用之溶劑與進料流率比，則必須應用嘗試法。嘗試法之步驟為：先指定溶劑與進料流率之比，然後仿照⑴之方法計算所需之平衡級數。然後另指定幾個不同溶劑與進料流率之比，並分別算出所需之平衡級數，最後將所得之結果繪成圖 29-17 之關係曲線。由圖中知，若所使用之平衡級數為 3 時，溶劑與進料流率之比應為 2.72。

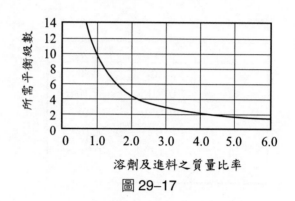

圖 29-17

符號說明

符　號	定　義
F	進料流率，千克／小時
K	每單位質量惰性固體中所含溶劑之質量
k	每單位質量惰性固體中所含溶液之質量
L	固體萃取中底流物之流率，或液體萃取中萃餘相之流率，千克／小時
V	固體萃取中溢流物之流率，或液體萃取中萃取相之流率，千克／小時
X	底流物中某一成分對惰性物之質量比
x	底流物或萃餘物中之質量分率
x_Δ	減出量之 x 值
x_F	進料或加成量之 x 值
Y	溢流物中某一成分對惰性物之質量比
y	溢流物或萃取相之質量分率
Δ	減出量，千克／小時

習 題

29-1　1000 千克含二苯乙烷 0.20 質量分率及廿二碳烷 0.8 質量分率之混合液，擬用糠醛（含二苯乙烷 0.005 質量分率）在 45°C 下進行簡單單級萃取。倘溶劑之量分別為 10，100，2000，10000 及 100000 千克，試分別計算萃取物及萃餘物之量及濃度。溶解度數據及平衡數據見〔例 29-3〕。

29-2　於上題中若欲得兩相，則
　　⑴至少需使用溶劑若干?
　　⑵至多可使用溶劑若干?

29-3　於 29-1 題中若改用批式連續以 1000 千克之溶劑萃取兩次，試計算所有中間品及成品之數量及濃度。

29-4　於 29-1 題中若改以批式萃取，
　　⑴連續以 667 千克之溶劑萃取三次；
　　⑵連續以 500 千克之溶劑萃取四次；
　　⑶連續以 250 千克之溶劑萃取八次。
　　試計算所有中間品及成品之質量及濃度。

29-5　某一研細固體浮於重油中所成之泥漿物，在串聯之連續稠化器中，以氯化溶劑洗滌。泥漿中原含 0.6 體積分率之油。各稠化器底流物中含 0.45 體積分率之液體。各項比重為：油 0.95，溶劑 1.3，固體 3.0。油與溶劑可相互以任何比例混合成為理想溶液。倘 0.98 體積分率之油可自泥漿中收回，試求理想級數與溶劑數量對進料量比值的關係。

29-6　燒灼後之銅礦含有硫酸銅 ($CuSO_4$)，今使用水為溶劑，在串聯之萃取器組中萃取。每小時之進料中含 10 噸礦渣，1.2 噸硫酸銅及 0.5 噸水。硫酸銅之 98% 均收回，成為含 0.07 質量分率之硫酸銅溶液。倘每噸卸出之礦渣中含 2 噸硫酸水溶液，試計算所需之平衡萃取級數目。

29-7 今使用一多級接觸逆流萃取組，以清水每小時處理 50 噸之濕甜蘿蔔切片。蘿蔔之濃度如下：

成　分	質量分率
水	0.48
纖維質	0.40
糖	0.12

若離開系統之濃溶液含 0.15 質量分率之糖，並收回甜蘿蔔切片中 97% 之糖，試就下列兩項假設，分別計算所需萃取器之數目，萃取效率均假設為 100%。

⑴底流物中每噸乾纖維質含 3 噸溶液；

⑵底流物中每噸乾纖維質含 3 噸水。

29-8 今擬使用一相當有兩個理想級之逆流多次接觸萃取器組，自桐子中提取桐油。桐子中含 0.55 質量分率之桐油，每小時處理 4000 千克之桐子，每小時使用 6000 千克正己烷為溶劑，內含 0.05 質量分率之油。卸出之底流物中每千克固體含 1 千克之溶液。溢流物中每千克溶液含 0.05 千克之細渣。試計算上列情況下油之回收率。

29-9 1000 千克含二苯乙烷 0.20 質量分率及廿二碳烷 0.80 質量分率之混合物，擬在 45°C 下以糠醛（含二苯乙烷 0.005 質量分率）萃取。萃取操作係在兩個平衡級逆流式萃取器組中進行，溶劑為 2000 千克，試計算萃取物及萃餘物之質量及濃度。溶解度及平衡數據請見〔例 29-3〕。

29-10 重作上題，惟

⑴平衡級數改為 3；

⑵平衡級數改為 5；

⑶平衡級數改為無限多。

30 乾 燥

　　乾燥 (drying) 者，乃指由固體、液體或氣體中除去所含的水分之操作；通常該項程序多為一系列操作中之最後階段，經乾燥後之成品，即可直接供包裝。乾燥之不同於蒸發者，後者係專指由溶液中除去水分，而且該項程序幾乎在沸騰狀況下進行。然則，實際上有些乾燥產品仍借用蒸發器操作，故對於溶液之乾燥，二者實無明確之區別。

　　去除水分之方法甚多，例如，可由矽膠或礬土等固體之**吸附** (adsorption)，或者利用硫酸之**吸收** (absorption)，以及利用**冷凍** (refrigeration) 與蒸餾等方法，以除去液體和氣體中之水分；固體之水分則可由機械上之加壓或離心分離，或利用加熱揮發除去之。本章擬述者，將僅限於熱處理者。

　　通常經乾燥後之成品，仍含有部分之水分，其含水量因物料之不同而異。例如，乾燥後之食鹽含有 0.5% 之水分，乾媒含有 4% 之水分，**乾酪素** (casein) 含有 8% 之水分。完全不含水分之產品，稱為**乾透產品** (bone-dry product)。

30-1 乾燥裝置之種類及其應用

由於乾燥物料性質之不同，使用的乾燥器也就有所區別，今分類如下：

(1)塊狀或已成型之物料，如肥皂、磚瓦等；

　(a)盤式乾燥器 (tray driers)

　(b)隧式乾燥器 (tunnel driers)

(2)粒狀物料，如食鹽、水泥等之類；

　(a)旋轉乾燥器 (rotary driers)

　(b)運送式乾燥器 (conveyor driers)

(3)連續不斷之物料，如紙張、布匹之類；

　(a)筒式乾燥器 (cylinder driers)

(4)溶於液體中之物料，如牛乳、豆漿之類等；

　(a)鼓形乾燥器 (drum driers)

　(b)噴淋乾燥器 (spray driers)

30-2 盤式乾燥器

當乾燥之物料為塊狀或已成型之體積較大固體，且處理之量不多時，即可用此間歇式之盤式乾燥器。其構造如圖 30-1 所示，為一長方形大箱，內有許多淺盤置於框架 A 上，熱空氣利用馬達 B 所旋轉之風扇 C 吹動，以每秒 2 至 5 公尺之迴轉速度，通過加熱圈 D。擋板 E 主要使熱空氣平均吹過各盤上，已吸水分之空氣可由 F 出口，新鮮空氣則由 G 不斷進入。H 為框架之移動輪，當物料經乾燥後，即利用此輪推出。

盤式乾燥器中，廂內媒劑（如：空氣）之流通方式有二，圖 30-1 所示者為

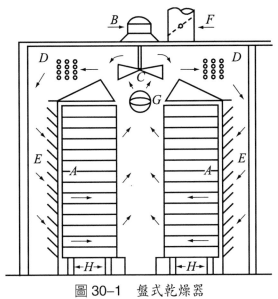

圖 30-1 盤式乾燥器

並流式，新鮮空氣只經一次加熱圈即通過各盤，該式之優點為空氣流速低，故所需風扇之動力較少。另一種為多程式，係於廂內裝設水平擋板，每一擋板之空氣進口處另裝加熱線圈，新鮮空氣流經各擋板後再排出器外，該式之優點為，每一組淺盤設有再熱線圈，故器中之空氣溫度較為均勻，惟因空氣流速大，所需動力亦多。

另有真空盤式乾燥器，專為在低溫狀況下操作之用，例如鮮果、蛋、牛乳等，為保有其香味和營養，只能用此種乾燥器。

30-3 隧式乾燥器

當所需乾燥之物料量甚多時，上述之乾燥器無法合乎經濟及時間要求，故需利用隧式乾燥器。該式乾燥器其實即為上述乾燥器之連續操作，原理上相同，惟物料裝設在車內，如圖 30-2 所示，每一車進入隧道中，即有一車自他端推出，熱空氣流動之方向，採逆流方式，與物料方向相反。其優點為設備簡單，處理量大，一般如木材、磚塊、陶瓷及其他大量出產物料多用之。其中之木材等物，乾燥速度不能過快者，可用排出之廢氣再作為熱媒，以增加熱媒之濕度，而降低乾燥速率。

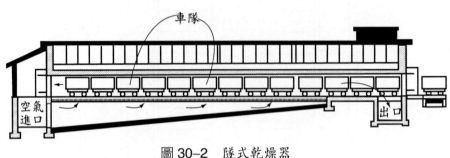

圖 30-2　隧式乾燥器

30-4　旋轉乾燥器

旋轉乾燥器包含一可旋轉之圓筒，其與地面成若干角度之傾斜，濕物料由較高之一端進入，利用圓筒之旋轉使物料漸行前進，而由他端出料，此乾燥器之加熱部分可由熱媒劑直接與物料接觸，或通入筒子外殼。圖 30-3 所示者，為一熱媒直接接觸之旋轉乾燥器。圓筒 A 之內有葉片 B，當圓筒藉齒輪 C 旋轉時，葉片將固體物料帶上復落下，一直滾至下端出口 D，熱媒可經由加熱線圈 E 進入，藉風扇 F 之吸力，由上端排出。圖中 G 為圓筒之支柱輪，H 為物料進口，D 為出料口。物料在乾燥器中之滯留時間與各種因素有關，如筒之傾斜度、粒子之大小、密度、媒劑之速度等等。因此利用該乾燥器之物料宜為粒狀或結晶體。俾利用其自身之重力移動，而不至於黏附於器壁上。

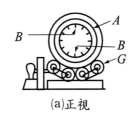

(a)正視

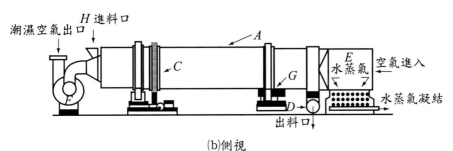

(b)側視

圖 30-3　旋轉乾燥器

30-5　運送式乾燥器

該式乾燥器與隧式乾燥器原理相同，惟物料係置於金屬鏈帶上，故可乾燥任何形狀之物料。

30-6 筒式乾燥器

　　筒式乾燥器係由許多中空之圓筒組合而成，如圖 30-4 所示，筒內平滑，內通高溫蒸汽，冷凝後之液體則利用虹吸裝置排出。此乾燥器主要用於織物（如紙張、布匹等）之連續乾燥。

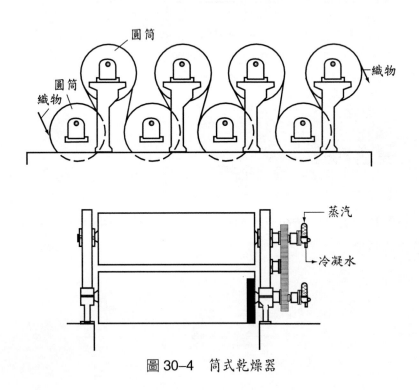

圖 30-4　筒式乾燥器

30-7　鼓形乾燥器

　　鼓形乾燥器係用於將液體中之懸浮物析出，其中又分單鼓乾燥器和雙鼓乾燥器兩種，主要原理係在溶液槽上橫置圓筒，筒內中空，內通蒸汽，利用筒之迴轉，帶動黏滯於筒表面之物料，逐漸受熱而蒸去水分。筒邊設有刮刀，用以刮去乾燥之物料。通常溶液濃度甚大時，都用雙鼓乾燥器，如圖 30-5 所示，物料加於雙鼓間，當黏於面上之物料業已乾燥時，即由刮刀刮去。

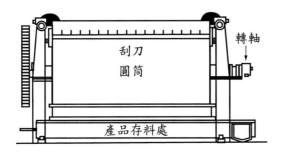

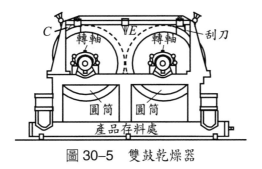

圖 30-5　雙鼓乾燥器

30-8 噴淋乾燥器

　　溶液藉壓縮機噴入烘乾媒劑（空氣）之氣流中，因小粒子之比表面積甚大，因此溶劑迅速被烘乾，而得粉狀之乾燥粒子，此即噴淋乾燥器之操作原理。其構造如圖 30-6 所示，溶液由噴嘴噴灑而入，與熱空氣在乾燥室中接觸，於是已乾物料遂沈積於室底，然後為耙所推動，而由輸料管排出。濕空氣由右側排出進入分離室，以分離所攜帶之微粒物料。此乾燥器廣用於奶粉、果汁、清潔劑等微粒產品之製造，所得產品質輕而美，且多成球形。

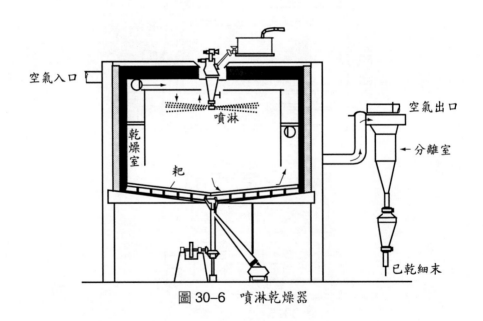

空氣入口　　乾燥室　　噴淋　　耙　　空氣出口　　分離室　　已乾細末

圖 30-6　噴淋乾燥器

30-9 乾燥機構

　　乾燥操作係一質量與熱量輸送同時進行之操作，此種操作可從平衡水分及乾燥率兩方面分別討論之。在一定溫度及濕度之媒劑中，每千克乾物料能含有水分之極限量，稱為**平衡水分** (equilibrium moisture content)。其值與固體之性質、媒劑之溫度及濕度有關；然此項關係甚為繁雜，僅能由實驗決定之。圖 30-7 即為若干物質在各種相對濕度下之平衡水分。通常無孔且極不溶之物質，其平衡水分近乎為零；但如沙、肥皂、革、木材等之平衡水分，則隨烘乾媒劑之溫度及濕度而異。平衡水分存在於固體中之情形，可為吸著狀態、微細管狀態、或化合狀態，端視固體之性質而定。

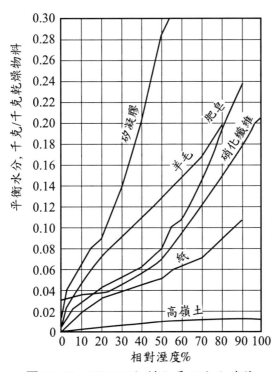

圖 30-7　25°C 下物料之平衡水分曲線

　　自由水分 (free moisture content) 者, 乃總水分減去平衡水分之差, 通常以每千克乾固體中所含水分之千克數表示。取圖 30–7 之羊毛為例, 在 25℃ 及相對濕度 40% 之空氣中, 其平衡水分為 0.11 千克; 今若有羊毛含水量為 0.21 千克, 在該情況下, 羊毛之自由水分為 0.21 – 0.11 = 0.10 千克。一般繪製乾燥率曲線時, 宜使用自由水分而不用總水分, 蓋因自由水分為零時, 乾燥速率亦為零。

　　圖 30–8 為一典型之乾燥速率曲線圖, 即假設在乾燥器中, 媒劑之流速甚大, 使媒劑之溫度及濕度維持不變時, 所得濕物料之乾燥速率曲線。圖中分乾燥為數期:

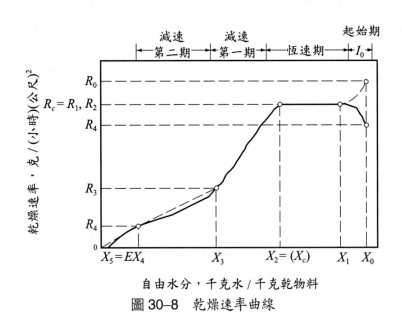

圖 30–8　乾燥速率曲線

1.起始期 (initial period)

　　此為一前驅階段, 歷時甚短, 主要在使加入之物料與乾燥器內之情況達到相同, 該期在若干實驗中不易察覺。

2.恆速期 (constant rate period)

在此期內，水分自固體內部迅速移至表面，以補足表面蒸發之水分，故乾燥速率可保持不變。圖 30–8 中 X_1 為此期開始時之自由水分，X_2 為終了時之自由水分，又稱為**臨界水分** (critical moisture content)。

3.減速第一期 (falling period A)

在此期內自由水分自 X_2 降至 X_3，由於固體表面蒸發之速率大於由固體內部供給至表面之水分速率，故乾燥速率降低。同時由於熱量之供給並不減少，故表面溫度隨之升高，最後蒸發表面全部退縮至表面以下，即進入另一乾燥期。

4.減速第二期 (falling period B)

此期內自由水分自 X_3 降至 X_5，而物料之水分係在表面以下蒸發，熱須傳過一層逐漸加厚之半乾固體，直至物料達平衡水分時，乾燥速率即等於零。此時物料表面之溫度趨近於氣體溫度，但不能真正相等。事實上，此期與上述第一期頗難區分。

乾燥操作之實際過程，可能包括前述各期之部分或全部，端視其最初至最末之水分而定。

30–10 乾燥理論

若乾燥條件確定，則乾燥所需時間，可由乾燥速率曲線算出。乾燥速率曲線乃由實驗決定，而乾燥速率之定義為

$$R = -\frac{dm}{Sd\theta} \tag{30-1}$$

式中　　$R =$ 乾燥速率，千克水／(小時)(公尺)^2

　　　　$m =$ 固體中之總水量，千克

　　　　$S =$ 薄固體板單一面之面積，平方公尺

　　　　$\theta =$ 乾燥時間，小時

若乾燥物係一薄固體板，且乾燥僅在單一面上發生，則

$$m = SB\rho_s X \tag{30-2}$$

式中　　$B =$ 板厚，公尺

　　　　$\rho_s =$ 乾固體之密度，千克／(公尺)^3

　　　　$X =$ 每千克乾固體所含自由水分，千克／千克乾固體

將式 (30-2) 代入式 (30-1)，則

$$R = -\rho_s B \frac{dX}{d\theta} = -\frac{1}{A}\frac{dX}{d\theta} \tag{30-3}$$

式中　　$A = \dfrac{1}{\rho_s B}$，表單面乾燥時，每千克乾固體之乾燥面積，(公尺)^2／千克

乾燥速率亦可依質量輸送之觀念，定義如下：

$$R = k_y M_w (p_A - \overline{p}_A) \tag{30-4}$$

式中　　$k_y =$ 潤濕面至媒劑之質量傳送係數，千克莫耳／(小時)(公尺)^2(大氣壓)

　　　　$M_w =$ 水之分子量，千克／千克莫耳

　　　　$p_A =$ 潤濕面溫度下水之蒸氣壓，大氣壓

　　　　$\overline{p}_A =$ 媒劑中水蒸氣之分壓，大氣壓

令 X_a 與 X_b 分別表乾燥過程之起始與最終自由水分，則乾燥所需之時間可由式 (30-3) 積分而得

$$\theta_T = \frac{1}{A}\int_{X_b}^{X_a}\frac{dX}{R} \tag{30-5}$$

倘吾人知 R 與 X 之關係，則上式之積分可以完成。因乾燥過程可分為數期，今分期討論上式之計算。

1. 恆速期

此時 R 為定值，令 $R = R_1 = R_2 = R_C$，自 X_2 至 X_1 積分式 (30-5)，得此期所需之時間為

$$\theta_C = \frac{X_1 - X_2}{AR_C} = \frac{X_1 - X_C}{AR_C} \tag{30-6}$$

2. 減速第一期

若此時乾燥速率與自由水分之關係為線性，即

$$R = a_1 X + b_1 \tag{30-7}$$

則自 X_3 至 X_2 積分式 (30-5)，得此期所需之時間為

$$\theta_{f_1} = \frac{1}{a_1 A}\ln\frac{R_2}{R_3} = \frac{1}{a_1 A}\ln\frac{R_C}{R_3} \tag{30-8}$$

式中

$$a_1 = \frac{R_2 - R_3}{X_2 - X_3} = \frac{R_C - R_3}{X_C - X_3} \tag{30-9}$$

將上式代入式 (30-8)，得

$$\theta_{f_1} = \frac{X_C - X_3}{A(R_C - R_3)} \ln \frac{R_C}{R_3} \qquad (30\text{-}10)$$

當乾燥過程包括恆速期及減速第一期，則總乾燥時間為

$$\theta_T = \theta_C + \theta_{f_1}$$

$$= \frac{1}{A} \left(\frac{X_1 - X_C}{R_C} + \frac{X_C - X_3}{R_C - R_3} \ln \frac{R_C}{R_3} \right) \qquad (30\text{-}11)$$

3. 減速第二期

若此時乾燥速率與自由水分之關係亦為線性，且通過原點，即

$$R = a_2 X = \frac{R_3}{X_3} X \qquad (30\text{-}12)$$

自 X_4 至 X_3 積分式 (30-5)，得

$$\theta_{f_2} = \frac{1}{a_2 A} \ln \frac{X_3}{X_4} = \frac{X_3}{R_3 A} \ln \frac{R_3}{R_4} \qquad (30\text{-}13)$$

當乾燥過程包括恆速期、減速第一期及減速第二期，則總乾燥時間為

$$\theta_T = \theta_C + \theta_{f_1} + \theta_{f_2}$$

$$= \frac{1}{A} \left(\frac{X_1 - X_C}{R_C} + \frac{X_C - X_3}{R_C - R_3} \ln \frac{R_C}{R_3} + \frac{X_3}{R_3} \ln \frac{R_3}{R_4} \right) \qquad (30\text{-}14)$$

4. 減速全一期

若減速無第一期與第二期之分，且 R 與 X 之關係為通過原點之直線，$R = aX$，則 $b_1 = 0, a_1 = a_2 = a = \dfrac{R_C}{X_C}$，即

$$\frac{X_C - X_3}{R_C - R_3} = \frac{X_3 - 0}{R_3 - 0} = \frac{X_C}{R_C} \left(= \frac{X_2}{R_2} \right)$$

故式 (30–11) 與 (30–14) 均簡化為

$$\theta_T = \theta_C + \theta_f$$

$$= \frac{1}{R_C A} \left[(X_1 - X_C) + X_C \ln \frac{X_C}{X_4} \right] \tag{30–15}$$

簡化中曾藉 $R = aX$ 之關係，引入 $\dfrac{R_C}{R_4} = \dfrac{X_C}{X_4}$。

　　恆速期之熱輸送率計算式為

$$\frac{q}{S} = (h_C + h_r)(T_g - T_i) \tag{30–16}$$

式中　　q = 熱傳速率，千卡 / 小時

　　　　h_C = 對流熱傳係數，千卡 / (小時)(公尺)^2(℃)

　　　　h_r = 輻射熱傳係數，千卡 / (小時)(公尺)^2(℃)

　　　　T_g = 媒劑之溫度，℃

　　　　T_i = 固體表面溫度，℃

假定在恆速期內，揮發之水所釋放之熱量，即為其潛熱，則

$$R_C = -\frac{1}{A} \frac{dX}{d\theta} = \frac{q}{S\lambda_i} = \frac{(h_C + h_r)}{\lambda_i}(T_g - T_i) \tag{30–17}$$

故式 (30–15) 可改寫為

$$\theta_T = \frac{\lambda_i}{(h_C + h_r)(T_g - T_i)A} \left[(X_1 - X_C) + X_C \ln \frac{X_C}{X_4} \right] \tag{30–18}$$

例 30-1

今欲決定在盤式乾燥器中,將含水 35%(乾基)之沙,乾燥成含水 0.377%(乾基)所需之時間。所使用之媒劑為空氣,溫度為 60°C,相對濕度為 10%(濕球溫度 30.6°C,露點為 20.6°C),以每秒 10 公尺之速度掃過盤面。乾沙之密度為每立方公分 1.38 克,假設其係鋪於絕緣之盤上,厚度為 5 公分。其最初溫度假定即空氣濕球溫度。根據實驗室之測試結果得圖 30-9,平衡水分可視為零,恆速期之速度可用下式計算

$$R = -\frac{dX}{Ad\theta} = 0.00433V^{0.8}(p_A - \overline{p})$$

式中 V 表空氣之速度,公尺 / 秒; p_A 與 $\overline{p}_A$ 之單位為毫米汞柱; A 之單位為(公分)^2/ 克; R 之單位為克 /(小時)(公分)^2。

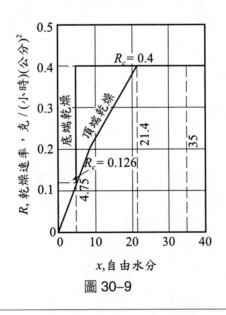

圖 30-9

(解) 由圖 30-9 可以預知,自底部加熱所需之烘乾時間,可較自頂部加熱所需時間少。

⑴自頂部加熱：

在 60°C 及 10% 濕度時，空氣之濕球溫度為 30.6°C，其露點為 20.6°C。

由第二冊附錄 I 之水蒸氣表查得

$$p_A = 32.6 \text{ 毫米汞柱（30.6°C 時水之蒸氣壓）}$$

$$\bar{p}_A = 18.0 \text{ 毫米汞柱（20.6°C 時水之蒸氣壓）}$$

故恆速期之乾燥速率為

$$R_C = (0.00433)(10^{0.8})(32.6 - 18.0)$$

$$= 0.4 \text{ 克／（小時）（公分）}^2$$

每單位質量乾物料之乾燥表面為

$$\frac{1}{A} = \rho_S B = (1.38)(5) = 6.9 \text{ 克／（公分）}^2$$

因減速期內 R 與 X 之關係為線性，又因平衡水分為零，故當水分 X_4 $= 0.377\%$（乾基）時，乾燥速率為

$$R_4 = 0.126 \frac{0.00377 - 0}{0.0475 - 0} = 0.01$$

由題意知，$X_1 = 0.35$，$X_C = 0.214$，$X_3 = 0.0475$，$R_3 = 0.126$。將以上之值代入式 (30–14)，得所需之時間為

$$\theta_T = 6.9 \left(\frac{0.35 - 0.214}{0.4} + \frac{0.214 - 0.0475}{0.4 - 0.126} \ln\frac{0.4}{0.126} + \frac{0.0475}{0.126} \ln\frac{0.126}{0.01} \right)$$

$$= 6.9(0.34 + 0.702 + 0.955)$$

$$= 13.78 \text{ 小時}$$

⑵自底部加熱：

因此時減速期為全一期，由圖 30–9 知 $R_C = 0.4$ 克／（小時）（公分）^{2}，

$X_1 = 0.4$, $X_C = 0.0475$, $X_4 = 0.00377$，將這些值代入式 (30–15)，得

$$\theta_T = \frac{6.9}{0.4}\left[(0.35 - 0.0475) + 0.0475\ln\frac{0.0475}{0.00375}\right]$$

$$= 7.30 \text{ 小時}$$

例 30-2

用圓筒乾燥器乾燥紙張，若圓筒之直徑為 1.5 公尺，筒內通以 93°C 之水蒸氣，筒外之空氣溫度為 37.5°C，相對濕度為 40%，以每分鐘 91.5 公尺之速度通過。因紙甚薄，故可視為恆速乾燥，其乾燥速率可依下式計算

$$R = 31V^{0.8}(p_A - \overline{p}_A)$$

式中 R 之單位為千克 / (小時)(公尺)^2；V 之單位為公尺 / 秒；p_A 與 $\overline{p}_A$ 之單位為大氣壓。系統中之一些熱輸送係數為

h_a（筒內冷凝之水膜）= 400 千卡 / (小時)(公尺)^2(°C)

h_m（金屬）= 5 000 千卡 / (小時)(公尺)^2(°C)

h_p（紙）= 4 000 千卡 / (小時)(公尺)^2(°C)

h_c（對流）= 5.5 千卡 / (小時)(公尺)^2(°C)

h_r（輻射）= 7.5 千卡 / (小時)(公尺)^2(°C)

h_e（蒸發）$= \dfrac{R\lambda}{T_i - T_g} = \dfrac{31V^{0.8}(p_A - \overline{p}_A)\lambda}{T_i - T_g}$

問乾燥速率若干？

(解) 對圓筒乾燥器而言，熱由筒內傳至筒外所受之熱阻共有四層，即冷凝於金屬筒內面之水膜、金屬筒之壁、紙及紙表面以對流、輻射及蒸發而散熱於外界空氣之膜。故熱輸送速率可用下式表示：

$$\frac{q}{A} = \frac{93 - 37.5}{\dfrac{1}{h_a} + \dfrac{1}{h_m} + \dfrac{1}{h_p} + \dfrac{1}{h_c + h_r + h_e}}$$

由嘗試錯誤法，假定表面溫度 T_i 為 82°C，則由查表知

$p_A = 0.547$ 大氣壓

$\overline{p}_A = 0.033$ 大氣壓

$\lambda = 548$ 千卡 / 千克

$V = 91.5$ 公尺 / 分鐘 = 1.525 公尺 / 秒

因此

$$V^{0.8} = 1.4$$

故

$$h_e = \frac{(31)(1.4)(0.547 - 0.033)(548)}{82 - 37.5}$$
$$= 275 \text{ 千卡 / (小時)(公尺)}^2 (°C)$$

$$\frac{q}{A} = \frac{93 - 37.5}{\dfrac{1}{400} + \dfrac{1}{5\,000} + \dfrac{1}{4\,000} + \dfrac{1}{5.5 + 7.5 + 275}}$$
$$= 12\,860 \text{ 千卡 / (小時)(公尺)}^2$$

又因

$$\frac{q}{A} = \frac{T_i - 37.5}{\dfrac{1}{h_c + h_r + h_e}}$$

即

$$12\,860 = (T_i - 37.5)(5.5 + 7.5 + 275)$$

$$\therefore T_i = 82°C$$

此結果與假設之表面溫度相同，故乾燥速率為

$$R = (31)(1.525)^{0.8}(0.547 - 0.033)$$
$$= 22.3 \text{ 千克}/(\text{小時})(\text{公尺})^2$$

30-11 氣體之乾燥

氣體之乾燥在化學工業上亦為常見之程序，例如製造液態空氣之前，必須先將空氣中之水蒸氣除去，以免冷凝時水蒸氣先凝結成冷霜，阻塞操作。氣體之乾燥方法有：加乾燥劑、加壓、冷卻及吸附等，茲分述於下。

1. 加乾燥劑法

常見之乾燥劑有氯化鈣、濃硫酸、生石灰及五氧化磷等，其中以五氧化磷之乾燥效率為最高，惟其價格昂貴，用者較少。濃硫酸之吸水能力亦甚強，潮濕氣體可通過其中，或經過噴淋之硫酸塔內，作用後之稀硫酸可加熱蒸濃再使用之。此種操作可適用於高溫，為其特點。氯化鈣之乾燥能力較佳，惟其不適用於高溫氣體之乾燥，蓋因其所含水之蒸氣壓隨溫度而激升，故在高溫時，吸水能力甚弱也。

2. 加壓法

氣體中之飽和濕度隨壓力而變，壓力變大，飽和濕度愈小，利用此性質即可乾燥氣體。例如空氣在 1 大氣壓及 45°C 下之飽和濕度為 0.0668，而在同溫度

但 200 大氣壓下之飽和濕度則降至 0.00327，故將 1 大氣壓之空氣加壓至 200 大氣壓後，即有大量過飽和之水蒸氣凝結成霧；令此霧狀空氣經一霧末分離器將水析出，即可得乾燥氣體。此法由於需加高壓，所需動力多，費用較前法昂貴。

3.冷卻法

將潮濕空氣冷卻至露點以下時，則空氣中之水蒸氣大半或部分凝結，因而氣體得以減少其所含之水量，達到乾燥之效果。按 –12°C 時之空氣飽和濕度僅為 20°C 時之百分之十，–30°C 時之飽和濕度僅為 20°C 時之百分之二，故用冷卻法乾燥空氣，效果良好。冷卻法常用鹽水為冷劑，或利用氨氣膨脹以吸收熱量；惟冷凝時，水蒸氣凝結成冰，常有阻塞管子之虞，為其缺點。

4.吸附法

吸附法為利用一些組織特殊，可凝著大量水蒸氣於其中之物質，置於潮濕空氣中，以吸附其中之水分。例如矽凝膠為一種人造氧化矽，其表面有眾多之極微細孔管，能吸附百分之二十至三十質量之水蒸氣，其吸水效力介於五氧化二磷與濃硫酸之間，為一有效之吸附乾燥劑。已飽和之矽膠，可加熱除去水分再使用。

 符號說明

符 號	定 義
A	濕物料與媒劑接觸之面積，平方公尺
h_c	對流熱輸送係數，千卡 / (小時)(公尺)^2(°C)
h_r	輻射熱輸送係數，千卡 / (小時)(公尺)^2(°C)

k_y	潤濕面至媒劑之質量輸送係數, 千克莫耳 /(小時)(公尺)^2(大氣壓)
M	水之分子量, 千克 / 千克莫耳
p_A	潤濕面溫度下, 水之蒸氣壓, 大氣壓
$\overline{p}_A$	媒劑中水蒸氣之分壓, 大氣壓
q	熱輸送速率, 千卡 / 小時
R	乾燥速率, 千克水 /(小時)(公尺)^2
T_g	媒劑之溫度, ℃
T_i	物料表面溫度, ℃
θ	時間, 小時
V	媒劑之流速, 公尺 / 秒
X	物料之含水量, 千克水 / 千克乾物料
λ	水在溫度 T_i 時之汽化熱, 千卡 / 千克

習　題

30–1　今擬用一盤式乾燥器, 將一固體薄片自 70% 水分烘乾至 5%。此固體薄片之長為 1.5 公尺, 寬為 1.2 公尺, 厚為 5 公分。由實驗知, 在此操作條件下, 恆速期之乾燥速率為 7.34 千克 /(小時)(公尺)^2, 臨界水分為30%, 平衡水分可忽略。若乾燥在薄片之兩面發生, 而乾固體之密度為 400 千克 /(公尺)^3, 且假設減速期之乾燥速率與自由水分之關係為線性, 即 $R = aX$, 試求乾燥所需之時間。

30–2　某多孔體擬在一批式乾燥器中, 在固定操作條件下進行乾燥。若欲使水分自 30% 降至 10%, 需 6 小時。臨界水分為 16%, 平衡水分為 2%, 所有水分皆採乾基。假設減速期乾燥速率與自由水分之關係成一直線, 即 $R = aX$, 試問在相同操作情況下欲使水分自 35% 降至 6%, 需耗時若干?

30–3　某濾餅厚 5 公分，表面積（雙面）共 2×1.5 平方公尺。空氣之乾球溫度
為 49°C，濕球溫度為 26.7°C，以每秒 0.76 公尺之速率，平行吹過此濾餅
之兩面。乾濾餅之密度為 587 千克／（公尺）^{3}，平衡水分可忽略，臨界自
由水分為 9%（乾基）。若減速期內乾燥速率與自由水分之關係為線性，
即 $R = aX$，而熱輸送係數計算式為

$$h_c = 0.0128G_y^{0.8}$$

式中 G_y 表輸入空氣之質量速率，磅／（小時）（呎）^{2}；h_c 之單位為英熱單
位／（小時）（公尺）^{2}（°F）。試問自 20% 水分乾燥至 2% 水分所需之時間
若干？

30–4　1 364 千克（乾基）之固體在固定操作條件下，擬自 0.20 水分乾燥至 0.02
水分（乾基）。設平衡水分可忽略，單位質量固體之有效乾燥面積為 0.0613
（公尺）^{2}／千克，試求乾燥所需之時間。由實驗知，乾燥速率與自由水分
之關係如下表：

X，自由水分 千克水／千克乾固體	R，乾燥速率 千克／（小時）（公尺）^{2}
0.300	1.712
0.200	1.712
0.140	1.712
0.114	1.468
0.096	1.297
0.056	0.881
0.042	0.734
0.026	0.538
0.016	0.367

31 結晶

晶體係在一均勻相內所生成之純度頗高之固體，例如水之結成冰及空氣中雪之形成；其組成之基本單位為由其成分原子、分子或離子在三度空間整齊排列所構成之晶格 (crystal lattice)。結晶之發生必有賴於過飽和之存在，即在一均勻相內，當溶質之濃度超過其溶解限度時，溶質之晶體即行析出。通常由一含雜質之溶液中所獲得之晶體，其純度甚高，故吾人可應用結晶操作，以精製化學品。

在工廠實際之結晶操作中，除了求其結晶成品之量多及質純外，尚須考慮晶體本身之大小及形狀，以適合於貯存、運輸及市場上之交易等手續。一般言之，大小均勻之晶體在過濾及洗滌時較易處理，且可減少包裝時發生晶體黏結之現象。此外，晶體之特定形狀，亦可能是商品要求之最主要條件。

31-1　晶體之種類

晶體可依晶格內之組成粒子間**結合力** (binding force) 或**鍵** (bond) 之不同，而分成下列六大類：

(1)金屬：

賴正離子所產生之靜電力，使帶正電之原子結合一起而成。自由電子可在晶格間自由活動，故熱傳導度及電導度均很高。

(2)離子晶格：

由電陰性差異甚大之正、負離子，賴強大**庫侖力** (coulombic force) 結合而成；此種晶體可包含結晶水，且遵守**價** (valence) 之規則。

(3)價晶體：

通常係由週期表右端之輕元素所組成，其晶格內之原子係以共有電子而互相結合一起，故一般所成晶體硬度較大且熔點高，鑽石即屬此類晶體。

(4)分子晶體：

分子間賴微弱之**凡得瓦** (van der Waal) 引力作用，而結合成晶格。此引力即液體分子間防止其分子揮發之引力。此類晶體之熔點低，質亦較軟脆。

(5)氫鍵晶體：

其晶格乃由氫原子之軌道電子的**電子自轉** (electron spins) 所產生之弱鍵結合而成。冰即屬此類晶體。

(6)半導體：

如矽、鍺等元素，當其含微量之雜質時，可導致晶格之缺空，即電子之缺少或過多。

31-2　晶體之形狀

倘吾人在一特定之晶體上，任選其三個主要不平行之晶面（若晶體形狀呈對稱時，例如立方形，即選與對稱面平行之晶面），並定此等晶面相交所得之三條不平行之直線為此晶體之軸，則晶體之形狀可依其軸之傾角及長短，分成七系如下：

⑴**三斜晶系 (triclinic system)：**

三軸均不等長且互相傾斜，傾角亦各不同，且不等於 $30°$，$60°$ 或 $90°$。

⑵**單斜晶系 (monoclinic system)：**

三軸均不等長，其中二軸互相傾斜，但皆垂直於第三軸。

⑶**斜方晶系 (orthorhombic system)：**

三軸均不等長，但互相垂直。

⑷**正方晶系 (tetragonal system)：**

三軸互相垂直，其中二軸為等長，但另一軸則不等。

⑸**三方晶系 (trigonal system)：**

等長之三軸互相傾斜，且傾角相等。

⑹**六方晶系 (hexagonal system)：**

同一平面上之三軸等長，且皆相交成 60 度角，另一不等長之軸則與此平面垂直。

⑺**等軸晶系 (cubic system)：**

三軸等長，且互相垂直。

31-3　晶體習性

　　自晶體內任一點至各晶面之垂直向量,其長度隨各晶面實際之生長率而定,而各晶面之生長率,又隨晶體本身之性質及外在之條件而變。所謂**結晶習性** (crystal habit),即指晶體形狀與此等向量之長度有關之習性;換言之,即相對之向量長不同時,晶體形狀亦隨之而異。例如食鹽在水溶液中所析出之晶體為立方形,而在含有尿素之溶液中所析出者,則呈八面形;此乃因在水溶液中食鹽晶體晶面之相對生長率或其向量長度,不同於在含有尿素之溶液中者所致。無論如何,其向量之方向與晶軸之方向均為不變,故其晶系實質上並未改變。

31-4　結晶方法

　　結晶可分為兩個步驟:一為**晶核** (nucleu) 之生成,一為已成晶體之生長。事實上惟有在過飽和之情況下,始有產生結晶之可能,而過飽和狀態可由下列幾種不同之方法,分別使之達成。

　　(1)冷卻法:

　　當溶質之溶解度隨溫度之變化甚大時,如一般之無機鹽溶液,則將溶液加以適當之冷卻,可使溶質之溶解度減少,而達過飽和狀態。匣結晶器 (tank crystallizer)、攪拌批式結晶器及 Swenson-Walker 連續式結晶器等之操作,均屬此類。

　　(2)溶劑蒸發法:

　　倘溶質之溶解度隨溫度之變化甚小時,如普通鹽類溶液,則宜將部分溶劑蒸發,以增高溶質之濃度,使之達到過飽和狀態。Krystal 蒸發結晶器之操作,即屬此法。

(3)鹽析法：

即在溶液中加入一第三物質，使此加入之物質與溶液中原來之溶劑構成一混合溶劑，藉以急遽降低溶質之溶解度，而產生過飽和狀態。此法雖可在瞬間內產生很大之過飽和度，然在工業上之應用，尚屬少數。

(4)絕熱蒸發法：

若令熱溶液在真空室驟然揮發，則可使部分溶劑揮發，且溶液本身之溫度亦因絕熱蒸發而降低，終於達到過飽和狀態。工業上常用之真空結晶器，即採用此法。

31-5　結晶裝置

最常用之結晶器有以下七種：

1. 匣結晶器

此為最古老及最簡單之結晶器，操作時將備妥之近飽和溶液，注入無蓋之長方形桶中，任其在大氣中自然冷卻，使產生晶體。通常桶中不加入**晶種** (crystal seed)，亦不加以攪拌或其他控制過飽和度之方法。如此靜置數日，直至已達完全冷卻後，即由人工將最終之**母液** (mother liquor) 倒掉，並取出已成之晶體。此法頗耗費人工，且因結晶過程緩慢，所生成之晶體較粗大，同時常有雜質及殘餘之母液夾雜於晶體內。此外，結晶器所占空間大，容量小而成品品質低，實為其最大之缺點。

2.攪拌批式結晶器

攪拌批式結晶器之構造如圖 31-1 所示，主要包括一螺旋槳攪拌器及四周冷卻用之盤管。此時攪拌器之功用乃：⑴增加熱輸送效果，防止引起局部過大之過飽和，而產生過量之晶核；⑵使小晶體懸浮於溶液中，讓各面得以平衡生長，以獲得大小分布較為均勻之晶體。至於此種結晶器之缺點，除操作係間斷式外，晶體常易附生在冷卻管表面，因而減低冷卻之熱輸送速率。

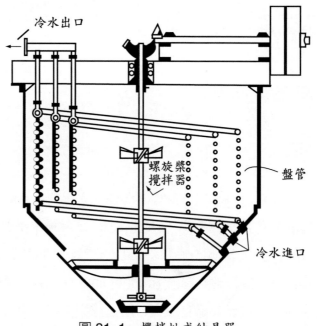

冷水出口

螺旋槳攪拌器

盤管

冷水進口

圖 31-1　攪拌批式結晶器

3. Swenson-Walker 連續式結晶器

圖 31–2 示一兩段首尾連接使用之 Swenson-Walker 連續式結晶器，其每段之構造為一寬 60 厘米、長 3 公尺之無蓋圓底槽，槽外備有冷水套管，槽底則裝有一每分鐘旋轉 7 次之長螺旋式攪拌器。實際之操作可視情況之需要，將多至四段之結晶器串聯而成。如欲使用四段以上時，則可將第二座結晶器置於較低之位置，俾溶液自第一座結晶器之末端自動溢入第二座之首端。其操作情形，係將熱濃溶液不斷由槽之首端注入，一面加以冷卻，使溶液循槽前進時，陸續有晶體析出，且其晶體逐漸長大；母液與結晶產物則由槽之末端溢出。攪拌器之功用，係將槽內冷壁上之晶體刮下，使其懸浮於溶液中，以促進成形晶體之繼續生長，而非新晶核之產生。

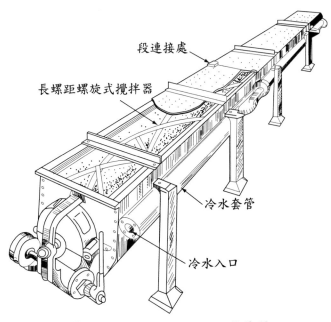

段連接處

長螺距螺旋式攪拌器

冷水套管

冷水入口

圖 31–2　Swenson-Walker 結晶器

4. Krystal 蒸發結晶器

　　Krystal 蒸發結晶器之構造如圖 31-3 所示，進料被引入後，即與循環且帶有飽和溶液及小晶體之母液混合，並沿加熱器加熱至沸點以上，此時加熱器內溶液本身之液柱壓力足以抑制任何蒸發之發生。加熱後之溶液由泵抽至蒸汽櫃，於是部分溶劑蒸發而產生過飽和溶液，蒸發之氣體由出口逸出，所產生之過飽和溶液則沿徑管流入結晶罐之晶床底。

　　當此過飽和溶液在晶床向上流動之際，一面產生新晶核，一面則促進晶床內晶體之生長，致使其過飽和度逐漸降低，直至頂端時，已成為帶有許多小晶體之近飽和母液；如是循環不息。進料與循環母液之流率，須足以使晶床內生長中之晶體懸浮於溶液中。晶床內達一定大小之生長中晶體時，即賴**阻礙沈降** (hindered settling) 與部分母液一道卸出，故此種裝置有選晶作用。

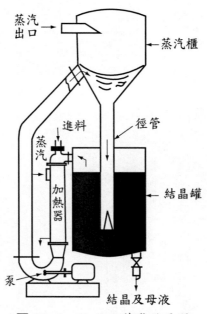

圖 31-3　Krystal 蒸發結晶器

5.間歇式真空結晶器

　　真空結晶器之原理，係利用熱溶液在真空室中因急驟蒸發及絕熱冷卻之結果，產生結晶所需之過飽和。間歇式真空結晶器之構造如圖 31–4 所示，其操作情形係將熱濃溶液抽入容器後，隨即開始攪動，同時器內頂端則由蒸汽抽氣器抽真空，此時溶劑不斷揮發，其濃度則逐漸增高，至達過飽和時，晶體遂行析出。當器內壓力被抽到最高真空度時，母液與成晶即由**卸放閥** (dump valve) 卸出器外，並以離心機或其他去水設備，將母液與晶體分離，即得所欲之結晶成品。此種間歇式真空結晶器之操作繁雜，且容量不大，一般多用於製糖工業。

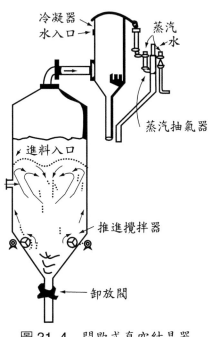

圖 31–4　間歇式真空結晶器

6.循環連續式真空結晶器

通常當進料之流率或所需之容量甚大時，間歇式之操作法非但不切實際，且亦不合經濟，故此時宜採用如圖 31-5 所示之循環連續式真空結晶器，或甚至多效同類型之循環連續式真空結晶器合併使用。

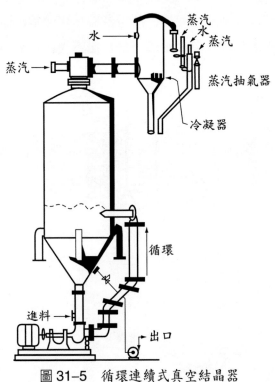

圖 31-5　循環連續式真空結晶器

7.通管循環式真空結晶器

　　圖 31-6 示一由連續式真空結晶器改良而得之循環式真空結晶器，其主要構件包括一錐形底之桶，上有一蒸汽出口及附屬之抽真空設備。器內裝有一低速之推進攪拌器，其外則圍一**通管** (draft tube)，管中之**母漿** (magma) 因攪拌時吸引升力之作用而向上流動，經通管與桶壁間之空隙流下，而構成一循環。進料由推動器下端引入，此舉可因液柱壓之作用，防止進料蒸發，進而減少產生過量之晶核，使僅在母漿之頂端處方產生晶核。在結晶器內生長中之晶體，粗大者漸漸沈墜於桶下端之淘析管中，與母漿同時卸出；細小者則隨母漿之循環流動，自通管中升起，繼續生長。類此利用母漿之流動，賴沈降以分離粗細晶體之方法，即稱為淘析法。

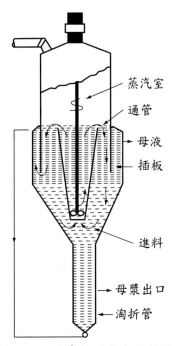

蒸汽室
通管
母液
插板
進料
母漿出口
淘折管

圖 31-6　通管循環式真空結晶器

31–6 質量結算

吾人可根據下面溶質之質量結算，求得其結晶物之產量：

$$\begin{Bmatrix} 原溶液之 \\ 溶質質量 \end{Bmatrix} = \begin{Bmatrix} 結晶產物中 \\ 溶質之質量 \end{Bmatrix} + \begin{Bmatrix} 最終母液中 \\ 溶質之質量 \end{Bmatrix}$$

設　　C = 結晶產物之質量，千克

　　　R = 含水結晶物與無水結晶物之分子量比

　　　X = 最終溫度下溶質之溶解度，以每千克總溶劑中所含無水結晶物
　　　　　表示

　　　A_0 = 原溶液中溶質之總質量

　　　S_0 = 原溶液中溶劑之總質量

　　　ΔS = 結晶過程中蒸發損失之溶劑量，千克

則質量結算式可寫為

$$A_0 = \frac{C}{R} + \left[S_0 - \Delta S - \overbrace{\left(C - \frac{C}{R} \right)}^{結晶體中溶劑之質量} \right] X$$

$$\underbrace{\phantom{A_0 = \frac{C}{R} + \left[S_0 - \Delta S - \left(C - \frac{C}{R} \right) \right] X}}_{溶液中溶劑之質量}$$

整理後得

$$C = R \left[\frac{A_0 - X(S_0 - \Delta S)}{1 - X(R-1)} \right] \tag{31-1}$$

例 31-1

1000 千克含 30% $MgSO_4$ 及 70% H_2O 之溶液，在冷卻至 15.5°C 之過程中，水因蒸發而損失之量，為水總量之 5%，此時結晶產物為 $MgSO_4·7H_2O$，而最終飽和母液之濃度為 24.5% 無水 $MgSO_4$ 及 75.5% 水。求所得結晶產品之質量。

(解) $MgSO_4$ 與 $MgSO_4·7H_2O$ 之分子量分別為 120.4 與 246.5

$$\therefore R = \frac{246.5}{120.4} = 2.05$$

$$X = \frac{24.5}{75.5} = 0.325 \frac{\text{千克 } MgSO_4}{\text{千克 } H_2O}$$

$$A_0 = 1\,000 \times 0.3 = 300 \text{ 千克}$$

$$S_0 = 1\,000 \times 0.7 = 700 \text{ 千克}$$

$$\Delta S = 700 \times 0.05 = 35 \text{ 千克}$$

將以上諸值代入式 (31-1)，即得結晶物之產量為

$$C = 2.05 \left[\frac{300 - 0.325(700 - 35)}{1 - 0.325(2.05 - 1)} \right]$$

$$= 261 \text{ 千克}$$

31-7 能量結算

在穩定狀態下結晶器所需加入或除去之能量，可藉熱含量－濃度圖由溶液

之熱含量（焓）結算求得。惟一般在無此類關係圖可資應用之情況下，吾人須近似假定結晶所放出之熱，即等於溶解所吸收之熱，始能進行計算。

例 31-2

硫酸鈉（Na_2SO_4）在 30°C 與 15°C 之溶解度為每 100 份水中各含 40 份與 13.5 份 Na_2SO_4。結晶之生成熱為 18000 千卡／千克莫耳 $NaSO_4$。今欲以一 Swenson-Walker 結晶器，使出口飽和液中每小時生產含 136 千克 $Na_2SO_4 \cdot 10H_2O$，入口與出口之飽和液溫度各為 30°C 與 15°C。冷卻水流入及流出之溫度各為 10°C 及 20°C。設結晶器之總熱輸送係數為 125 千卡／（小時）(公尺)^2(°C)，入口飽和液之平均比熱為 0.8 千卡／(千克)(°C)，求結晶器所需之熱輸送面積，以及冷水之需用量。

(解) $NaSO_4$ 及 $Na_2SO_4 \cdot 10H_2O$ 之分子量分別為 142 及 322。因出口飽和液中 $Na_2SO_4 \cdot 10H_2O$ 之量 = 136 千克／小時

$$\therefore 出口飽和液中 Na_2SO_4 之量 = 136\left(\frac{142}{322}\right) = 60 \text{ 千克／小時}$$

$$出口飽和液之總量 = 60 \times \frac{(100+13.5)}{13.5} = 504 \text{ 千克／小時}$$

$$\therefore 出口飽和液中自由水之量 = 504 - 136 = 368 \text{ 千克／小時}$$

$$每 100 千克入口飽和液中 Na_2SO_4 之量 = 100 \times \frac{40}{100+40}$$
$$= 28.6 \text{ 千克}$$

$$\therefore 每 100 千克入口飽和液中應含之 Na_2SO_4 \cdot 10H_2O$$
$$= 28.6 \times \frac{322}{142} = 64.9 \text{ 千克}$$

$$\therefore 每 100 千克入口飽和液中自由水之量 = 100 - 64.9 = 35.1 \text{ 千克}$$

因自由水之量保持不變，故所需之進料飽和液為

$$100 \left(\frac{368}{35.1} \right) = 1\,048 \ 千克 / 小時$$

$$結晶之生成熱 = \frac{18\,000}{142} = 126.7 \ 千卡 / 千克 \ Na_2SO_4$$

因入口飽和液之平均比熱為 0.8 千卡 /（千克）(°C)，故由能量結算，可求得冷水每小時所除去之熱量為

$$q = (1\,048)(0.8)(30 - 15) + (60)(126.7) = 20\,178 \ 千卡 / 小時$$

因此冷水需要量為

$$\frac{20\,178}{(1)(20 - 10)} = 2\,018 \ 千克 / 小時$$

對逆流熱交器之操作言

$$q = UA\Delta T_{\ell m}$$

$$\because \Delta T_1 = 15 - 10 = 5°C$$

$$\Delta T_2 = 30 - 20 = 10°C$$

$$\therefore \Delta T_{\ell m} = \frac{\Delta T_2 - \Delta T_1}{\ln \left(\dfrac{\Delta T_2}{\Delta T_1} \right)} = \frac{10 - 5}{\ln \left(\dfrac{10}{5} \right)} = 7.21°C$$

故所需總冷卻面積為

$$A = \frac{20\,178}{(125)(7.23)} = 22.4 \ 平方公尺$$

31-8 結晶之理論

　　前已敘及，結晶之程序可分為晶核之生成與晶體之生長。Miers 氏由實驗結果獲得一簡單之結論，即須在一定過飽和度下，始能產生新晶核，且在無固體存在之情況下，其所得之過飽和曲線約與其飽和溶解曲線相平行，見圖 31-7。圖中過飽和曲線與溶解曲線之間為**介穩區域 (metastable region)**，即在此區間內，僅能使晶體生長，而不產生新晶核。惟後來經諸學者證明知：經過長足之時間後，在介穩區域之範圍內，往往亦會產生新晶核，此乃因晶核實際上係由溶質分子偶然碰撞之結果所結合而成者；且在體積大之溶液中，因其溶質分子碰撞之機會增加，時間愈長，碰撞之次數亦愈多，故其晶核之產生，往往較體積小者來得迅速。由此可知，Miers 氏之過飽和曲線學說實有其值得商討之處。無論如何，在工業上吾人常應用過飽和曲線之觀念，以定出所需過飽和度之極限，即在此範圍內，務求防止或減少過量或多餘晶核之產生。

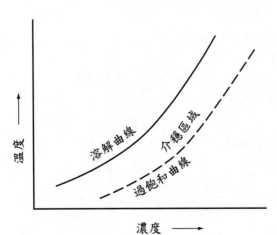

圖 31-7　溶解曲線與過飽和曲線

顯可見者，溶液中存在之固體粒子，往往即成為現成之晶核，使結晶更易進行。工業上亦常以人工培植之**晶種** (crystal seedings) 加入溶液中，俾結晶易於進行及控制。

31-9　結晶過程之管理

鑒於結晶過程之複雜不定及實際操作環境之不易控制與維持，工業上之結晶操作須賴熟練之技術，豐富之經驗及適當之管理，始能獲得良好之效果。若謂結晶實為技藝更甚於科學，當不為過也。

結晶之目的乃為求得一定大小範圍及形狀之高純度晶體成品，而過多之晶核往往產生過小之成品，過少之晶核則又產生過大之成品，故如何控制晶核產生之數目，實為結晶管理最重要之課題，其應注意事項如下：

⑴適當之加熱方式除去多餘之晶核；

⑵避免過速冷卻及過大之過飽和度，以防止產生大量之晶核；

⑶提高母漿中晶體固體與母液之比例，使促成晶體之生長而抑制新晶核之產生；

⑷保持均勻之過飽和，且在必要時亦須加入冷水以除去結晶過程中所產生之熱量；

⑸因尖銳之邊緣或轉角可刺激晶核之產生並使晶體附生在器壁上，故宜選用器壁平滑之結晶器；

⑹避免在攪拌或抽送母漿時，加入太大之機械能。此舉可減少因碰撞及摩擦而產生新晶核。

符號說明

符　號	定　義
A_0	原溶液中無水溶質之質量，千克
C	結晶產物之質量，千克
R	含水結晶物與無水結晶物之分子量比
S_0	原溶液中溶劑之總質量，千克
ΔS	結晶過程中蒸發損失之溶劑，千克

習　題

31-1 試依晶格內之組成粒子間結合力或鍵之不同，將晶體分類，並簡述之。

31-2 晶體之形狀可依其軸之傾角及長短分成幾系? 試簡述之。

31-3 試列舉常用之結晶器，並簡述其特點。

31-4 試述結晶過程其管理之重要性。

31-5 2500 千克含 30% Na_2CO_3 及 70% H_2O 之溶液，在冷卻至 20°C 之過程中，其蒸發損失之水分為溶液原來質量之 3%，此時結晶產物為 $Na_2CO_3 \cdot 10H_2O$，而最終飽和母液之濃度為 23% 無水 Na_2CO_3 及 77% 水。求所得結晶產品之質量。

31-6 今欲用一 Swenson-Walker 連續式結晶器，每小時生產 500 千克之 $Na_2CO_3 \cdot 5H_2O$ 結晶，入口及出口之飽和溫度各為 48.9°C 及 36.7°C。逆流冷卻水流入及流出之溫度各為 15.5°C 及 23.9°C。倘結晶器之總熱輸送係數為 200 千卡 / (小時)(公尺)^2(°C)，每公尺結晶器之有效冷卻面積為 1 平方公尺，求所需之結晶器長度及冷水之流率。

32 薄膜分離及其他單元操作

　　由於工業上新產品之逐年增加，以及科技之不斷進步，化學工廠中新的物理處理方法相繼問世，因此單元操作之種類亦逐漸增多。本書因限於篇幅，不可能將所有單元操作一一介紹。除較常用之單元操作已於前面介紹過外，本章中將概略補述少數雖不常用但具有發展潛力的物理處理法，計有：薄膜分離、吸附、離子交換、昇華及冷凍分離等。

32-1　薄膜分離

　　物質可由流體中透過一**薄膜** (membrane)，而達另一面之流體中，此操作稱為薄膜分離。如所選用之薄膜僅允許混合物中之某一成分透過，其他物質完全通不過，則其分離效果更佳。

　　因為薄膜分離既簡單又可節省能源，因此目前由工業上實際之應用例子中，已證明薄膜分離技術比傳統之分離技術更具效率、迅速及經濟性；尤其處理食品與醫藥中對溫度較敏感的物質，薄膜分離更具安全性，而不必擔心物質會損壞或發生化學變化。

在薄膜分離程序中，薄膜本身扮演極重要角色。薄膜乃一種界面相，用以隔離兩相，並控制兩相內部之質量輸送速率。薄膜若依構造區分，則有均質與非均質膜或對稱與非對稱膜；若依電性區分，則有中性、正電性、負電性及兩性膜。

薄膜分離程序中除須有薄膜以隔開兩相外，亦須有一驅動力，以促成質量輸送。今將各種驅動力以及其所屬之薄膜分離列出如下：

(1)流體靜壓差——微過濾、超過濾及逆滲透；

(2)濃度差——透析；

(3)電位差——電透析。

目前應用薄膜分離於工業上的項目有：

(1)食品及製藥工業中溶液之濃縮、分類及純化；

(2)工業排放物之淨化及有價物之回收；

(3)海水之淡化及濃縮製鹽；

(4)去除血液中之尿素及其他有毒物質（俗稱洗腎）。

32-2 驅動力為流體靜壓差之薄膜分離

以薄膜兩側之壓力差造成強制對流，將小分子帶至薄膜之另一側，大分子被薄膜阻隔，如微過濾，超過濾與逆滲透。基本上微過濾與超過濾之原理相同，其主要之差異在於被分離物之粒徑及所使用之膜不相同而已；至於討論逆滲透時，則尚須考慮滲透壓效應。

1.微過濾與超過濾

微過濾所使用之薄膜屬於對稱性結構，孔徑範圍為 0.02 至 10 μm；應用的流體靜壓差範圍為小於 10 psi。超過濾所使用之薄膜孔徑範圍為 0.001 至 0.02

μm，或薄膜之**阻隔分子量** (molecular weight cutoff) 大小為 300 至 300 000；應用之流體靜壓差範圍為介於 10 至 100 psi 之間。微過濾操作多用於溶液之過濾、消毒及澄清；超過濾則用於分離巨分子溶液。

　　微過濾與超過濾的基本操作原理，係藉流體靜壓差之驅動下，溶液以對流方式輸送至膜面，於是溶劑和微小粒子通過薄膜，稱為濾液，較大之粒子則受到膜之排拒而濃縮於滯留液。透過單位面積薄膜之過濾速率（即流通量），可用下式表示

$$J_v = \frac{\Delta P}{R} \tag{32--1}$$

式中　　J_v = 單位面積薄膜之過濾速率，(公尺)^3 / (小時)(公尺)^2

　　　　ΔP = 流體靜壓差，大氣壓 / (公尺)^2

　　　　R = 過濾阻力，(大氣壓)(小時) / (公尺)^2

過濾阻力除包括薄膜本身對流體之阻抗外，亦包括巨分子在膜表面沈澱而形成之膠體層，以及在膜中結垢所造成之阻力；其值與薄膜及溶液之性質、掃流之速度，以及壓差等有關，而須以實驗決定之。

2.逆滲透

　　有些薄膜置於溶劑與溶液之間時，可使溶劑透過薄膜而至溶液中，以稀釋溶液中溶質之濃度，此操作稱為滲透，而其驅動力為滲透壓。例如，某些薄膜可使水滲透而不令糖、鹽或甘油等溶質通過。此時吾人若於薄膜之兩邊施以相當之反壓力差，則可阻止此現象發生，對海水而言，此平衡滲透壓為 350 psi。若令反壓力差大於 350 psi，則海水中之水反而可透過薄膜而至清水中，此現象稱為**逆滲透** (reverse osmosis)。逆滲透乃滲透之相反操作，適用於海水之淡化工程，蓋因其操作費低，不需如蒸發及冷凍分離時之大量潛熱；然其缺點為，高壓力差之存在，需用強度大之薄膜，且薄膜之壽命不易持久。逆滲透操作中所

使用薄膜之孔徑範圍為 0.0001 至 0.001 μm，或薄膜之阻隔分子量小於 300。常用之薄膜為**醋酸纖維素** (cellulose acetate) 或一些聚合物材料；至於所使用之靜壓差範圍為 100 至 800 psi。逆滲透廣用於自溶液中分離鹽類及微溶質。

在逆滲透操作中，流體靜壓差為正驅動力，滲透壓為負驅動力，故過濾速率與靜壓差與滲透壓之差成正比，即

$$J_v = L_P(\Delta P - \sigma \Delta \pi) \tag{32–2}$$

式中　　$\Delta \pi$ = 進料溶液與濾液間之滲透壓差，大氣壓

σ = **反射係數** (reflection coefficient)，為非完全半透膜之校正因子，對完全半透膜而言，σ 值趨近於 1

L_P = 滲透係數，(公尺)^3／(小時)(公尺)^2(大氣壓)

32–3　驅動力為濃度差之薄膜分離──透析

生物系統之分離過程，為了避免破損或化學變化之發生，通常是在常溫常壓下以濃度差作為物質透過薄膜之驅動力，此種以濃度差為驅動力之薄膜分離，稱為透析，廣用於人工腎臟器之洗腎及藥品之分離。透析係藉薄膜兩側之濃度差而產生溶質擴散，進而達到分離之目的。透析速率可依下式計算

$$W = kA(\Delta C) \tag{32–3}$$

式中　　W = 透析速率，千克／小時

A = 透析面積，平方公尺

ΔC = 薄膜兩側之濃度差，千克／(公尺)^3

k = 質傳係數，公尺／小時

32-4 驅動力為電位差之薄膜分離──電透析

電透析為利用帶電的薄膜（離子交換膜），在電位差為驅動力下，自溶液中將帶電性之成分分離出來之程序；其最大之應用為自鹹水中製造可飲用之水，而對於食品、醫藥及廢棄物之處理，電透析亦為一種具效率及經濟性之分離程序。

32-5 吸 附

吸附 (adsorption) 者，乃利用固體本身之**表面力** (surface force) 之作用，將溶液中之某些物料吸著，並集中於固體表面上之一種操作。凡此具有表面吸附力之固體，皆稱為**吸附劑** (adsorbent)，而吸附在此固體表面上之物料，則稱為**吸附物** (adsorbate)。在氣體吸收之操作中，當溶液中溶質之蒸氣壓等於其在氣體中之分壓時，即達一平衡，此時吸收已無法進行，且無論其分離效果如何，終不能除去氣體中所有之溶質。反觀吸附操作，其能在符合經濟條件之操作範圍內，幾乎完全除去氣體中之某種物料，為其特點。故工業上常以吸附與氣體吸收等其他操作，互補為用。此外，吸附亦可用以增加溶液中某物質之濃度，或除去液體中之**分散物** (dispersed material)。有關吸附能力之強弱及吸附量之多寡，端視吸附劑及吸附物本身之性質而定。

一般而言，吸附現象可依其用途之不同，約分為下列幾項：

(1)分離氣體混合物中之氣體成分，如除去空氣中之臭氧及有毒性之氣體；

(2)分離氣體混合物中之蒸汽，如氣體之乾燥及空氣之減濕；

(3)分離溶液中之溶質或膠體，如液體之淨化及除去色素；

(4)分離溶液中之離子，如金屬之集中於吸附劑表面上，廢料之回收；

(5)除去溶液中之離子，如水之軟化；

(6)分離液體中之溶解氣體或浮固體，如水處理中除去臭味之步驟；

(7)將毒性之溶質集中，使與溶液分離，如以醫藥用之碳除去毒性物質；

(8)以吸附分餾氣體混合物中之氣體成分及氣體中之蒸汽，並將其集中。

32-6 昇　華

由固體直接汽化之操作稱為**昇華** (sublimation)。倘固體混合物中僅有一成分富揮發性，則固體之昇華頗似液體之蒸發操作；惟若固體混合物中各成分均富揮發性，則此固體之昇華類似液體之蒸餾操作。故昇華乃固體之分離方法之一，操作時一般採批式，並通入一不冷凝氣體，將昇華之蒸汽帶至冷凝器中冷凝之。昇華操作中最大困難有二：一為如何及時供應所需之熱量，而不致使昇華中之固體熔解；另一為蒸汽冷凝器表面之熱輸送阻力，常因受蒸汽冷凝之固體附著而增大。

32-7 帶域精煉

帶域精煉法 (zone refining) 初期之用途，乃用於固體之精製，其原理甚為簡單。吾人若令一加熱圈緩慢通過一固體棒，則棒中形成一液體帶，隨著加熱圈緩慢移動。此時液體帶兩端與固體接觸處形成兩個接觸面，一為固體熔化面，另一為液體凝固面。若凝固面處雜質（溶質）在液體中之平衡濃度，比在固體中者大，則隨著液帶之移動，雜質逐漸堆積其中，最後集中於固體棒之一端；反之，若雜質在固體中之平衡濃度比在液體中者大，則雜質逐步自液體帶中經凝固面被擠出，而堆積於另一端。帶域精煉法最早用於半導體之精製，如矽及鍺等。

因帶域精煉法乃依據溶質在固一液相間溶質濃度分布之不同而行之分離操

作，故其原理亦可用於液體之精煉。例如令一冷凍圈緩慢通過一液體柱，則液體柱中形成一固體帶，隨著冷凍圈緩慢移動。此時固體帶之凝固界面上，亦形成溶質之不同濃度分布，而達到分離之目的。

附錄 K

分子參數與臨界性質

| 物　質 | 分子量 | 參　數 | | 臨　界　常　數 | | | | |
		σ (A)	$\dfrac{\epsilon}{k}$ (K)	T_c (K)	p_c （大氣壓）	V_c 立方厘米 / 克莫耳	μ_c 克 /（厘米）（秒）$\times 10^6$	k_c 卡 /（秒）（厘米）(K)$\times 10^6$
輕元素								
H_2	2.016	2.915	38.0	33.3	12.80	65.0	34.7	–
He	4.003	2.576	10.2	5.26	2.26	57.8	25.4	–
稀有氣體								
Ne	20.183	2.789	35.7	44.5	26.9	41.7	156.	79.2
Ar	39.944	3.418	124.	151.	48.0	75.2	264.	71.0
Kr	83.80	3.498	225.	209.4	54.3	92.2	396.	49.4
Xe	131.3	4.055	229.	289.8	58.0	118.8	490.	40.2
簡單多原子物質								
空氣	28.97^e	3.617	97.0	132.^{e}	36.4^e	86.6	193.	90.8
N_2	28.02	3.681	91.5	126.2	33.5	90.1	180.	86.8
O_2	32.00	3.433	113.	154.4	49.7	74.4	250.	105.3
O_3	48.00	–	–	268.	67.	89.4	–	–
CO	28.01	3.590	110.	133.	34.5	93.1	190.	86.5
CO_2	44.01	3.996	190.	304.2	72.9	94.0	343.	122.
NO	30.01	3.470	119.	180.	64.	57.	258.	118.2
N_2O	44.02	3.879	220.	309.7	71.7	96.3	332.	131.
SO_2	64.07	4.290	252.	430.7	77.8	122.	411.	98.6
F_2	38.00	3.653	112.	–	–	–	–	–
Cl_2	70.91	4.115	357.	417.	76.1	124.	420.	97.0
Br_2	159.83	4.268	520.	584.	102.	144.	–	–
I_2	253.82	4.982	550.	800.	–	–	–	–
碳氫化合物								
CH_4	16.04	3.822	137.	190.7	45.8	99.3	159.	158.0
C_2H_2	26.04	4.221	185.	309.5	61.6	113.	237.	–
C_2H_4	28.0	4.232	205.	282.4	50.0	124.	215.	–
C_2H_6	30.07	4.418	230.	305.4	48.2	148.	210.	203.0
C_3H_6	42.08	–	–	365.0	45.5	181.	233.	–

（續附錄 K）

物　質	分子量	參　　數		臨　界　常　數				
		σ (A)	$\dfrac{\epsilon}{k}$ (K)	T_c (K)	p_c （大氣壓）	V_c 立方厘米 / 克莫耳	μ_c 克 / （厘米） （秒）$\times 10^6$	k_c 卡 / （秒）（厘米） (K) $\times 10^6$
C_3H_8	44.09	5.061	254.	370.0	42.0	200.	228.	–
$n-C_4H_{10}$	58.12	–	–	425.2	37.5	255.	239.	–
$i-C_4H_{10}$	58.12	5.341	313.	408.1	36.0	263.	239.	–
$n-C_5H_{12}$	72.15	5.769	345.	469.8	33.3	311.	238.	–
$n-C_6H_{14}$	86.17	5.909	413.	507.9	29.9	368.	248.	–
$n-C_7H_{16}$	100.20	–	–	540.2	27.0	426.	254.	–
$n-C_8H_{18}$	114.22	7.451	320.	569.4	24.6	485.	259.	–
$n-C_9H_{20}$	128.25	–	–	595.0	22.5	543.	265.	–
環己烷	84.16	6.093	324.	553.	40.0	308.	284.	–
C_6H_6	78.11	5.270	440.	562.6	48.6	260.	312.	–
其他有機化合物								
CH_4	16.04	3.822	137.	190.7	45.8	99.3	159.	158.0
CH_3Cl	50.49	3.375	855.	416.3	65.9	143.	338.	–
CH_2Cl_2	84.94	4.759	406.	510.	60.	–	–	–
$CHCl_3$	119.39	5.430	327.	536.6	54.	240.	410.	–
CCl_4	153.84	5.881	327.	556.4	45.0	276.	413.	–
C_2N_2	52.04	4.38	339.	400.	59.	–	–	–
COS	60.08	4.13	335.	378.	61.	–	–	–
CS_2	76.14	4.438	488.	552.	78.	170.	404.	–

附錄 L

Ω_{AB} 與 $\dfrac{kT}{\epsilon_A}$ 之關係

$\dfrac{kT}{\epsilon_A}$	Ω_{AB}	$\dfrac{kT}{\epsilon_A}$	Ω_{AB}	$\dfrac{kT}{\epsilon_A}$	Ω_{AB}
0.30	2.662	1.55	1.182	3.60	0.9058
0.35	2.476	1.60	1.167	3.70	0.8998
0.40	2.318	1.65	1.153	3.80	0.8942
0.45	2.184	1.70	1.140	3.90	0.8888
0.50	2.066	1.75	1.128	4.00	0.8836
0.55	1.966	1.80	1.116	4.50	0.8610
0.60	1.877	1.85	1.105	5.00	0.8422
0.65	1.798	1.90	1.094	6.00	0.8124
0.70	1.729	1.95	1.084	7.00	0.7896
0.75	1.667	2.00	1.075	8.00	0.7712
0.80	1.612	2.10	1.057	9.00	0.7556
0.85	1.562	2.20	1.041	10.00	0.7424
0.90	1.517	2.30	1.026	20.00	0.6640
0.95	1.476	2.40	1.012	30.00	0.6232
1.00	1.439	2.50	0.9996	40.00	0.5960
1.05	1.406	2.60	0.9879	50.00	0.5756
1.10	1.375	2.70	0.9770	60.00	0.5596
1.15	1.346	2.80	0.9672	70.00	0.5464
1.20	1.320	2.90	0.9576	80.00	0.5352
1.25	1.296	3.00	0.9490	90.00	0.5256
1.30	1.273	3.10	0.9406	100.00	0.5130
1.35	1.253	3.20	0.9328	200.00	0.4644
1.40	1.233	3.30	0.9256	400.00	0.4170
1.45	1.215	3.40	0.9186		
1.50	1.198	3.50	0.9120		

附錄 M

1 大氣壓下酒精—水系之焓—濃度圖
（焓值以 0°C 之純液體為基準）

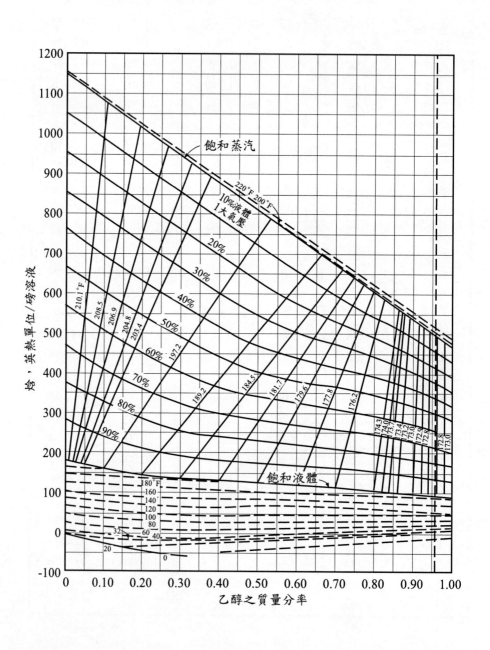

乙醇之質量分率

索 引